Basic Food Science

기초 식품학

남궁석 · 염걸 · 김소미 · 강옥주 · 이주백 공저

光 文 閣
www.kwangmoonkag.co.kr

INTRO
머리말

급속한 경제 성장과 생활수준의 향상으로 식생활에도 큰 변화를 가져왔다. 외식산업의 급신장과 함께 인스턴트 식품 같은 가공식품과 기능성 식품의 수요가 급증하고 있는 가운데, 최근 '웰빙' 이라는 단어가 새로운 문화 코드로 자리매김하면서 '잘 먹고 잘 사는 법' 에 대한 관심이 어느 때보다 높아지고 있다.

예부터 우리 선조들은 약식동원(藥食同源), 즉 '음식은 약과 같다' 는 점을 강조하며 먹을거리의 중요성을 널리 알려왔다. 체질에 맞는 좋은 식품을 올바르게 섭취하면 온갖 질병을 예방할 수 있다는 사실은 과학적으로 명백하게 증명되었다.

식품은 개인의 건강을 좌우하는 한편 가족의 행복과도 밀접한 관계가 있다. 현대 사회에서는 올바르지 못한 식품 섭취로 인해 발생하는 병이 적지 않다. 가족 중에 병자가 있으면 근심과 걱정으로 불행할 수밖에 없다. 이렇듯 식품의 선택은 건강과 행복을 결정하는데 중요한 역할을 하므로 식품의 생산 · 유통 · 소비 과정에 관한 폭넓은 지식은 매우 중요하다. 양질의 식품을 생산, 가공하여 식생활에 이용하기 위해서는 식품에 대한 올바른 이해와 전문적인 지식이 전제되어야 한다.

이 책은 식품학 원론을 중심으로 하여 식품 관련 학문을 연구하는 다른 분야에서도 활용할 수 있도록 포괄적으로 구성하였다. 식품과 영양, 탄수화물, 지방질, 무기질, 비타민, 식품의 색소, 식물성 식품, 동물성 식품, 식용유지, 조미료 및 향신료, 기호음료, 인스턴트 식품으로 구분하여 쉽게 알아볼 수 있도록 하였고, 이해를 돕기 위해 그림과 표를 풍부하게 넣으려고 노력했다.

이 책의 집필이 짧은 기간 이루어짐으로써 많은 부분이 미약하고 불충분한 것으로 사료되므로 앞으로 수정 보완해 나갈 생각이다.

끝으로 이 책이 출간까지 많은 도움을 주신 광문각출판사 박정태 사장님과 편집에 도움을 주신 여러분께 깊이 감사드린다.

2011년 2월 저자

Contents

Contents

Contents

chapter 1. 식품과 영양

1-1 영양과 영양소 역할

사람은 생명 활동의 유지를 위해 외부로부터 필요한 물질을 얻어 체내에서 이용하고 남은 물질이나 체내 물질대사로 생성된 불필요한 물질을 체외로 배출하는 생리 과정을 영양(nutrition)이라 한다. 이와 같이 사람이 살아가는 데 필요한 물질을 섭취하여 생명을 유지시켜 주는 물질을 영양소(nutrients)라 한다. 사람이 필요로 하는 영양소에는 약 50여 종이 있으며, 이들 중 당질(탄수화물), 단백질, 지방질, 무기질, 비타민 등을 5대 영양소라 한다.

음식물로 섭취된 이들 영양소는 체내에서 다른 기능을 가지고 그 역할을 한다.

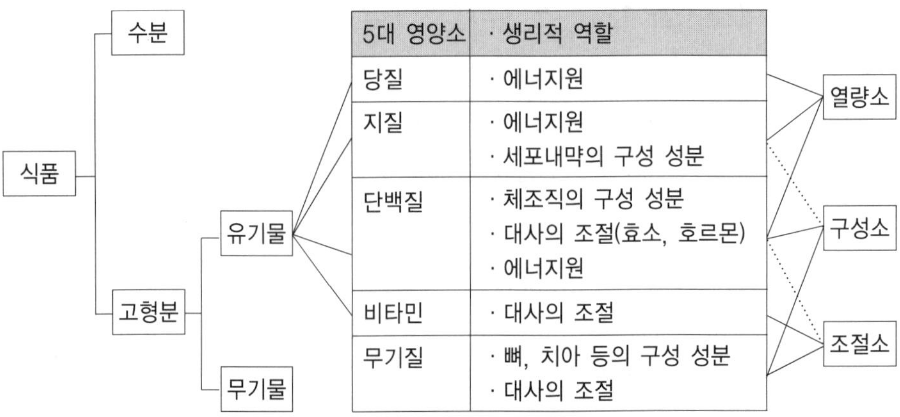

[그림 1.1] 식품의 성분과 생리적 역할

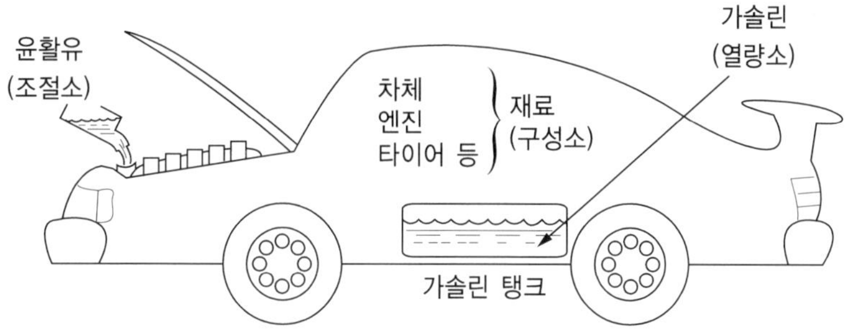

[그림 1.2] 자동차 모형의 인체 영양소 역할

| 1-2 식품 |

식품(food)이란 한 종류 이상의 영양소를 가지며 유해물을 함유하지 않은 천연물 또는 가공품으로 우리가 섭취할 수 있는 물질을 말한다. 그러나 식품을 어느 정도 조리 및 가공을 거쳐서 먹을 수 있는 조건을 지닌 것을 식품(食品)이라 하고, 식품으로 갖추어야 할 요건을 지니고 있으나 조리 및 가공되지 않은 것으로 직접 섭취할 수 없는 상태의 것을 식품재료(food material) 또는 식료품이라 한다.

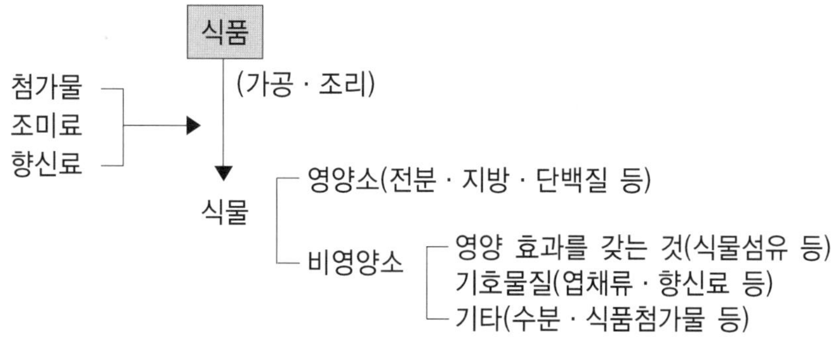

[그림 1.3] 식물에 함유된 물질

| 1-3 식품의 성분 |

식품의 성분은 단일 영양소로만 구성되어 있지 않고 여러 가지 성분으로 이루어졌다. 이들 성분은 크게 일반 성분과 특수 성분으로 나뉘는데, 일반 성분은 수분, 탄수화물, 지방, 단백질, 무기질, 비타민을 말하며 색소, 향, 맛, 유독성분, 효소와 같은 성분을 특수 성분이라 한다.

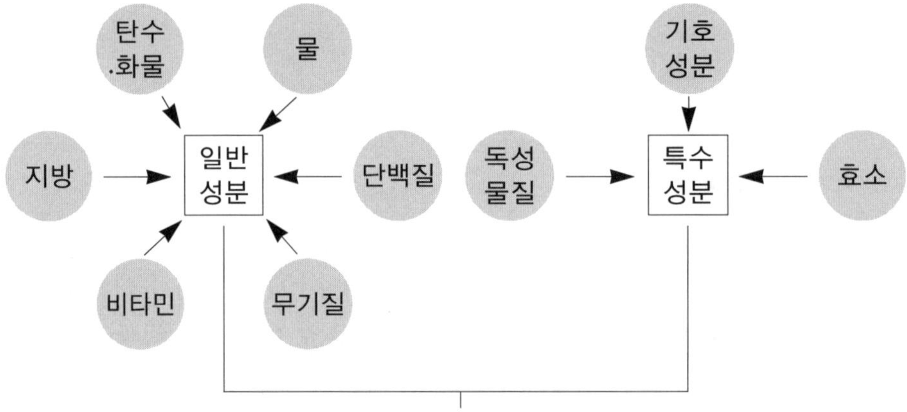

[그림 1.4] 식품의 일반성분과 특수성분

그러나 보통 식품 성분은 수분과 고형물로 나누며 또 고형물은 유기물과 무기물질로 분류되는데, 이들 유기물에는 탄수화물(섬유와 당질), 지방, 단백질, 비타민 등이 있다. 식품분석에서는 수분, 조지방, 조단백질, 조섬유, 가용성무질소물 및 조회분 6가지를 일반 성분이라 한다.

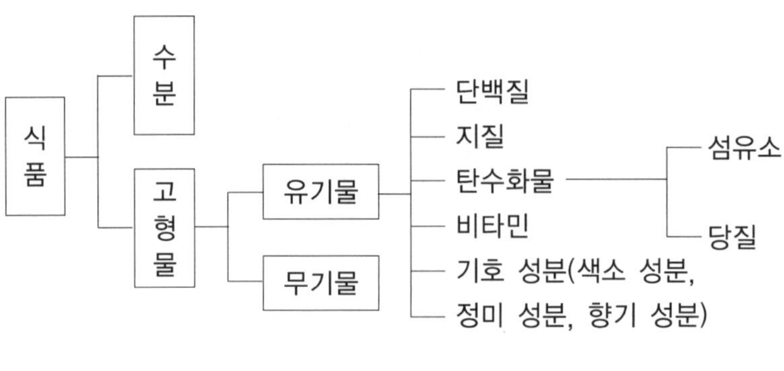

[그림 1.5] 식품 성분의 분류

1-4 식품의 선택과 조건

식품이란 사람이 생명 현상을 유지하는 데 필요한 영양소가 골고루 함유하여야 하며 식품을 올바르게 선택할 수 있는 조건이 필요하다.

① 영양성 : 한 가지 식품으로 완전한 영양을 유지하기 어려우므로 모든 영양소를 골고루 함유하고 동시에 소화 흡수 및 동화가 잘 되어야 한다.

② 위생성 : 식중독을 일으키는 유독 성분, 기생충, 병원성 미생물 등이 없는 위생적인 것이라야 한다.

③ 기호성 : 식품의 기호성(냄새, 색깔, 맛, 모양 등)이 높으면 심리적 작용으로 소화액의 분비가 잘되어 소화율을 높인다.

④ 경제성 : 식품의 가공, 저장, 조리, 운반이 편리하여 경제적 가치와 실용성이 있어야 한다.

chapter 2. 탄수화물

| 2-1 탄수화물의 정의 |

탄수화물(carbohydrate)은 일반적으로 탄소, 수소, 산소의 3가지 원소로 구성되며 일반식을 $C_m(H_2O)_n$으로 나타내고 있다. 즉 수소와 산소의 비율이 2:1 혹은 물과 같은 비율로 되어 있어 탄수화물 또는 함수탄소라고 부르고 있으나 예외가 있으므로 탄수화물을 당질이라고 부른다. 당질은 화학적으로 한 분자 안에 1개 이상의 히드록시기(-OH)를 가지는 화합물 또는 이들의 축합물이다.

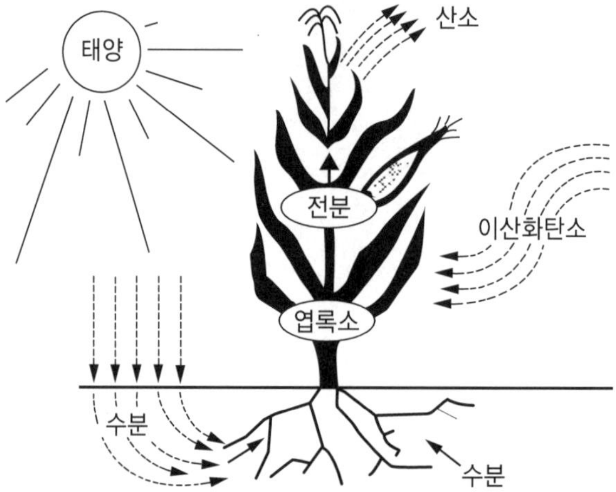

[그림 2.1] 광합성에 의한 전분의 생성 기구

탄수화물은 [그림 2.1]에서와 같이 식물 잎속의 엽록소(chlorophyll)가 태양광선을 받아 공기중 탄산가스 및 흙 속에서 얻은 수분을 이용해 광합성작용으로 탄수화물을 만든다.

| 2-2 탄수화물의 분류 |

탄수화물은 분자의 크기와 복잡성에 따라 단당류, 소당류 및 다당류로 구분된다.

2-2-1. 단당류(monosaccharides)

가장 단순한 탄수화물이다. 더 이상 다른 당으로 나눌 수 없는 것으로 중요한 당은 3탄당, 4탄당, 5탄당, 6탄당으로 분포되었으며 모든 당질의 기본 단위이다.

6탄당은 가장 중요한 영양 성분으로 동식물계에 널리 분포되어 있으며 동물 조직의 중요한 에너지원이다.

[표 2.1] 단당류(monosaccharide)의 분류

종류	탄소수	구 조	종 류
3탄당	3	•-•-•	glyceraldehyde
4탄당	4	•-•-•-•	erythrose
5탄당	5	•-•-•-•-• 또는 	ribose, xylose, arabinose
6탄당	6	•-•-•-•-•-• 또는 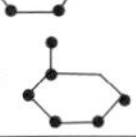	glucose, fructose, galactose, mannose

☞ ① • : 탄소원자

이들 주요 단당류의 특징은 [표 2.2]와 같다.

[표 2.2] 주요 단당류의 특징

분 류	종 류	성분 · 소재
5탄당	ribose	천연에 단독으로 존재하지 않고 핵산의 구성, 각종 효소의 구성 성분
	xylose	볏짚, 밀짚 등의 구성 성분으로 목당. 초식동물은 소화가 되나 사람은 소화 안 됨
	arabinose	식물의 검질 성분으로 식품 첨가물에 이용한다.
6탄당	glucose	포도, 꿀, 혈액 등에 함유되어 있고 전분, 글리코겐, 설탕, 유당, 맥아당 등의 구성 성분
	fructose	과일, 꿀 등에 존재하며 포도당과 결합하여 설탕을 형성, 당류 중에도 감미도 최고
	galactose	유당, 해조류의 galactan 야채, 과일의 pectin 구성, 뇌, 신경조직 형성
	mannose	곤약의 주성분, 당지질, 당단백질의 구성

2-2-2. 소당류(oligosaccharides)

소당류는 단당류가 2~8개로 구성된 당으로 이당류, 삼당류 및 사당류 등이 있다.[표 2.3] 이중 영양상 중요한 소당류는 이당류로서 수용성이며, 단맛을 가지고 있다. 주요한 이당류의 구성은 [표 2.4]와 같다.

[표 2.3] 소당류(oligosaccharide)의 종류

종류	구조	종류
2당류	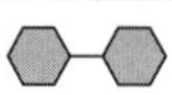	설탕, 유당, 맥아당
3당류	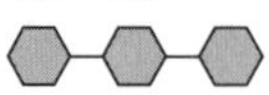	라피노오스, 겐티아노스
4당류		스타키오스(stachyose)

☞ : 단당류 

이당류는 단당류 두 분자에서 물 1분자가 빠져 결합한 당으로 분자식은 $C_{12}H_{22}O_{11}$로 나타내며 중요한 당으로 설탕(포도당+과당), 맥아당(포도당+포도당), 유당(포도당+갈락토스)이 있다.

이들 이당류는 효소에 의해 분해되면 [그림 2.3]에서 보는 바와 같이 단당류로 분해된다.

[표 2.4] 이당류의 특징

종류	성분 · 소재
sucrose	꽃, 벌꿀에 존재, 사탕무(13~17%), 사탕수수(10~16%)에서 추출 감미의 표준물질(설탕 100), 가수분해하여 전화당 생성
maltose	식혜, 맥아와 물엿의 주성분, 전분을 가수분해하여 얻음. 감미도(32)
lactose	모유(6%), 우유(4~5%)로 칼슘 흡수 도움, 감미도(16), 정장작용 효과

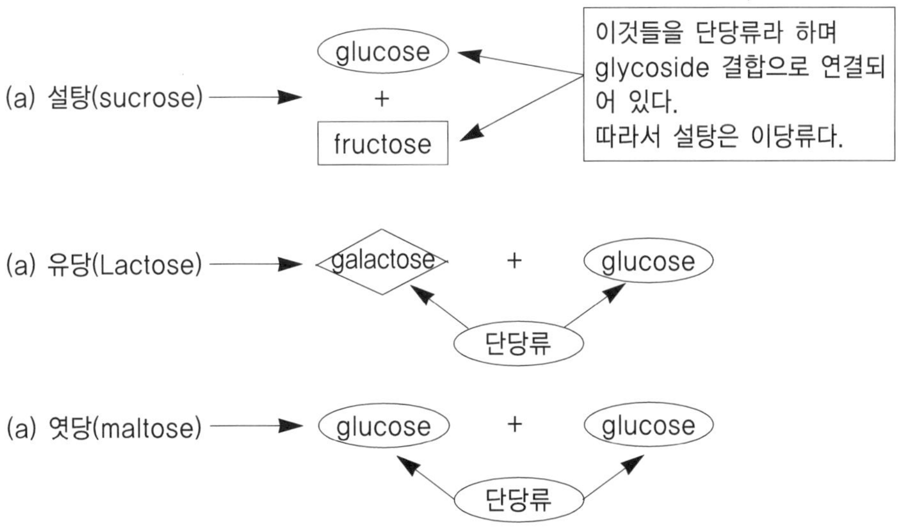

[그림 2.2] 이당류의 구성

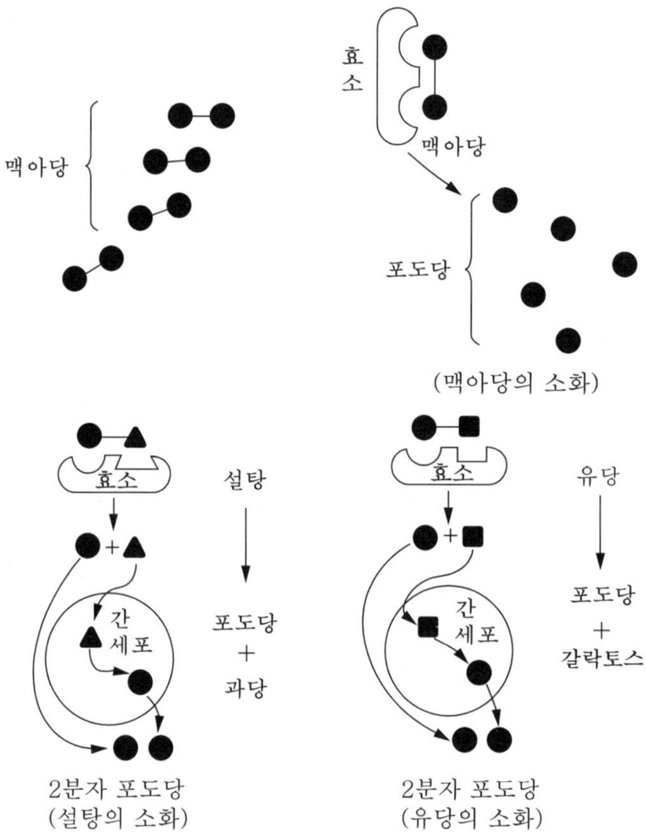

[그림 2.3] 이당류의 분해작용

참고

1. 전분의 당화로 만든 식혜는 어떻게 만드나?

식혜는 쌀의 전분을 엿기름으로 부분적으로 당화시킨 것이고 엿을 전분을 완전히 당화시켜 걸려서 용액만을 농축시킨 것이다. 식혜는 밥을 맥아(알파 아밀라아제)의 최적 온도인 보온(50~70도)에서 밥을 삭힌다.

밥이 삭은 후 식혜밥은 체에 밭혀 냉수로 씻고 물은 끓여 식힌다. 이때 식혜물을 끓여야 효소가 불활성화되어 시큼한 맛으로 변하지 않는다.

2. 우유 중의 유당?

우유 중의 유당의 상대적 감미도는 설탕의 약 6분의 1로 설탕에 비해 가수 분해되기 어렵고 소화흡수도 잘 되지 않는다. 우유 중의 유당은 분해효소의 분비가 적은 경우 우유를 마시면 설사를 일으킨다. 유당은 작은 창자에서 흡수하지 않고 대장으로 가서 젖산균에 의해 젖산으로 만들어진다. 젖산은 창자 안에 pH를 산성화해서 창자 안의 부패균의 생육을 억제한다. 유당의 주성분인 갈락토오스는 유아의 뇌 조직이나 신경세포, 뼈 등의 형성에 필요한 성분이다.

3. 백설탕과 흑설탕의 차이?

사탕수수는 밭에서 벤 다음 줄기를 잘라 즙을 짜 농축을 한다. 이 농축액에서 설탕이 아닌 성분을 일단 제거하고 분말 입자 형태로 만드는데 이것을 원당이라고 한다. 이 원당에는 갈색 빛에 특유한 향이 나는 당분이 아닌 성분이 섞여 있는데 원당을 녹인 후 반복되는 정제와 여과를 거쳐 결정을 만들어 건조시킨다. 처음 원심분리를 하면 수분도 많고 색이 진한 황설탕, 흑설탕이 차례로 만들어진다.

백설탕은 황설탕이나 흑설탕에 비해 순도가 높아 단맛을 내는 성분 외에 다른 성분은 거의 들어있지 않다. 이에 비해 흑설탕은 백설탕이나 황설탕을 만들고 난 뒤에 만들어져 단맛은 조금 덜하지만 미네랄이 들어 있다.

4. 과일을 차게 보관하면 단맛이 증가되는 이유?

과일의 단맛은 주로 과당과 포도당에 의한 것인데 각각 α형과 β형이 있다. 과일은 보존 온도에 따라 두가지 형태의 단맛의 차이가 있다. β과당은 α과당의 3배나 단맛이 높은데 차게하면 β형이 증가되어 단맛이 증가된다.

5. 아스파탐(aspartam)이란?

필수아미노산인 아스파탐산과 페닐알라닌으로 합성된 디펩타이드로 설탕의 100~200배 감미를 갖고 칼로리는 200분의 1이다. 비만이나 당뇨병 환자 감미료로 쓰인다.

6. 자일리톨

핀란드에선 자작나무에서 자일리톨을 얻는다. 그래서 '자작나무 설탕' 으로 통한다. 자작나무를 큰 통에 넣고 충분히 끓인 뒤 여기서 녹아 나온 원액을 원심 분리기로 분리해 얻는다. 핀란드 어린이는 자일리톨이 든 껌을 식사 뒤에 씹는다. 자일리톨 껌을 씹으면서 수업을 받는다. 치약, 캔디, 태블릿에도 자일리톨을 넣어 판매하고 있다.

자일리톨은 설탕과 비슷한 단맛이 나는 인공 감미료다. 그러나 설탕, 과당, 젖당, 포도당 등 대부분의 당분이 충치를 유발하는 것과는 정반대로 자일리톨은 충치 예방 효과를 나타낸다. 입안에 터를 잡은 충치균(스트렙토코쿠스 뮤탄스균)은 자일리톨을 설탕으로 착각해 이를 분해하려 든다. 그러나 뒤늦게 자신의 먹을거리가 아님(충치균은 설탕같은 6탄당은 잘 분해하지만 5탄당인 자일리톨은 분해하지 못한다)을 깨닫고 자일리톨을 다시 배출시킨다. 이로 인해 충치균은 영양소를 섭취하지 못하고 이 과정에서 자체 에너지마저 다 써버려 '굶어죽거나', '과로로 탈진 상태에 빠지거나' 치아 표면에서 떨어져 나간다.

자일리톨을 충치 예방으로 활용하려면 우선 자일리톨 함량부터 확인해야 한다. 단맛 성분의 50%이상이 자일리톨인 제품만 충치 예방 효과를 지니기 때문이다. 또 자일리톨이 음료, 요구르트 등 입안에 머무는 시간이 짧은 식품에 들어 있을 경우 효과가 떨어지게 마련이다. 비타민C와 자일리톨은 서로 궁합이 맞지 않으므로(비타민C가 산을 발생시키기 때문) 두 성분이 모두 든 제품은 사지 않는게 좋다.

자일리톨은 당뇨 환자에게도 권할 만하다. 원래 당뇨 환자를 위한 감미료로 개발됐다. 현재도 당뇨병 환자를 위한 링거 주사액엔 자일리톨이 들어간다. 혈당을 느리게, 약간 올리는 데 그치기 때문이다. 또 자일리톨은 산모가 신생아에게 옮겨주는 충치예방, 입안의 세균이 유스타키오관을 통해 귀로 들어오면 발병하는 중이여 예방에도 효과적이다.

자일리톨은 딸기, 시금치, 양상추, 밤, 도토리에도 들어있다. 몸에서도 소량 생성된다. 한꺼번에 너무 많이 먹으면 설사, 복부의 불편함 등 부작용을 경험할 수 있다. 다이어트 중인 사람은 자일리톨의 열량이 설탕 못지 않다는 사실도 기억해야 한다.

2-2-3. 다당류(polysaccharides)

다당류는 많은 단당류 분자가 탈수 축합되어 분자량이 큰 탄수화물로서 동·식물, 미생물에 널리 존재한다. 대부분 고분자 화합물로 단당류나 소당류와는 달리 물에 녹지 않고 감미가 없으며 식물의 저장 물질 성분으로 중요하다. 구성 단당류가 한 종류로 된 것을 단순 다당류, 두 종류 이상으로 구성된 것을 복합 다당류라 하며 그 특징은 [표 2.6]과 같다.

[표 2.5] 다당류

종류	구조	종류
단순 다당류		녹말, 덱스트린, 섬유소, 글리코겐
복합 다당류	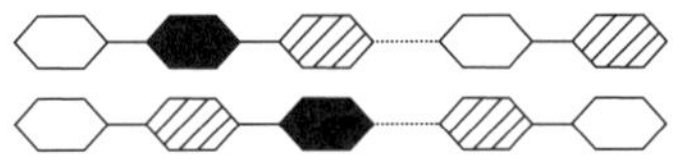	펙틴, 검질, 헤미셀룰로오스

☞ : 다른 종류의 단당류

[표 2.6] 주요 다당류

분류	종류	특징
단순 다당류	starch	탄소동화작용에 의해 생성, 곡류, 감자, 고구마 등의 저장 물질. 비중이 커서 물에 녹지 않고 침전
	glycogen	동물세포 중에 존재(간, 근육), 흡수된 당은 glycogen으로 저장
	cellulose	식물세포막 성분, 인체내 효소가 없어 소화 안 됨. 장운동 촉진 식품 첨가물 사용
	inulin	돼지감자, 다알리아 뿌리에 존재하며, 가수분해시 fructose만 생성. 소화 안 됨
복합 다당류	pectin	식물 잎, 줄기, 과일 세포벽의 결착 물질, 당과 산의 존재로 jelly나 jam 형성
	agar	우뭇가사리에서 추출, gel 형성 강하나 소화 안 됨, 양갱 제조와 식품 첨가물로 이용

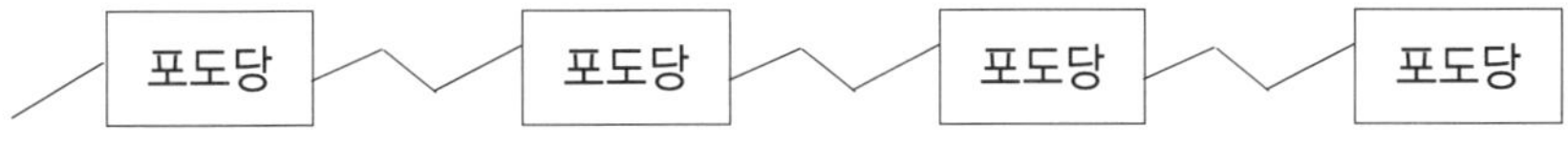

[그림 2.4] 섬유소의 구조(β-1,4 연결)

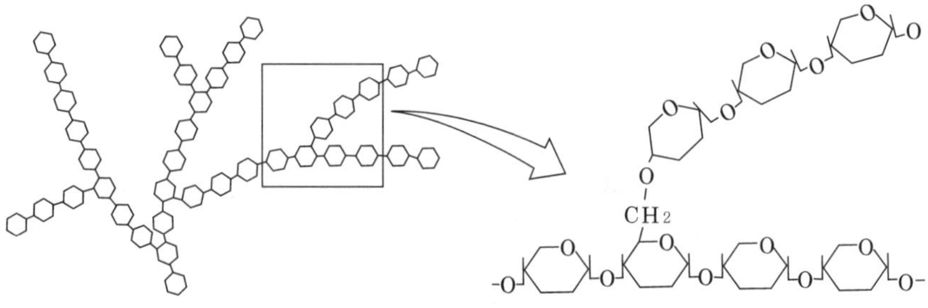

글리코겐(glycogen)

[그림 2.5] 글리코겐의 구조

1) 전분(starch)

전분 입자는 보통 현미경으로도 쉽게 볼 수 있을 정도의 큰 입자로 식물의 종류에 따라 그 형태가 다르고 전분 입자가 밀접하게 결합되어 비중(1.55~1.65)이 크다. 전분은 물에 잘 녹지 않고 물속에 현탁하면 곧 침전하므로 전분(澱粉)이라 한다.

전분립을 구성하는 분자에는 amylose와 amylopectin의 2종류가 있으며, 보통의 전분은 아밀로오스가 15~30%, 아밀로펙틴이 70~85%로 구성되어 있는데, 찹쌀 전분은 거의 아밀로펙틴으로 되어 있다.

[표 2.7] 전분의 분류와 특성

		포도당의 늘어선 방향	포도당 결합수	특성
전분	A. 아밀로오스	직쇄상	50~300	온수에 녹이면 전분립의 밖으로 유출하기 쉽다. 거의 점성이 없지만 차가우면 겔(gel)상으로 단단해진다.
	B. 아밀로펙틴	측쇄상(가지가 많다)	300~3000	물과의 가열로 분자가 팽윤해서 점도가 큰 풀 상태로 된다. 냉각되면 서서히 단단해진다.

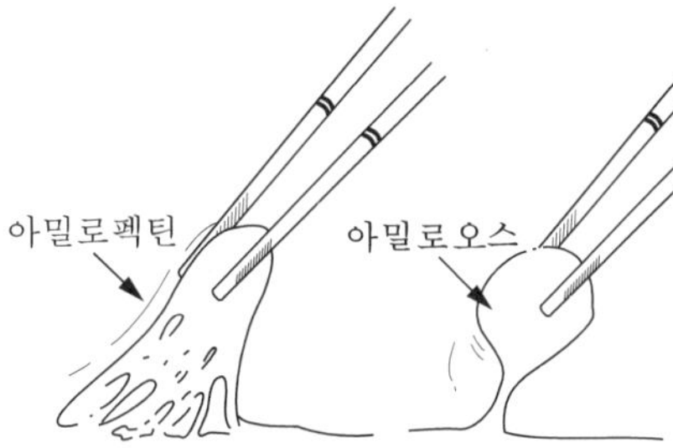

[그림 2.6] 아밀로오스와 아밀로펙틴의 점성 비교

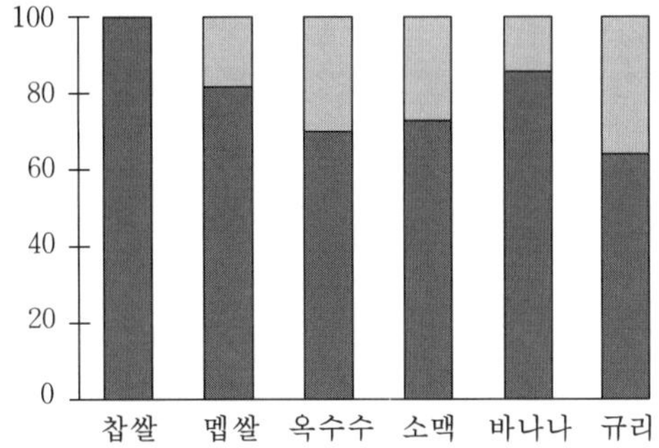

[그림 2.7] 전분의 아밀로오스와 아밀로펙틴 함량(%)

2) 전분의 성질

생전분은 냉수에 녹지 않고 침전되며 이 수용액을 60~65℃로 가열하면 점도가 높은 풀이 된 것을 α화(호화)라 하고 방치하면 전분은 굳어져 음식맛도 저하되고 소화성도 떨어지는 것을 β화(노화)라 한다.

또 전분에 물을 가하지 않고 160~170℃로 가열하면 전분이 용해성이 생기고 점성이 낮고 구수하게 되어 조리 · 가공한다.

[표 2.8] 전분의 호화 · 노화 및 호정화 비교

분류온도	호화	노화	호정화
온도	60~65℃	0℃	160~170℃
전분형태	미셀파괴	규칙적 미셀구조	부분적 가수 분해
수소결합	파괴	재회합	일부파괴
소화성	증가	저하	증가
교질상태	Sol	Gel	건조분말
전분	α전분	β전분	호정화전분
수분	다량	30~60%	미량
식품	쿠키,크래커,비스킷	찬밥, 떡, 빵	미숫가루, 누룽지, 보리차

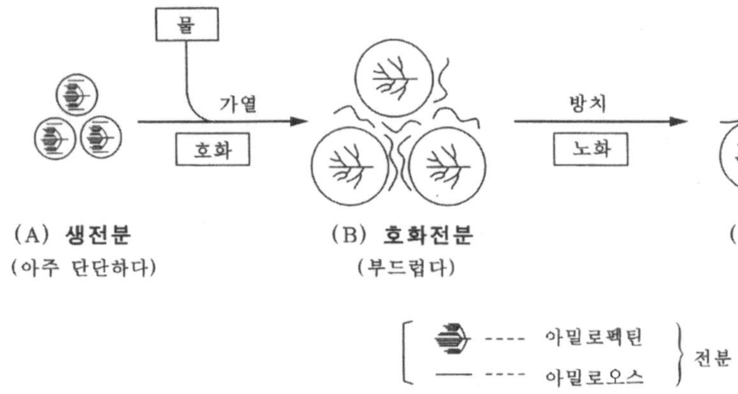

[그림 2.8] 전분의 호화 · 노화 모델

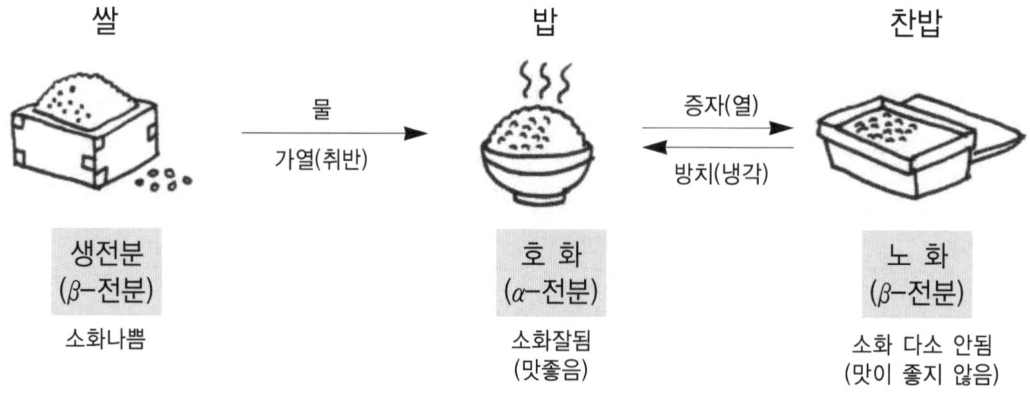

[그림 2.9] 쌀 전분의 변화

참고

1. 올리고당이란 무엇인가?

식품의 물성개량과 인체에 유용한 기능성을 가지고 있다. 분지 올리고당은 장내 세균인 비피더스균을 증식시키는 인자로 기능성식품으로 개발되고 있다. 효모에 의해 이용되지 못하고 비발효성 당으로 분지 올리고당은 저감미, 보습성, 전분식품의 노화방지, 충치방지, 우수한 물성을 가지고 있어 음료, 과자류, 조미료 등에 이용되고 있다.

시판 올리고당을 1일 16g을 연속 섭취 후 비피더스균의 증식

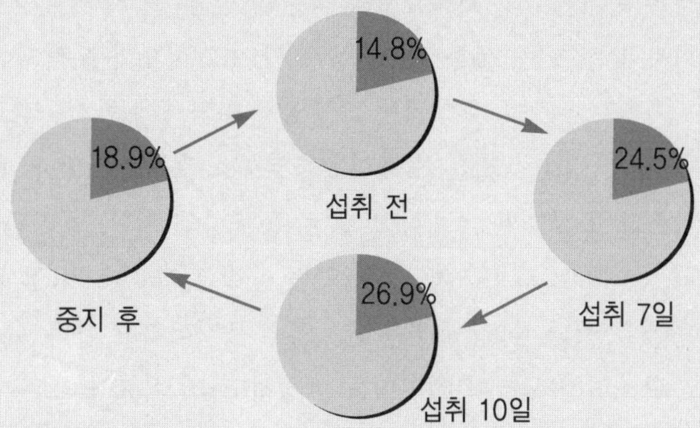

2. 전기 밥솥에 보온된 밥은 왜 노화가 일어나지 않는가?

밥의 수분 함량은 65% 정도이나 전기 밥솥의 보온 온도는 65~70도 정도를 유지시켜 노화가 일어나지 않는 온도를 유지시키기 때문에 밥이 노화되지 않고 호화 상태를 유지하게 되는 것이다.

3. 전분당이란 무엇인가?

옥수수나 고구마 등의 전분을 산 또는 효소로 가수분해할 때 생성되는 포도당 또는 맥아당과 dextrin을 비롯한 여러 가지 중간 분해물을 총칭하며 전분당 제품은 물엿, 포도당과 이성화당, 올리고당으로 나눈다. 이들 분해물은 물에 녹고 단맛을 갖게 되므로 전분당이라 한다. 물엿은 산으로 당화한 산당화 엿, 맥아로 당화한 맥아 엿으로 나누며 이들을 분말화한 분말 엿이 있다.

3) 식이섬유

(1) 식이섬유의 정의

탄수화물은 당질, 섬유소와 같이 나누고 있다. 당질은 포도당과 같이 열량소로써 직접 흡수되지만, 전분과 같이 소화효소의 작용을 받아 이용되는 것이 주가 된다.

식이섬유는 소화되지 않는 물질로써, 비영양소의 대표적인 것으로 생각되고 있다. 식이섬유는 식품을 1.25% H_2SO_4와 1.25% NaOH으로 차례로 용해하여 남은 유기물로써 소화효소의 작용을 받을 수 없는 다당류가 대부분이며 소화되지 않는 것 중 셀룰로오스 등은 약 30% 정도가 용해되어 있다고 할 수 있다.

그러므로 소화되지 않는 비영양소 다당류에는 셀룰로오스, 이눌린, 곤약, 만난, 한천, 펙틴, 알긴산, 헤미셀룰로오스 등 수가 많다. 또 탄수화물 이외에도 비소화 물질로써 식물성 리그닌, 동물성의 키틴, 콜라겐 등이 존재한다. 그러나 소화효소 작용을 받을 수 없는 물질은 그 일부가 장내 세균에 의해 분해되는 것도 있다. 이런 물질을 난소화성 물질이라고 한다.

난소화성 물질이 성인병을 예방하고 그 치료가 효과가 있다고 알려져 이것을 식이섬유(dietary fiber)라고 명명하게 되었다. 그래서 식이섬유를 다음과 같이 정의하고 있다.

인간의 소화효소로써 가수분해되지 않는 음식물 중에 난소화성 성분으로 소화관을 통하여 중요한 생리기능을 가지고 있는 물질이라고 한다.

(2) 가용성 섬유소(soluble dietary fiber)와 난용성 섬유소(insoluble dietary fiber)

가용성 섬유소는 물에 녹거나 팽윤되며 대장에서 세균에 의해 발효되는 섬유소(펙틴, 검 등)이며 난용성 섬유소는 물에 녹지 않으며 대장에서 세균에 의해 대사 분해되지 않는 섬유소, 일부 헤미셀룰로오스, 리그닌 등이다.

[표 2.9] 식이섬유의 분류

<table>
<tr><th>분류</th><th>함유부위</th><th>종류</th><th>함유식품</th><th>기능</th></tr>
<tr><td rowspan="6">난용성 식이 섬유</td><td rowspan="5">식물조직, 세포벽의 구조물질</td><td>셀룰로오스</td><td>채소, 곡류, 두류 밀기울</td><td rowspan="6">① 소화관내의 체류 시간 단축
② 대변량 증대
③ 변비예방</td></tr>
<tr><td>헤미셀룰로오스</td><td>곡류, 두류, 밀기울</td></tr>
<tr><td>펙틴질</td><td>미숙과일, 채소</td></tr>
<tr><td>리그닌</td><td>코코아, 소맥배아 두류</td></tr>
<tr><td>이눌린</td><td>돼지감자</td></tr>
<tr><td>갑각류 껍질의 구성성분</td><td>키틴</td><td>새우, 게의 껍질</td></tr>
<tr><td rowspan="5">가용성 식이 섬유</td><td rowspan="5">식물세포의 비구조물질 저당 다당류</td><td>펙틴질</td><td>숙성과일</td><td rowspan="5">① 만복감 부여
② 포도당 흡수지연
③ 혈청콜레스테롤 농도저하</td></tr>
<tr><td>식물검(구아검)</td><td>나무껍질, 과수</td></tr>
<tr><td>점질물(만난)</td><td>곤약감자</td></tr>
<tr><td>해당다당류(알긴산)</td><td>갈조류</td></tr>
<tr><td>라미나린, 푸코이딘</td><td></td></tr>
<tr><td rowspan="3">기타</td><td rowspan="3">결합조직의 성분</td><td>콘트로이틴 황산</td><td>동물식품의 뼈, 힘줄</td><td rowspan="3"></td></tr>
<tr><td>키틴, 키토산</td><td></td></tr>
<tr><td>폴리덱스트로오스</td><td>화학합성다당류</td></tr>
</table>

(3) 식이섬유의 생리작용

식이섬유는 소화관을 통과하여 인체의 생리작용에 많은 영향을 준다.

1 보수성과 팽윤성

식이섬유는 소화관 내로 물을 잘 흡수하여 부푼다. 특히 비수용성의 식이섬유의 팽윤작용은 대단히 크다. 그 결과 음식물이 위에 머무르는 시간과 소화관내를 이동하는 속도에 영향을 준다.

2 소장 내의 확산 속도의 억제

곤약, 만난과 펙틴 등의 식이섬유는 소장 내에서 겔화하여 점조성을 증가하

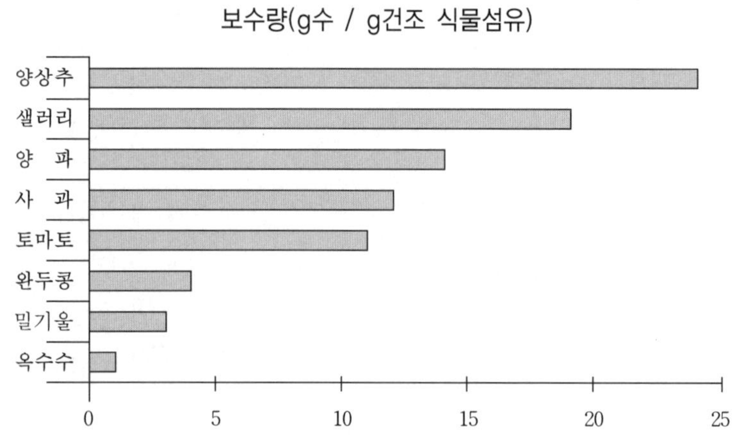

[그림 2.10] 각종 식이섬유의 보수량 비교

여 확산 속도를 억제하므로 콜레스테롤이나 포도당의 흡수를 지연시킨다.

3 식이섬유는 흡착성이 있다

미네랄이나 담즙산을 흡착한다. 그 결과 칼슘, 콜레스테롤, 유기화합물을 식이섬유에 흡착하여 흡수량을 적게 한다. 또 발암물질도 흡착하여 유해작용을 억제할 수 있다.

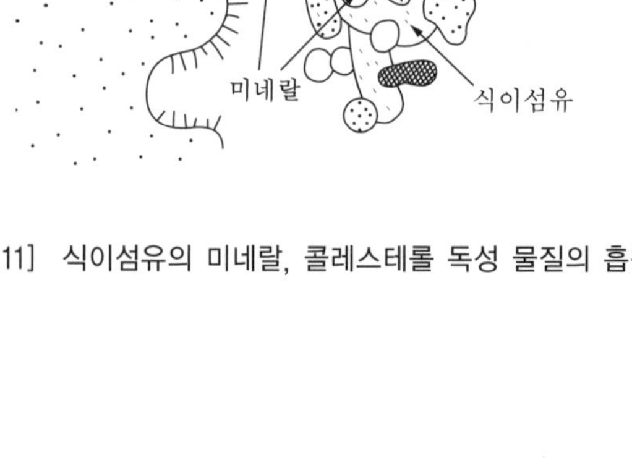

[그림 2.11] 식이섬유의 미네랄, 콜레스테롤 독성 물질의 흡착 형태

3) 식이섬유의 영양 효과

(1) 혈액 콜레스테롤 농도 정상 유지

특히 가용성 식이섬유는 콜레스테롤을 흡착하여 흡수를 저해하므로 그 결과는 대단히 크다. 그러므로 동맥경화증을 방지하는 작용이 있다.

(2) 대장암 발생 억제

식이섬유는 변 용적을 증가하여 장내 변 통과 시간을 짧게 하므로 담즙산 등으로부터 생성되는 발암물질이 대장 점막에 접촉하는 시간이 짧게 된다. 그 결과 대장암 발생률을 감소시킨다.

(3) 식품에 함유된 유해 물질을 제거

예를 들어 타르계 색소 2호 등의 독성 물질이 가공식품에 첨가되는 경우 우엉, 당근, 무, 죽순, 콩나물 등의 식이섬유소를 섭취하면 흡수를 저하시킨다.

(4) 혈당치를 저하하여 당뇨병 예방

식이섬유는 포도당의 흡수를 지연시켜 혈액 중의 포도당 농도(혈당치)의 상승을 억제한다.

(5) 변비 및 대장게실의 해소 유효

식이섬유는 장내 세균의 증식을 촉진하여 변통을 예방하는 것이 그림 2.21과 같이 대장벽에 대장게실을 방지, 대장게실의 증가는 대장암의 원인이 된다.

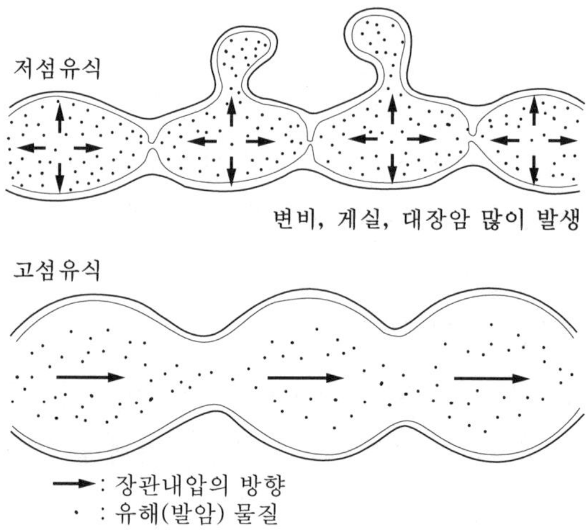

[그림 2.12] 대장에서 섬유소의 역할

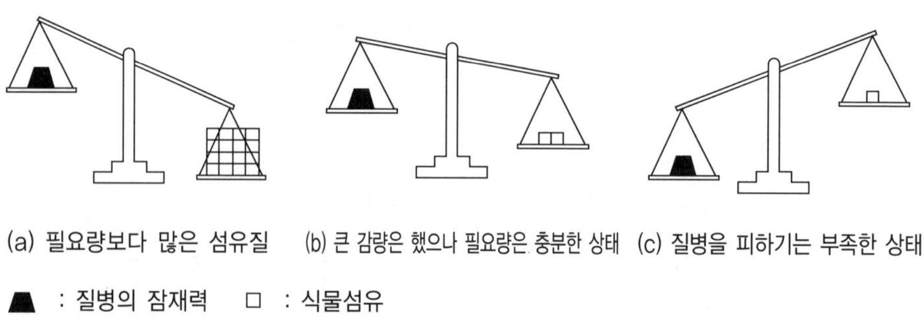

[그림 2.13] 식물섬유의 섭취 적정량

chapter 3. 지방질

| 3-1 지방질의 정의 |

지질(lipid)은 흔히 지방질(脂肪質)이라고 하며, 일반 식용유지를 포함하여 물에 녹지 않고 에테르(ether), 벤젠(benzene), 아세톤(acetone), 사염화탄소(carbon tetrachloride) 등의 유기용매에 잘 녹는 물질이며 또한, 생체 내에 이용될 수 있는 물질 전체를 말한다.

지질은 동식물에 광범위하게 분포되어 있으며 탄수화물과 같이 탄소 · 수소 · 산소로 구성되어 있고 1g당 약 9kcal로 높은 열량을 발생하는 에너지원이다.

| 3-2 지방질의 분류 |

지질은 [표 3.1]에서 보는 바와 같이 ① 단순지질, ② 복합지질, ③ 유도 지질로 분류된다. 대표적인 지질에는 중성지방, 인지질, 콜레스테롤, 지방산 등이 있다.

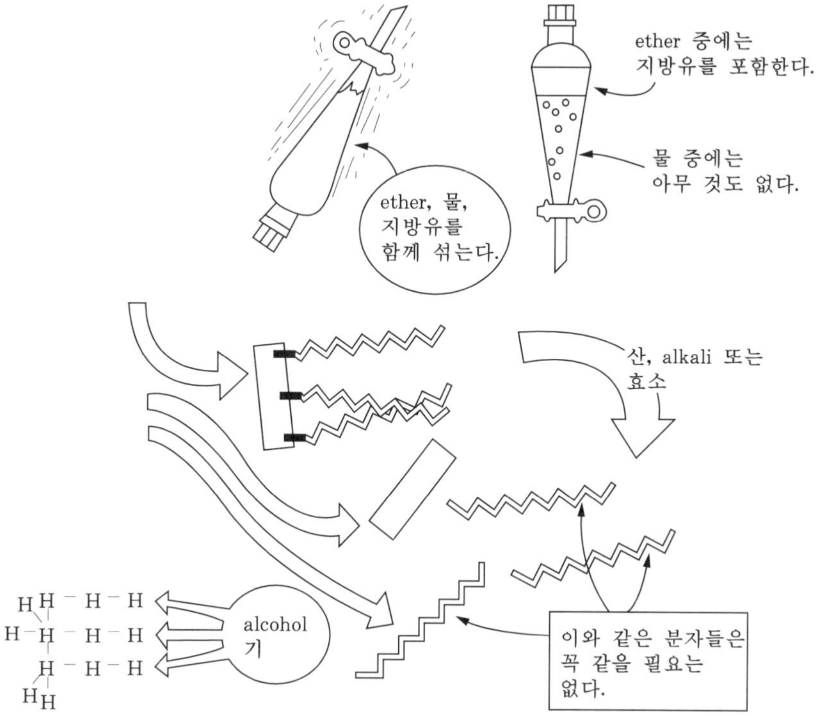

[그림 3.1] 지방의 정의

> 생물체에서 얻을 수 있는 지방은 물에는 안 녹지만 acetone, ether 및 석유에는 녹는다. 식품과 우리 몸에 저장된 지질의 대부분은 중성 지방(triglyceride)이다. 이것은 C, H, O만으로 되어 있다. triglycerides는 산, 알칼리, 효소 등으로 가수분해되어 glycerol과 지방산(fatty acid)으로 된다. glycerol은 3가 alchol이다.

[표 3.1] 지방질의 분류

종류	분류	종 류	구 조
단순 지질	중성 지방(유지)	지방산+glycerin	천연유지(트리글리세리드 등)
	wax	고급지방산+고급알코올	

복합 지질	인지질	지방산+glycerin+인산+유기염기	레시틴
	당지질	지방산+glycerin+단당류	
유도 지질	지방산	지방을 구성하는 유기산	글리세리드 등
	스테롤류	콜레스테롤, 에르고스테롤, 담즙산 · 성호르몬	

3-2-1. 중성지방

(1) 유지(油脂, oil and fat)

지질의 분류 중 단순 지질의 일종으로써 화학적으로는 지방산(fatty acids)과 글리세린(glycerin)이 종합한 글리세리드(glycerides)의 형태를 말한다. 그리고 물리적인 성질의 차이, 즉 융점(融点)의 차이에 의하여 다음과 같이 '유(油)' 와 '지(脂)' 로 구분할 수 있다.

유(oils) → 실온에서 액체 상태로 존재(대두유, 올리브유)

지(fats) → 실온에서 고체 상태로 존재(우지, 돈지)

① 기름과 지방의 차이

상온에서 액체상태로 존재하는 지질을 油(Oil)이라고 하며 동물체내에 존재하는 지질의 대부분을 脂(Fat), 지방 또는 굳기름이라 한다.

[표 3.2] 유지의 분류

油 (상온에서 액체)	식물유(植物油) : 대두유, 참기름, 미강유, 면실유, 옥수수유, 올리브유, 들기름 동물유(動物油) : 어유, 고래유(가공용) 가공유(加工油) : 시즈닝 오일
脂 (상온에서 고체 또는 굳은기름))	동물지(植物脂) – 버터, 라드, 우지(牛脂) 식물지(動物脂) – 팜유, 카카오지 가공지(加工脂) – 마가린, 쇼트닝

② 가시적지질과 비가시적지질(Visible Fat And Invisible Fat)

식품중에 존재하는 지방은 식품의 조리가공에 사용되는 정제유지나 살코기주변에 붙어있는 굳기름, 살코기속에 희게 분포되어 눈에 보이는 것을 가시적지질(可視的脂質)이라 한다. 또 동물의 조직이나 세포에 정상적인 상태로 분포되어 있어 판별이 되지 않는 것을 비가시적지질(非可視的脂質)이라 한다.

눈에 보이는 지방
콩기름, 옥수수유, 버터 등

눈에 보이지 않는 지방
갈비, 삼겹살, 고기류, 햄, 소시지류, 튀김류, 파이, 도넛류, 라면 등 가공식품, 아이스크림 등

(2) 글리세리드(glycerides)

유지의 화학적인 명칭으로써 그 기본 구조는 그림 3.2와 같이 글리세린과 지방산이 에스테르(ester) 결합을 한 형태를 말하며, 글리세린에 지방산이 결합하는 수(數)에 따라 모노-, 디-, 트리글리세리드의 3가지 형태로 구분될 수 있다.

모노, 디글리세리드는 신선한 천연 유지에는 존재하지 않으며, 일반 식용유지의 대부분은 그림 3.2와 같이 글리세린과 3개의 지방산이 결합한 트리 글리세리드의 형태로 존재하고 있다.

글리세린 + 3 지방산 ⟶ 글리세리드, 즉 유지

지방산 3개 결합 : 트리글리세리드(Triglycerides)
지방산 2개 결합 : 디글리세리드(Diglycerides)
지방산 1개 결합 : 모노글리세리드(Monoglycerides)

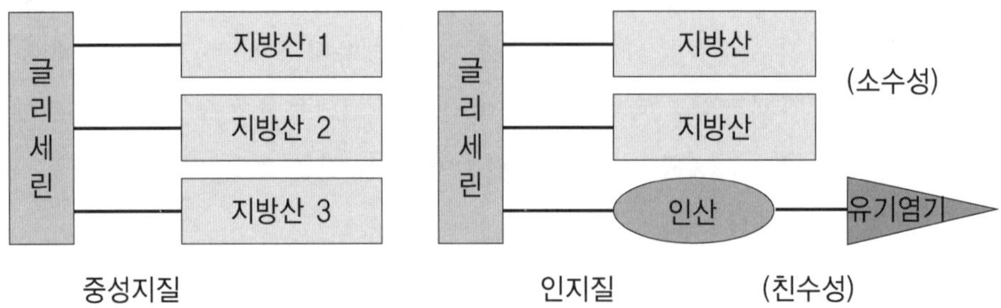

[그림 3.2] 중성지질과 인지질의 구조

3-2-2. 인지질 및 스테롤

복합 지방질에 속하는 인지질은 체내에 존재하는 양은 비록 적으나 세포막의 주요 구성 성분으로 특히 뇌에 그 함량이 많다. 인지질은 분자 중에 친수기와 소수기를 동시에 갖고 있어 물과 기름이 유화작용을 하게 된다. 유도지방에 속하는 콜레스테롤은 동물 조직에서 생합성이 가능하다. 따라서 동물성 식품에만 있고 식물성 식품에는 콜레스테롤이 없다. 이것은 동물 세포막의 구성성분이고, 또 여러 스테로이드 호르몬이나 담즙을 만드는 주요 성분으로써, 동맥경화증과 혈중 콜레스테롤 사이의 상관성이 보고되면서 무조건 나쁜 성분이라는 인상이 크지만, 실제로는 신체 구성에 필요한 성분이다.

| 3-3 지방산 |

식품 중 식물성과 동물성 유지에는 포화지방산과 불포화지방산이 다량 포함되어 있고, 이들 지방산은 리파아제(lipase)의 가수분해 작용을 받아 생성된다. 자연계의 식품 중 지방산의 탄소 수는 거의 짝수(4~30개)를 가지며 한 쪽 끝에 한 개의 카르복실기(-COOH)가 사슬 모양으로 결합되어 있으며, 일반식은

RCOOH로 나타낸다. 지방산은 카르복실기에 붙어있는 탄소의 사슬을 가지며 이 사슬은 편의상 R로 표시하고 또 지방산의 종류에 따라 다르다.

지방산은 크게 포화지방산과 불포화지방산으로 대별할 수 있다.

포화지방산 : 탄소와 탄소간의 단일 결합 : − C − C −   불포화지방산 : 탄소와 탄소간의 이중 결합 : − C = C −

[그림 3.3] 식물성 지방과 동물성 지방의 지방산 차이

3-3-1. 포화지방산(Saturted fatty acids)

탄소 원자간의 단일결합(포화결합)에 의해 연결된 지방산을 말하며 화학적으로는 안정된 지방산이다.

포화지방산의 융점은 탄소 수가 많을수록 높아지며, 탄소 수가 10개(C_{10}. capric acid) 이상인 포화지방산은 실온에서 고체로 존재한다.

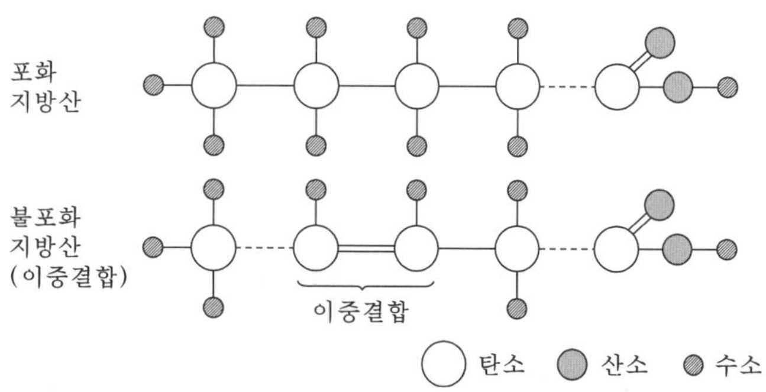

[그림 3.4] 포화지방산과 불포화지방산

[표 3.3] 포화지방산의 종류와 성질

탄소수	이름	시성식	많이 있는 식품	녹는점	수용성
4	부티르산	$CH_3(CH_2)_2COOH$	버터	-5.3	좋다
6	카프로산	$CH_3(CH_2)_4COOH$	버터, 야자유	-3.2	〃
8	카프릴산	$CH_3(CH_2)_6COOH$	버터, 야자유	16.5	〃
10	카프르산	$CH_3(CH_2)_8COOH$	버터, 야자유	31.6	〃
12	라우르산	$CH_3(CH_2)_{12}COOH$	버터, 야자유	44.8	나쁘다
14	미리스트산	$CH_3(CH_2)_{14}COOH$	야자유	54.4	〃
16	팔미트산	$CH_3(CH_2)_{16}COOH$	일반동식물유지	62.9	〃
18	스테아르산	$CH_3(CH_2)_{18}COOH$	일반동식물유지	70.1	〃
20	아라키드산	$CH_3(CH_2)_{20}COOH$	땅콩기름	76.1	〃
22	베헨산	$CH_3(CH_2)_{22}COOH$	땅콩기름	80.0	〃
24	리그노세르산	$CH_3(CH_2)_{24}COOH$	땅콩기름	84.2	〃

3-3-2. 불포화지방산(unsaturated fatty acids)

탄소 원자 사이에 1개 혹은 그 이상의 이중결합(불포화결합)으로 연결된 지방산을 말하며, 이중결합의 화학적 구조는 [그림 3.4]와 같다. 또한, 불포화지방산은 그 이중결합의 수에 따라 단일 및 고도 불포화지방산으로 분류할 수 있다.

· 단일(single) 불포화지방산 : 지방산이 1개의 이중결합을 가지고 있는 것

· 고도(poly) 불포화지방산 : 지방산이 2개 이상의 이중결합을 가지고 있는 것

[표 3.4] 불포화지방산의 종류

탄소수	이름	분자식	많이 있는 식품	녹는점	이중결합 수 · 위치
18	올 레 산	$C_{17}H_{33}COOH$	동물성 유지	13	1 Δ9
18	리놀레산	$C_{17}H_{31}COOH$	동물성 유지	-5	2 Δ9,12
18	리놀렌산	$C_{17}H_{29}COOH$	동물성 유지	-11	3 Δ9,12,15
20	아라키돈산	$C_{19}H_{31}COOH$	간　유	-50	4 Δ5,8,11,14
22	클루판돈산	$C_{21}H_{33}COOH$	정어리 기름	-78	5 Δ4,8,12,15,19

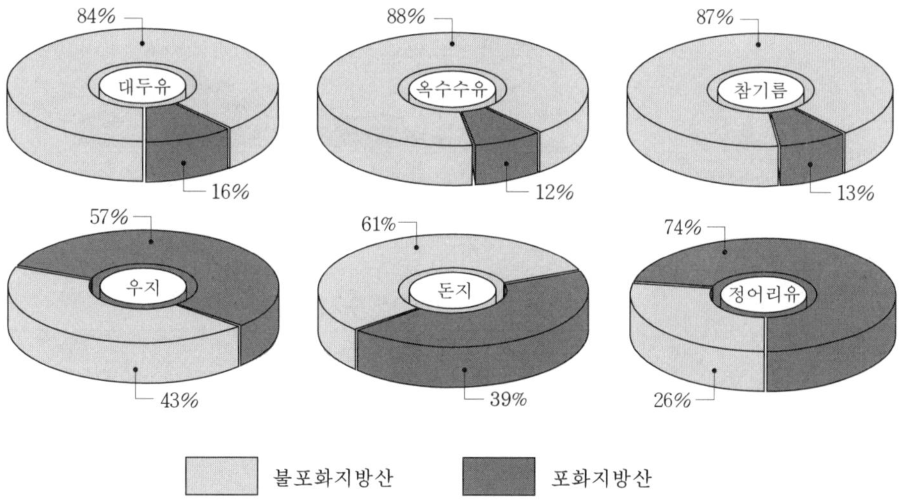

[그림 3.5] 유지의 지방산 조성

불포화지방산은 이중결합을 가지고 있기 때문에 포화지방산보다 화학적으로 반응성이 더 높아 불안정하며 이중결합 수가 증가할수록 그 활성도는 커진다.

3-3-3. 필수지방산

필수지방산은 생체 내에서 합성이 안 되거나 일부 합성되어도 그 양이 부족하여 외부에서 섭취해야 한다.

종류로는 linoleic acid, linolenic acid, arachidonic acid 등이 있으며 이것은 세포막을 구성하며 조직 내 지방의 합성에 필요하다. 부족하면 성장 지연, 피부병, 학습 능력 저하 등의 증세가 나타나며 식물성 기름에 특히 많이 들어 있다.

필수지방산은 콜레스테롤의 농도를 저하시켜 동맥경화증을 예방하는 효과가 있으므로 적당량 섭취가 좋다.

[그림 3.6] 필수지방산은 혈관벽의 cholesterol 침착 억제

[표 3.5] 필수지방산의 특징

지방산	구조	기능	공급원
linoleic acid	C_{18} (이중결합 2개)	항피부병 인자 성장인자	채소, 종실유
linolenic acid	C_{18} (이중결합 3개)	성장 인자	들기름, 콩기름
arachidonic acid	C_{20} (이중결합 4개)	항피부병 인자	동물의 지방

3-3-4. 트랜스지방산

지방은 포화지방과 불포화지방으로 나뉜다. 대게 상온에서 굳는 기름은 포화지방, 액체 상태인 기름은 불포화지방이다. 포화지방은 동물성 지방에, 불포화지방은 콩을 비롯한 식물성 지방에 많다. 그런데 상온에서 액체 상태인 식물성 지방에 수소를 첨가해 인위적으로 굳힌 기름이 있다. 이를 '경화유' 라고 부르며 패스트푸드를 만들때 많이 쓴다. 경화유는 값이 싸고 음식을 딱딱하고 보기 좋게, 스낵용으로 간편하고 먹기 좋게 하는 효과가 있어 사용량이 급증했다.

문제는 경화유를 만드는 과정에서 자연계에는 없는 트랜스지방이 생겨나고 비만은 물론 심장병과 암의 원인이 된다는 것이다.

트랜스지방은 고온에서 발생하는데 저온으로 제조해 생성을 억제하고 촉매제를 이용해 유지의 구조를 바꾸고 있다.

| 3-4 가공유지 |

1) 마가린(margarine)

(1) 유래

마가린은 프랑스의 Mege Mouries(1817~1880)에 의해 발명되었다. 마가린의 어원은 그리스어의 'Margarite'에서 유래된 것으로 '진주'를 의미하는데, 발명 당시 제품 모양이 진주와 같은 빛을 발한다는 데서 비롯되었다.

마가린이 처음 제조되었을 때는 버터와 물성이 유사하게 하기 위하여 우지를 분별한 올레오일과 돈지가 주원료로 사용 되었으며, 그 후 야자유나 팜유 등이 많이 이용되었다.

(2) 특성

마가린은 인조 버터로 천연 버터의 모조품으로 이용되어 왔다. 현재 사용되는 원료는 동,식물성유지 · 경화유 등이며 주로 이용되는 식물성유지는 융점이 낮고 실온에서 액체 상태이므로 수소를 첨가해서 액체 상태의 식물성 기름을 적당한 경도를 갖는 고체 지방(경화유)으로 만든 것이다. 마가린은 실온에서 고체이면서 식용할 때는 입 속에서 녹아야 하므로 20~25℃ 범위(규격 35℃ 이하)의 융점을 갖도록 배합하여야 하며, 온도가 낮을수록 퍼짐성은 나빠진다.

마가린은 제과용, 조리용, 버터크림, 빵 등의 성질에 맞도록 사용되며 영양강화를 위해 비타민 A를 첨가하고 있다.

[표 3.6] 마가린과 버터의 지방산 비교(%)

구분		단일불포화 지방산(%)	이중불포화 지방산(%)	삼중불포화 지방산(%)	포화지방산
마가린	경질(식물성)	35~66	12~48	0.5~4	17~25
	경질(동물성)	52~57	2~11	0~0.5	36~41
	연질(식물성)	22~48	25~65	0.5~3	15~23
버 터		28~31	1.0~2.5	0.2~0.5	63~70

(3) 정의

식품위생법에서 마가린이라 함은 식용유지에 물을 가한 후 이에 식품이나 첨가물 등을 혼합하여 유화, 급냉, 연화하여 만든 고상 또는 유동상인 것을 말한다(식용유지 100%).

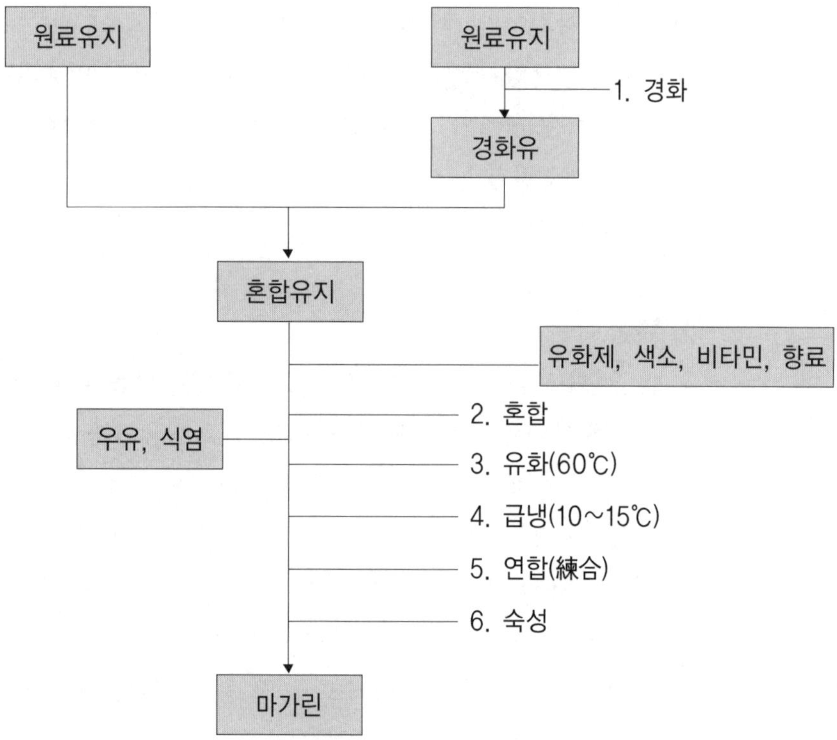

[그림 3.7] 마가린 제조공정

2) 쇼트닝(shortening)

(1) 유래

쇼트닝(shortening)의 'shorten'은 짧다라는 의미도 있지만 '부스러지기 쉽다'라는 의미도 있다. 19세기 말 돈지(lard) 부족의 보충 수단으로써 대량생산되었던 면실유에 올레오스테아린(경질 우지)을 배합해서 돈지 대용품으로 제조하였는데, 이것이 최초의 쇼트닝이었다. 한편, 19세기 후반부터 면실유와 동물성 기름을 섞어서 만든, 이른바 복합 쇼트닝(compound shortening)이 선을 보이게 되었다. 그후 정제기술 및 수소첨가 등의 유지 가공기술의 발달로 각종 식물성 기름의 이용 기술이 향상되어 자유로운 조절이 가능해졌으며 산화안정성 등 천연의 돈지보다 우수한 특성을 가진 쇼트닝이 제조됨으로써 제과, 제빵, 요리 등으로 발전을 계속하여, 종래의 돈지 대용품으로써의 개념을 벗어나 현재의 가공 유지제품으로 아주 중요한 위치를 차지하고 있다.

1961년까지는 고도 불포화지방산의 함량이 6~14% 정도로 수소를 첨가해서 상품화되었는데 그후 고도 불포화지방산의 섭취가 영양상 좋다는 의견 때문에 그 함량을 22~33%까지 올리게 되었다.

(2) 특성

라드(lard)의 대용품으로 제조된 가공유지로 쇼트닝 원료는 동 · 식물성유지 및 경화유로 제조법은 마가린과 거의 같다. 다만 쇼트닝은 마가린과 달리 수분을 전혀 함유하지 않고 있다.

쇼트닝은 반고체 상태의 가소성 유지제품으로 빵, 케이크, 비스킷, 과자류에 맛과 조직을 부드럽고 바삭바삭하게 해주며 부피 팽창과 크리밍성을 좋게 하여 제품을 향상시킨다. 빵에 첨가할 경우 조직의 윤활성, 녹는 성질, 촉감을 비교할 때 고체 유지가 액상 유지보다 좋다.

(3) 정의

식품위생법에서 쇼트닝유라 함은 식용유지를 그대로 또는 이에 첨가물을 가하여 급냉 · 연화하여 만든 고상 또는 유동상의 것으로써 가소성, 유화성 등의 가공성을 부여한 것을 말한다(식용유지 100%).

3) 돈지

돈지라 함은 돼지의 지방조직으로부터 채취한 기름으로 사용에 적합하도록 처리한 것을 말한다. 주 원료성분 배합기준은 원료 돈지(또는 돼지의 지방조직) 100%로 한다.

4) 정제 가공유지

정제 가공유지라 함은 동물유지, 식물유지 또는 이들을 혼합한 것에 수소첨가, 분별 또는 에스테르 교환의 방법에 의하여 융점을 조절하거나 산화안정성을 부여한 것으로 사용에 적합하도록 정제한 것을 말한다. 주원료 성분배합 기준은 식용유지 100%로 한다.

5) 버터(butter)

(1) 유래

버터는 BC 3천 년경의 바빌로니아와 BC 5천 년경 인도에서 제조되었다는 설이 있으며, 구약성서에도 버터에 대한 기록이 남아 있다. 옛날 그리스와 로마에서는 버터를 연고, 약품, 화장품, 식용 등으로 사용한 것으로 알려졌으며, 매우 진귀한 것으로 생각했다. 버터는 중세기까지도 알프스, 아프리카, 히말라야 일부 지방에서는 가죽주머니로 우유를 흔들거나 쳐서 만드는 원시적인 방법이 이용되었다. 그후 통 모양의 교동기(churn)가 발명되어 현재는 대량생산의 공업화가 이루어 졌으며, 우리나라에서도 1964년 서울우유 협동조합에서 최초로 생산되기 시작하였다.

(2) 특성

버터는 우유로부터 제조된 유지식품이며, '버터지' 는 버터의 지방분을 말하는데, 그 주요 지방산을 팔미틴산($C_{16:0}$) 상태로 존재한다. 지방산 조성을 보면 저급 지방산에서 고급 지방산까지 널리 분포되어 있고, 또한 포화지방산의 함량이 많으므로 안정성은 좋지만 단백질 및 당분을 함유하기 때문에 변질되기 쉽다. 버터는 특히 비타민 A, D, E 등 영양 성분이 풍부하면서 인공적으로 얻기 어려운 풍미를 가지고 있기 때문에 제과용으로 많이 이용되고 있지만 콜레스테롤(cholesterol)을 총 지질의 1.22~0.41%로 다량 함유하고 있는 단점이 있다. 우유는 지방구를 대량으로 함유한 액체로 예를 들면 생크림을 강하게 교반하면 안에 함유되어 있는 지방구들이 강하게 충돌해서 그 충격으로 그 지방구막이 붕괴되기 시작한다. 그래서 교반을 계속하면 붕괴된 지방구들이 차차 응집해서 최종적으로는 액체에서 완전히 분리되어 버린다. 이와 같이 지방구가 응집해서 작은 덩어리로 되는 것을 버터립(粒)이라고 부른다. 이 버터립 안에는 지방구가 응집할 때에 말려 들어간 버터밀크가 가느다란 물방울의 상태로 분산되어 있어서 마치 생크림 안의 수분과 지방분의 바뀐 것처럼 된다. 버터 안에는 15% 정도의 수분이 가느다란 물방울로 남는다.

[표 3.7] 우유와 버터의 성분

100g당	열량 (kcal)	수분 (g)	지질 (g)	단백질 (g)	당질 (mg)	칼슘 (g)	비타민 A 효력IU
우 유	59	88.7	3.2	2.9	4.5	100	110
버 터	745	16.3	81.0	0.6	0.2	15	1900

(3) 정의

식품위생법에서 버터류는 원유에서 유지방을 분리한 것이나 발효시킨 것을 그대로 또는 이에 식품이나 첨가물 등을 가하여 교반 연압한 것을 말한다(유지방 80% 이상).

[표 3.8] 버터의 분류

		분 류	특 징
① 유산균에 의한 발효	O	발효버터	크림의 단계에서 유산발효를 하여 독특한 향과 풍미가 있다.
	×	무발효버터	유산발효를 하지 않기 때문에 특색이 없고 담백하다.
② 식염의 첨가	O	가염버터	중량의 1~2%의 식염을 첨가하기 때문에 버터 자체에 적당한 염미가 있고 보존성이 높다.
	×	무염버터	식염을 첨가하지 않기 때문에 과자의 재료로 대량 사용이 가능하다.

쉬어가는 페이지

식품의 튀김법

튀김재료는 한꺼번에 넣으면 기름의 온도가 낮아지므로 하나씩 천천히 넣는다. 튀김요리는 비교적 손이 적게 가는 요리이지만 튀김과정에 여러 가지 과학의 원리가 포함돼 있다. 튀김옷을 만드는 이유는 식품 고유의 맛을 살리고 기름의 흡착으로 열량이 높아지게 하며 영양소 손실을 방지하기 위해서이다. 기름의 높은 온도를 재료가 직접 받아 타거나 마르는 것을 방지해 주는 쿠션 역할도 하며 특히 찬물을 쓰면 밀가루의 글루텐형성이 억제돼 보다 바삭한 튀김요리를 만들수 있다. 또한 식품 속에 포함된 물이 기체로 변하면서 약 1700배의 부피팽창이 일어나 화상을 유발할 수 있는 염려도 예방해 준다. 기름의 온도는 튀김옷을 냄비 속에 조금 넣어 보면 알 수 있다. 온도가 너무 낮으면 튀김옷은 가라낮고 너무 높으면 넣는 순간 수분이 증발해 가벼워지므로 전혀 가라않지 않는다.

즉 150℃ 이하에서는 가라앉고 170~180℃에서는 바닥에 닿을락 말락하다 밀도가 큰 물이 증발하면서 위로 떠오르게 된다. 200℃ 이상에서는 가라앉지 않고 둥둥 떠다닌다. 표면과 내부의 온도차가 큰것을 이용한것이 아이스크림 튀김. 공기방울이 많이 들어 있는 케이크반죽 같은 튀김옷을 입혀 열의 전도를 막고 고온으로 아주 빨리 튀겨내면 녹지 않은 아이스크림을 먹을 수 있다. 닭처럼 덩치가 큰 재료는 처음에 낮은 온도 140~150℃에서 가열하고 꺼내 놓고 기다려 열이 속으로 전달된 다음 다시 한번 기름에 넣고 세게 가열해 익힌다.

chapter

4. 단백질

단백질(protein)은 세포원형질의 주요성분이며 생명현상은 모두 이 단백질의 상호작용으로 진행되고 있다. 근육, 힘줄, 손톱 등의 인체구성 성분으로서 또 혈액성분, 효소, 항체, 호르몬 등으로서 존재하는 중요한 역할을 하는 물질이다.

단백질은 탄소(C), 수소(H), 산소(O), 및 질소(N) 등의 원소로 구성되어 있는 분자량이 큰 유기화합물이다. 단백질은 질소(N)를 함유하고 있는 점이 당질이나 지방과 다르며 질소의 함량은 평균 16%를 함유하고 있다.

현재 식품에서 발견되고 우리 인체에서 영양소로 이용되는 아미노산은 약 20여 종이다. 이들 아미노산이 모여 단백질을 구성하고 있다.

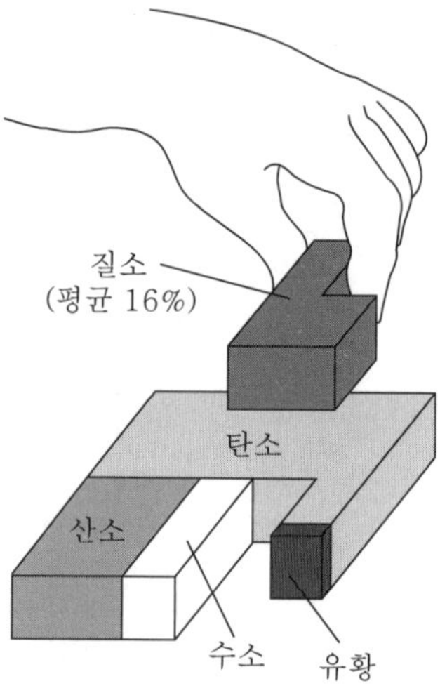

[그림 4.1] 단백질의 원소 조성

| 4-1 단백질의 구조와 기능 |

4-4-1. 단백질의 구조

단백질의 구조는 L-α아미노산이 기본 단위가 되고 이것이 펩타이드 결합으로 축합되어 생긴 분자량이 수 천에서 수 백만 이상의 것으로 거대한 질소 함유 고분자 화합물이다. 단백질을 가수분해하면 약 20여 종의 아미노산으로 분해되며 수백 수천 개의 아미노산 분자를 가진다. 아미노산이 사슬처럼 결합되어 단백질은 나선 구조, 섬유상 구조, 구상 구조를 이루고 있다.

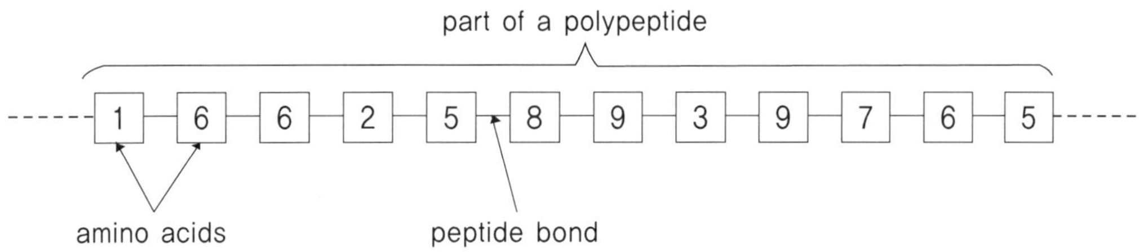

[그림 4.2] 단백질에서 아미노산의 배열 순서

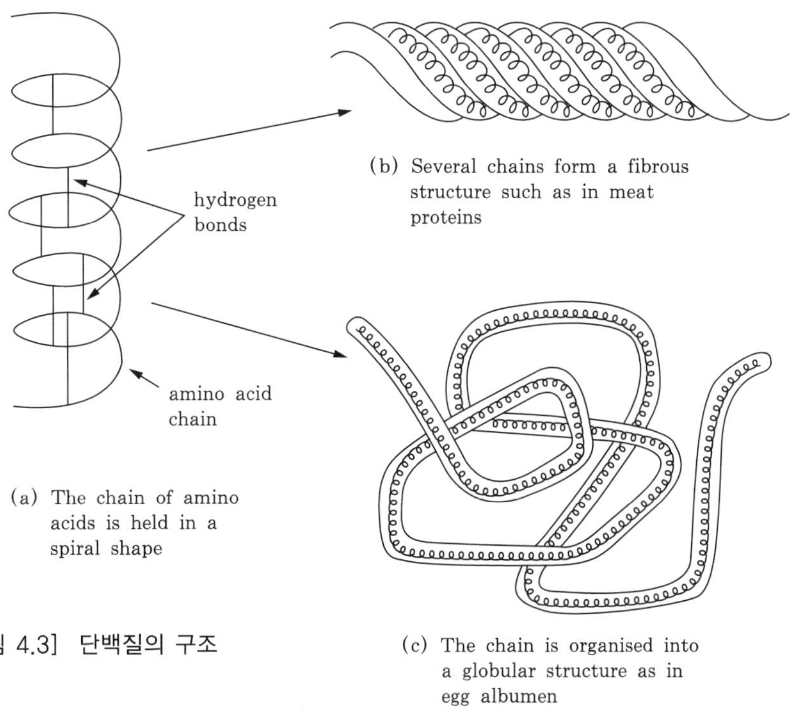

[그림 4.3] 단백질의 구조

[그림 4.4] 단백질의 존재 형태

4-1-2. 단백질의 기능

단백질은 모든 세포의 구성성분이다. 어떤 단백질은 세포와 기관의 구조분자이며 이러한 단백질은 힘줄(건)과 같은 결합조직에 풍부하다. 혈액 속에 있는 단백질은 물질을 운반하는 구실을 한다.

단백질(항체)은 다른 유기체에 의한 침략에 대하여 생체를 방어하며, 영양분을 저장하는 저장 단백질, 근육의 수축에 관여하는 수축성 혹은 운동성 단백질, 그리고 가장 종류가 많고 또한 특이성이 높은 단백질은 촉매활성을 갖는 효소이다. 생체내에 있어서 유기생체분자의 모든 화학반응은 효소에 의해 촉매된다.

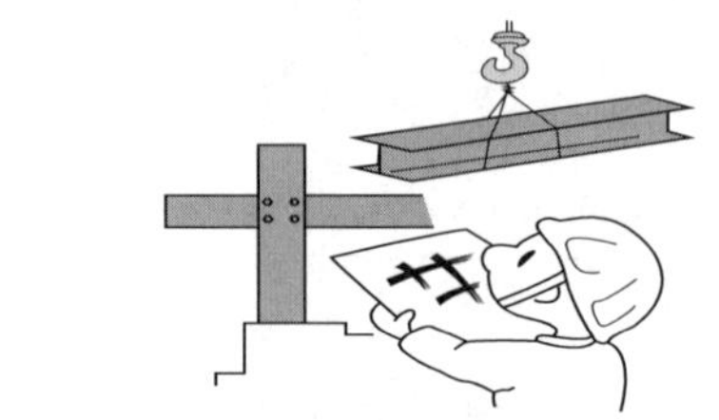

• 구조단백질 :
결합조직의 collagen과 elastin

• 수송단백질 :
hemoglobin–산소 운반
혈청 albumin–지방산 운반

• 저장단백질(ferritin) :
간에서 철을 저장

• 방어단백질 : 혈청항체
(면역 globulin, IgG, IgA, IgM).
뱀, 곤충독

• 촉매단백질(효소) :
fatty acid synthetase-지방산 합성
lactate dehydrogenase-pyurvate와 lactate의 상호전환에 촉매

• 수축성(운동성) 단백질 :
근육 섬유조직의 actin과 myosin

[그림 4.5] 생물학적 기능에 의한 단백질의 분류

| 4-3 단백질과 아미노산의 분류 |

4-2-1. 단백질의 분류

[표 4.1] 단순단백질의 종류

단백질	특성	예
알부민 (albumin)	물. 묽은염에 녹음 가열응고	serum albumin(혈청) lactoalbumin(우유) ovabumin(달걀흰자) myogen(근육)
글로불린 (globulin)	물에 불용, 묽은염에 녹음 가열응고	serumglobulin(혈청) lactoglobulin(우유) myosin(근육) ovoglobulin(난백) glycinin(콩)

글루텔린 (glutelin)	묽은산 또는 알칼리에 녹음 알코올에 불용, 가열응고	glutenin(밀) oryzenin(쌀) hordenin(보리)
프롤라민 (prolamins)	70~80% 알코올에 녹음 물과 염류에 불용	gliadin(밀), zein(옥수수) hordein(보리)
경단백질 (albuminoids)	모든 용매에 안 녹음 효소분해 안 됨	collagen(연골) keratin(손톱, 머리카락) elastin(힘줄)
프로타민 (protamins)	물에 녹고 가열로 응고 안 됨 생선의 정자에 함유	salmon(연어) clupein(청어)
히스톤 (histones)	강염기성 단백질에 함유 물에 녹고 가열로 응고 염기성 단백질	histone(흉선, 간장) 어류의 정자핵

단백질의 종류는 분자 형태에 따라 섬유상단백질과 구형단백질로 분류되며 단백질 조성에 따라 다음 3가지로 나눈다.

① 단순단백질 : 가수분해로 아미노산으로만 구성되는 것
② 복합단백질 : 아미노산 이외에 당, 색소, 지질 등을 포함
③ 유도단백질 : 단순, 복합 단백질이 물리 화학적, 효소적 변화로 만들어진 생성물

[표 4.2] 복합단백질의 종류

단백질	특성	소재
인단백질 (phosphoprotein)	단백질+인산이 에스텔 결합한 단백질	casein(우유) vitellin(난황)
핵단백질 (nucleoprotein)	단백질+핵산(DNA, RNA)	동식물의 세포핵의 주성분 : nucleohistone

당단백질 (glycoprotein)	단백질+다당류	mucin(동물의 점액, 소화액) mucoid(혈청 결체조직) avidin(달걀)
금속단백질 (metalloprotein)	단백질+금속(철 · 동 · 아연 등)	철단백질(ferritin) 아연단백질:인슐린(insulin)
리포단백질 (lipoprotein)	단백질+지질	lipovitellin : 달걀노른자 lipovitellenin : 달걀노른자
색소단백질 (chromoprotein)	단백질+색소	hemoglobin, myoglobin, astaxanthin : 갑각류

[표 4.3] 유도단백질의 종류

단백질	특성	종류
제1차 유도단백질 (변성단백질)	· 천연 단백질이 산, 알칼리, 효소, 열 등의 작용을 받아 변성된 것 · 골격은 대부분 그대로 또는 약간 성질 변화	collagen $\xrightarrow{\text{가열}}$ gelatin protean(수용성→불용성) metaprotein(산, 알칼리성 변성)
제2차 유도단백질 (분해단백질)	1차 유도 단백질보다 분해가 더 진행된 것	proteose(단백질에서 아미노산의 중간산물) peptone(proteose에서 분해 진행된 것) peptide(peptone에서 작은 분자로 된 상태)

4-2-2. 아미노산의 분류

아미노산은 아미노기(-NH_2)를 함유하며 염기성의 성질을 가지고 동시에 카복실기(-COOH)을 함유하여 산성의 성질도 있어 체내에서 중요한 완충역할을 한다.

따라서 분류는 아미노기와 카복실기 수에 따라서 산성인지 염기성인지 결정되며 체내에서 합성이 가능한 비필수아미노산과 불가능한 필수아미노산(essential amino acid)으로 분류된다.

① 중성아미노산 : $-NH_2=COOH$
② 염기성 아미노산 : $-NH_2 > COOH$
③ 산성 아미노산 : $NH_2 < COOH$

[표 4.4] 아미노산의 종류

분류	종류	인체영양
중성 아미노산	글리신(glycine)	비필수
	알라닌(alanine)	비필수
	발린(valine)	필수
	류신(leucine)	필수
	이소류신(isoleucine)	필수
	세린(serine)	비필수
	트레오닌(threonine)	필수
산성 아미노산	아스파르트산(aspartic acid)	비필수
	글루탐산(glutamic acid)	비필수
염기성 아미노산	리신(lysine)	필수
	아르기닌(arginine)	필수
	히드록시리신(hydroxy lysine)	
황 함유 아미노산	시스테인(cysteine)	비필수
	시스틴(cystine)	비필수
	메티오닌(methionine)	필수
방향족 아미노산	페닐알라닌(phenylalanine)	필수
	티로신(tyrosine)	비필수
	트립토판(tryptophane)	필수
복소환 아미노산	히스티딘(histidine)	필수
	프롤린(proline)	비필수

| 4-3 아미노산의 기능 |

단백질 섭취와는 달리 별도로 아미노산을 섭취하는 것이 좋다는 연구가 많다. 감기에 잘 걸리며 피로나 무기력함을 쉽게 느끼거나 건망증이 심하고 검버섯이나 주근깨가 늘어나는 경우, 그리고 체지방률이 높아지면 아미노산 섭취가 부족한 것은 아닌지 검사해 볼 필요가 있다. 이러한 증상들이 단백질의 기능과는 별개로 아미노산이 갖는 5가지의 독특한 고유 기능들과 관련되어 있기 때문이다.

[그림 4.6] 아미노산의 기능

① 스테미너를 보강해 주고 피로를 완화시켜 활기찬 생활을 할 수 있게 하는 신체 활성화 기능이다. 아미노산은 근육을 만드는 기본이기 때문에 성장호르몬의 분비를 촉진시켜 근육의 움직임이 강화되도록 도와준다. 따라서 아미노산이 체내에 충분히 비축되어 있으면 근육통이 생기지 않고 근육에 쌓인 피로 역시 회복이 빠르게 된다. 기운이 없고 몸이 무겁게 느껴지면 몸이 이러한 역할을 해줄 아미노산을 빠르게 요구하는 것이 아닌지 생각해 볼 필요가 있다.

② 아미노산은 다이어트와도 밀접한 관계가 있다. 아미노산은 몸에 축적된 체지방의 연소를 촉진하는 기능을 한다. 체지방을 태우기 위해서는 리파제라는 지방분해 효소가 필요하다. 아미노산은 이 리파제를 증가시켜 체지방을 분해하고 태우는 일을 활발하게 하는 역할을 담당한다.

③ 아미노산은 또 피부와 머리카락, 손, 발톱 등을 아름답게 해준다. 피부는 물론 머리카락과 손발톱을 이루는 중요한 구성요소이기도 한 아미노산은 건강하고 탄력있는 피부가 될 수 있도록 신진대사를 활발하게 한다.

④ 뇌가 정보를 전달하고 기억하는 능력을 높여 주는 것도 아미노산의 또 다른 힘이다. 아미노산은 뇌를 활성화하기 때문에 아미노산을 충분히 섭취한 경우, 그렇지 않은 사람보다 두뇌회전이 빨라져 집중력이 높아지고 이해력도 증가하게 된다.

⑤ 아르기닌과 글루타민, 세린과 같은 아미노산들은 병원물질과 싸우는 면역세포를 만드는 원료로써 각종 질병으로부터 몸을 지키는 역할을 한다. 따라서 평소 충분한 아미노산을 섭취하는 것은 병원체가 우리 몸에 들어오더라도 지지 않고 건강한 몸을 만들 수 있는 좋은 예방법이 될 수 있다.

아미노산은 이렇게 우리 몸이 균형을 유지하면서 건강한 생활을 할 수 있도록 보이지 않는 곳에서 큰 역할을 하고 있다. 이러한 아미노산이 우리 몸 속에서 이와 같은 다양한 일들을 효과적으로 하도록 하기 위해서는 비타민과 같이 아미노산의 활동을 보조할 수 있는 영양소도 함께 충분히 섭취해 주는 것이 좋다. 비타민 B_2는 아미노산의 세포 생성을 돕고, 비타민 B_6는 아미노산의 움직임을 돕는다. 비타민 E는 아미노산의 운반을 돕는다.

[표 4.5] 아미노산의 기능

주요기능	아미노산의 종류
신체 활성화	L-아르기닌 L-글루타민 L-히스티딘 L-리신
집중력 향상	L-글루타민 L-페닌알라닌 L-티로신 L-트립토판
체지방 분해	L-프롤린 L-라이신 L-아르기닌 L-알라닌
피부 미용	L-아르기닌 L-프롤린 L-글루타민 L-시스틴
면역력 강화	L-아르기닌 L-글루타민 L-히스티닌 L-리신

| 4-4 필수 아미노산 |

20여 종의 표준 아미노산들 중 인체 내에서 합성되지 않아 외부 식이로부터 공급되어져야 하는 필수 아미노산들과 체내에서 합성되는 비필수 아미노산들이 있다. 이들 중 L-arginine은 유아에게 필수 아미노산이나 성인에게는 비필수 아미노산이며, L-histidine은 성인에게 비필수 아미노산으로 알려졌으나 최근 성인에게도 필수적인 것으로 보고되었다.

[표 4.6] 필수 아미노산의 종류

종 류	종 류
트립토판(tryptophane)	이소루이신(isoleucine)
발린(valine)	루이신(leucine)
페닐알라닌(phenylalanine)	리신(lysine)
메티오닌(methionine)	히스티딘(histidine,어린이)
트레오닌(threonine)	아르기닌(argnine=어린이)

| 4-5 제한 아미노산 |

단백질의 영양가는 단백질을 구성하는 아미노산 중 필수 아미노산의 종류와 양에 의해 결정된다. 체단백질을 구성하는 데 있어서 아미노산은 체내 저장기능이 없으므로 필수 아미노산 중 어느 하나라도 필요할 때 존재하지 않으면 체단백질 합성은 일어나지 않는다. 따라서 필수 아미노산은 골고루 풍부하게 존재하는 것이 바람직하며 식품 중에 존재하는 필수 아미노산 중 필요량에 대해서 가장 부족한 필수 아미노산은 결국 그 단백질의 이용성을 결정하게 된다. 이런 아미노산을 제1제한 아미노산이라 한다. 그리고 두 번째로 부족한 필수 아미노산을 제2제한 아미노산이라고 할 수 있다. 대개의 경우 lysine, tryptophane, threonine, methionine 중에서 제한 아미노산(limiting amino acids)이 되는 경우가 많다.

chapter 5. 무기질

무기질(mineral)은 식품성분 중에서 당질 · 지질 · 단백질 · 비타민 등 유기물을 제외한 부분으로 식품을 550~600℃로 태웠을 때 재로 남는 성분이다.

인체 내의 유기화합물을 구성하는 원소로는 탄소(C) · 수소(H) · 산소(O) · 질소(N) · 유황(S) 등이 약 96%를 차지하고 무기질은 4% 정도로 구성되었다.

이와 같이 무기질은 극소량이지만 근육조직과 체액에서 많은 생리작용에 관계하는 중요한 영양소이며 골격의 주요 성분이다.

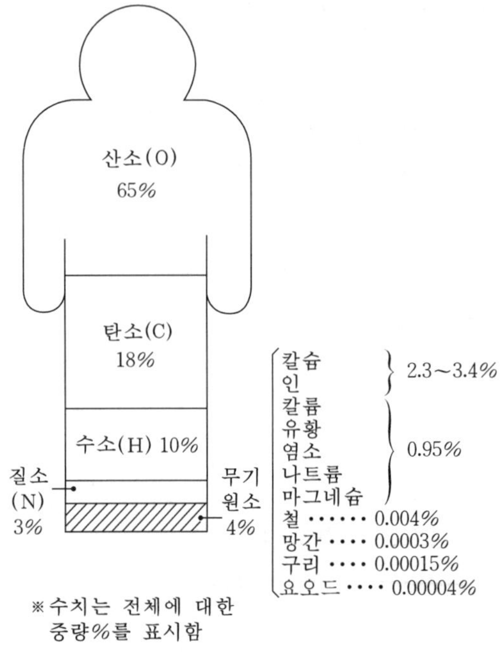

[그림 5.1]
인체의 원소조성

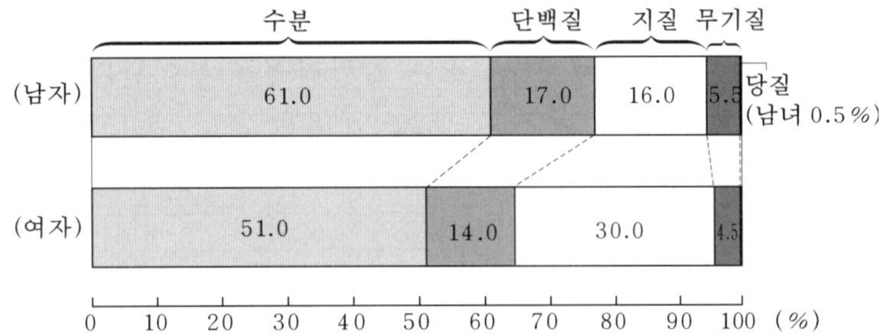

[그림 5.2] 인체를 구성하는 물질

| 5-1 무기질의 분류 |

인체를 구성하는 무기질은 최소한 20여 종으로 필요량에 따라 두 가지로 나눈다. 체중의 0.01% 이상 존재하고 1일 식사에서 100㎎이나 그 이상 섭취하는 것을 다량원소(macro minerals)라 하며 체중의 0.01%보다 더 적은 양이 존재하는 것을 미량원소(micro minerals)라 한다.

[표 5.1] 무기질의 종류

구 분	원소명
필수 무기질 - 다량원소	Ca, Mg, Na, K, P, S
미량원소	Mn, Fe, Cu, I, Zn, Co, Se
중독 무기질	Cu, Se, F, Mo, As, Cr, Hg, Cd
그 외의 무기질	Ba, Sr, Ni, Si, Al, B, Pb, Sn

| 5-2 무기질의 기능 |

5-2-1. 생체기능의 조절

체액 내에 전리성염류로 존재하면서 신경의 흥분 · 근육탄성유지 · 소화액 및 기타 분비액의 산성 또는 알칼리성을 부여한다. 또 혈액의 pH가 항상 7.3~7.5로 일정하게 유지되는 것은 혈액 중의 무기질과 단백질이 서로 완충작용을 하기 때문이다.

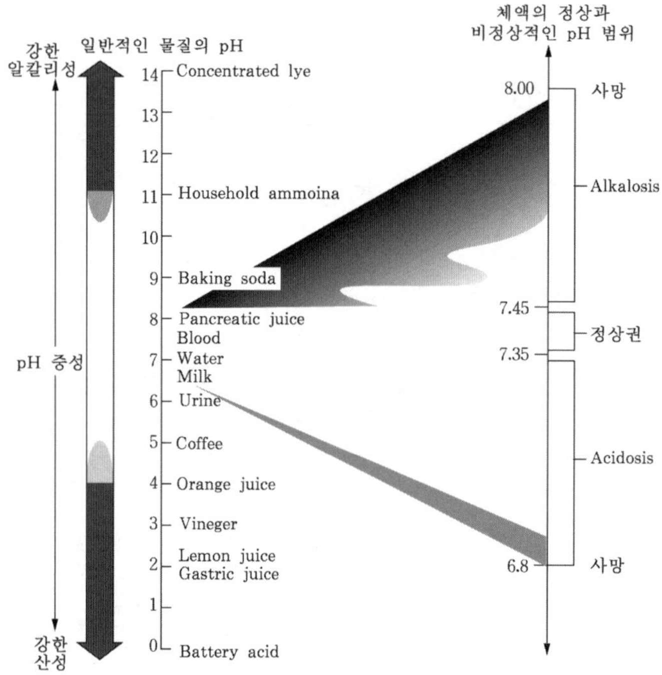

[그림 5.3] 식품 및 일반 물질의 pH

5-2-2. 체조직의 구성

무기질은 체조직을 구성하고 뼈 및 치아의 구성성분으로서 조직의 강도 · 경도 · 내구성에 관여한다.

5-2-3. 생리활성물질 및 효소 반응 활성작용

효소 및 호르몬의 성분과 혈액응고(Ca^{2+}), 각종 효소 반응의 활성작용에 관여한다.

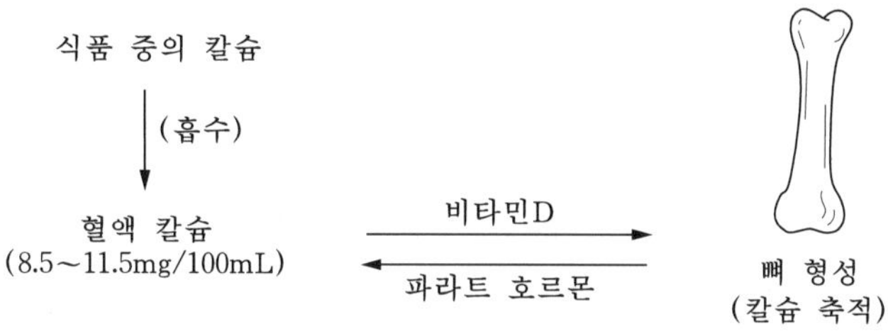

[그림 5.4] 뼈의 형성과정

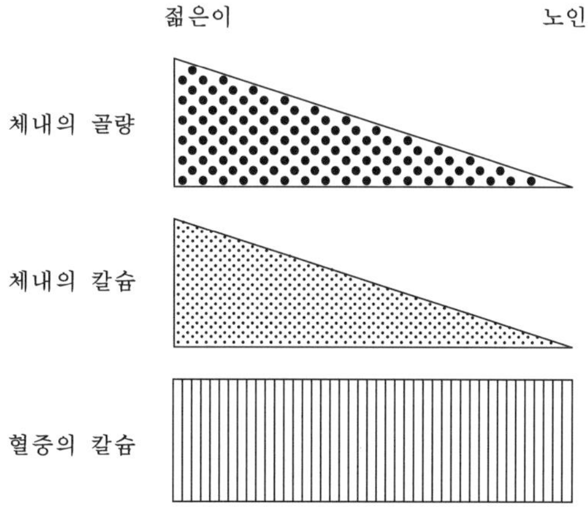

[그림 5.5] 연령과 뼈

5-3 다량원소의 기능, 결핍증 및 함유식품

인체 내의 무기질 중 다량원소인 칼슘, 인, 마그네슘은 뼈와 치아의 구성성분이고, 칼륨과 나트륨은 체액의 산·알칼리의 평형과 삼투압 조절을 하며, 염소는 삼투압 조절과 위액의 염산에 불가결한 성분이며, 황은 단백질의 구성에 영향을 주고 있다.

5-4 미량원소의 기능, 결핍증 및 함유식품

미량원소에는 철, 요오드, 아연, 셀레늄, 구리, 망간, 코발트가 포함된다. 철이 부족하면 영양성 빈혈을 초래한다. 요오드는 60%가 갑상선에 들어 있는데, 이것이 부족하면 갑상선질환에 걸린다.

[표 5.2] 다량원소의 기능 및 함유식품

무기질	함유기관	생리작용	결핍증	함유 식품
칼슘 (Ca)	골격과 치아에 99%	골격과 치아 형성, 혈액응고, 근육의 수축·이완작용, 신경의 전달	성장정지, 골격의 약화, 치아의 기형화, 구루병, 골다공증	우유, 치즈, 푸른 잎 채소 및 콩류
인 (P)	골격에 80~90%, 치아에도 존재	골격과 치아 형성, 산·염기평형, 효소와 조효소의 구성성분	허약, 식욕감퇴, 골격 통증	우유, 치즈, 육류, 가금류, 곡식
칼륨 (K)	세포내액	수분평형:삼투압조절, 산·염기평형, 신경근육의 흥분조절과 근육수축	근육피로, 마비	육류, 우유, 채소와 과일, 곡식, 달걀
나트륨 (Na)	세포외액	수분평형, 삼투압조절, 신경의 조절	피로, 정신불안, 식욕감퇴	소금, 간장, 절인 육류, 가공치즈, 피클
마그네슘 (Mg)	골격과 치아에 60%	골격, 치아의 구성요소, 효소 구성성분	신경과민, 경련, 탈모현상	곡류, 푸른 잎채소, 콩, 견과류

[표 5.3] 미량원소의 기능 및 함유식품

무기질	생리작용	결핍증	함유 식품
철(Fe)	혈색소의 구성, 산소운반, 육색소구성, 근수축작용, 호흡효소의 구성분	빈혈	쇠간, 쇠고기, 굴, 달걀, 완두콩, 시금치, 검정콩

아연 (Zn)	효소 및 호르몬의 구성분, 인슐린 합성에 관여, 면역기능에 관여	성장장애, 기형유발, 미각감퇴	해산물, 붉은 살코기, 우유, 견과류, 콩
요드 (I2)	갑상선호르몬의 구성성분, 기초대사의 조절	갑상선질환, 점액수종	해산물, 요오드
셀레늄 (Se)	항산화작용, 지방대사에 관여	keshan 질병, 기형유발	곡류, 해산물, 육류
망간 (Mn)	당질, 단백질, 지질대사에 관여, 요의 형성	뼈의 질병, 성적인 블링증, 비정상적인 지방대사	
코발트 (Co)	비타민 B_{12}의 구성성분	악성빈혈	

| 5-5 산성 식품과 알칼리성 식품 |

식품에 함유되는 무기질 중 Ca, Mg, Na, K 등 (+)이온이 되는 것은 체내과정에서 알칼리 반응을 하며 P, S, Cl, I 등 (-)이온이 되는 것은 산성 반응을 하게 된다.

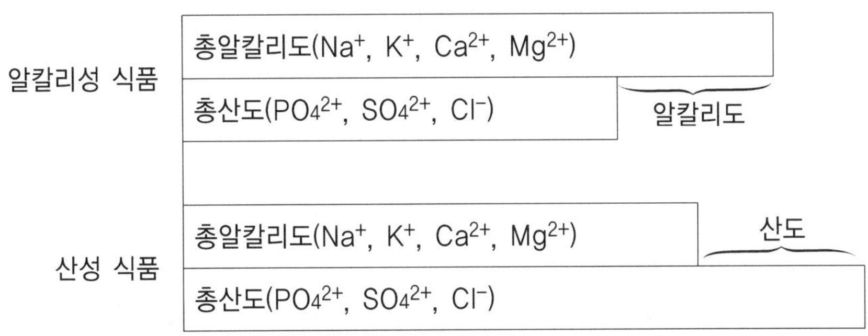

[그림 5.6] 알칼리성 식품과 산성 식품

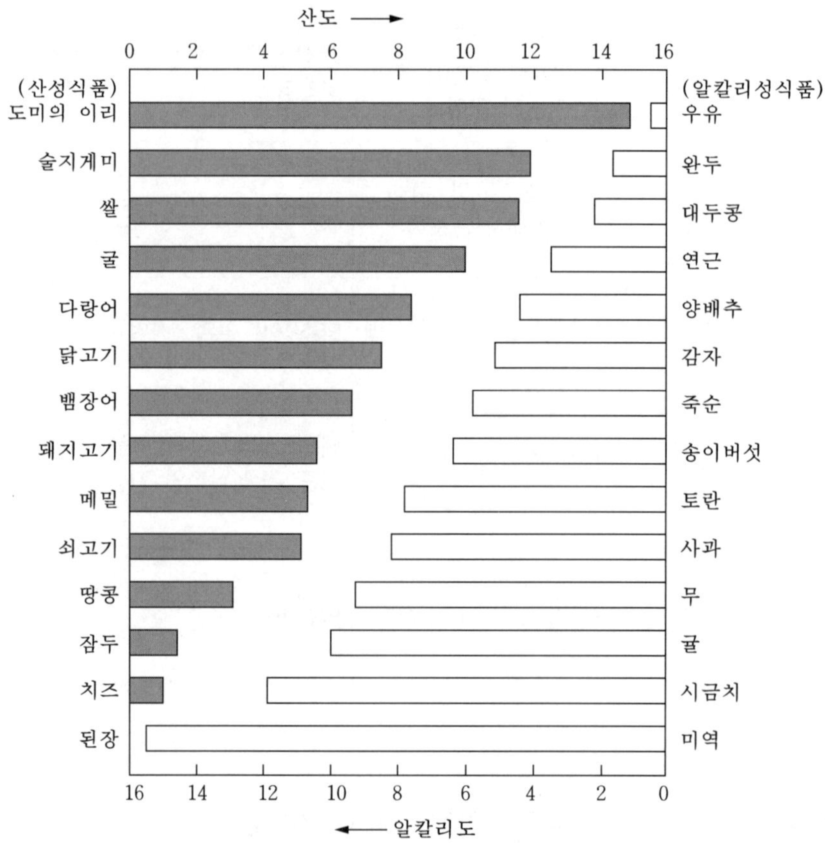

[그림 5.7] 식품의 산 · 알칼리도

식품에 섞여있는 무기질의 종류나 함유량은 여러 가지인데 종류에 따라서는 무기질이 편재하는 것이 있다. 식품에 산 생성의 무기질이 많은 식품을 산성 식품이라 하고 알칼리 생성 무기질이 많은 것을 알칼리성 식품이라고 한다.

일반적으로 쌀, 보리 등 곡류와 육류, 어패류, 강낭콩, 땅콩 등의 두류, 술 등은 산성 식품이고 채소류, 과실, 감자류, 해조류, 버섯, 차 등은 알칼리성 식품이다.

쉬어가는 페이지

1. 칼과 못과 뽀빠이

옛날 그리스의 이아손과 아르고호의 일행은 유명한 '황금의 양모피'를 찾아서 항해했었다. 그리스 신화에 의하면 그들은 용감하고 힘이 있는 것을 나타내기 위해서 칼을 갈 때에 나오는 쇠부스러기를 붉은 포도주에 섞어서 마셨다고 한다.

용사들은 날카로운 무기의 일부를 마시고 강하게 된다고 생각했겠지만 실은 포도주 안의 산에 칼의 쇠부스러기가 녹아서 아르고호의 선원들에게 철분을 보급하는 멋진 처치가 되었던 것이다.

중세 유럽에서는 아가씨가 창백한 얼굴을 하고 기운이 없을 때, 못을 사과 과육에 몇 시간 꽂아 두었다가 그 사과를 먹도록 어머니가 권했다고 한다. 철분이 풍부한 못으로부터 사과의 과육 안으로 철이 녹아 나와서 그 사과를 먹으면 딸의 뺨에도 붉은빛이 돌고 눈도 반짝이게 된다고 생각했던 것이다. 그러나 이 방법은 현재에는 통용되지 않는다. 오늘날의 못은 철분만으로 만들어져 있다고 할 수 없기 때문이다.

최근의 이야기로는 만화 주인공인 뽀빠이가 있다. 1940년에 전성했던 뽀빠이는 궁지에 빠지면 시금치를 먹어서 힘을 내고, 악당을 무찌른다는 이야기이다.

시금치는 철분이 풍부한 야채이다. 아이들에게 시금치를 먹이려고 고안된 만화 주인공 뽀빠이는, 말하자면 철분 보급 이야기의 연장선상에 있는 것이다.

2. 칼슘의 섭취방법

골다공증 등의 질병 예방에 좋은 칼슘의 다양한 역할이 새롭게 알려지면서, 많은 사람들에게 칼슘을 매일 충분히 섭취하도록 권장하고 있다.

유제품이 풍부한 식단으로 식사하는 사람들은 칼슘 1일 권장량을 충분히 섭취하는데, 예컨대 하루 우유 3~4컵을 마시는 어린이들은 그것만으로 하루 필요량을 얻을 수 있다.

칼슘 섭취가 부족한 사람들이 칼슘을 보충해 주는 방법은 칼슘 보조제를 복용하는 것보다는 음식으로 섭취하는 것이 훨씬 낫다. 음식에는 체내 칼슘 흡수를 도와주는 성분을 포함, 여러 가지 다른 영양소들이 함유되어 있기 때문이다.

우유는 칼슘의 가장 훌륭한 공급원이며 우유에 함유된 유당과 비타민 D가 장에서의 칼슘 흡수를 촉진시킨다. 딱딱한 치즈도 칼슘이 아주 풍부하며 분유를 탈 때 물을 적게 하고 다른 음료수를 사용하는 것과 음식에 저지방 분유를 첨가하는 것도 칼슘 섭취를 늘리는 좋은 방법이다. 우유에 알레르기가 있거나 마셨을 때 변비가 생기는 어린이들은 칼슘이 강화된 두유를 마시거나 칼슘 보조제를 매일 복용해야 한다.

칼슘이 풍부한 채소로는 케일, 배추, 무잎, 갓, 치커리 등이 있으며 브로콜리, 근대 등은 칼슘이 풍부하진 않지만 쉽게 접할 수 있는 공급원이다. 시금치에도 칼슘이 많지만, 칼슘 흡수를 방해하는 성분이 있어 좋은 공급원은 아니다. 정어리 통조림에는 특히 칼슘이 풍부하다. 85g 정도의 정어리에는 240mg의 우유보다 많은 양의 칼슘이 들어 있다. 연어 통조림에는 정어리 통조림의 절반 정도의 칼슘이 들어 있다.

음식에서 칼슘을 충분히 얻지 못하는 사람들은 칼슘 보조제를 복용하는 것이 좋다. 음식과 보조제로 섭취하는 하루 총칼슘량이 2000mg을 넘지만 않는다면 별 문제는 없다. 다만 신장결석이 생길 위험이 있는 사람들은 주의가 필요하다.

취침 전에 칼슘을 섭취하면 위장에 더 오래 머무를 수 있어 좋으며 식이섬유가 많이 포함된 음식과는 칼슘을 함께 먹지 않도록 한다. 철분이 함유된 종합 비타민제를 복용하는 경우, 칼슘이 철분 흡수를 방해할 수 있으므로 시간 간격을 충분히 두고 복용해야 한다. 칼슘 보조제는 500mg 이하를 복용할 때 체내 이용률을 가장 극대화할 수 있기 때문에 함유량을 정확히 확인하는 것이 좋다.

3. 철분의 섭취방법

음식물 섭취시 철분의 흡수율을 높이기 위해서 비타민C가 많이 든 과일·채소 주스와 함께 먹는것이 좋다. 하지만 커피, 홍차, 녹차 등은 식사 도중 혹은 식사 전후에 마시지 않는 것이 좋다. 이 식품의 떫은 맛(타닌)이 철과 결합해 철분의 흡수를 방해하기 때문이다. 철분은 공복시에 가장 흡수율이 좋으므로 철분보충제는 식후 2시간 뒤나 잠자기전에 복용한다.

우유나 제산제와 같이 금속과 결합할 수 있는 음식이나 약과는 함께 복용하지 않는것이 좋다.

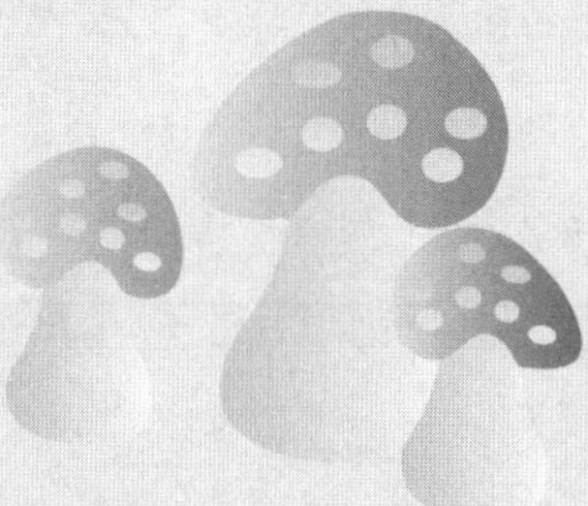

4. 산과 염기

식초는 시큼한 맛이 나고 양잿물은 미끈거린다. 바로 산과 염기라는 서로 성질이 정반대의 물질인 아세트산(초산)과 수산화나트륨이 들어 있기 때문이다. 산성이나 염기성 물질이 물에 녹으면 물 속의 수소 이온의 농도가 변하게 된다. 수소 이온은 하나의 양성자로 된 아주 작은 알갱이지만 물 속에서 일어나는 화학반응에 대단히 큰 영향을 미친다.

수소 이온이 많은 산성의 물은 아연이나 마그네슘과 같은 금속을 녹이기도 하고 단백질의 가수 분해를 촉진한다. 위 속에서 단백질이 분해되는 것도 염산이 주성분인 위액 때문이다.

반대로 염기성 물질을 넣으면 수소 이온의 농도가 낮아진다. 염기성 물질을 '알칼리성' 물질이라고 한다. '알칼리' 라는 말은 아랍어로 '식물의 재' 를 뜻한다. 나무를 태운 재에 포함된 탄산칼륨이라는 물질의 특성에서 유래한 말이다.

강한 염기성(알칼리) 물질도 유기물질을 녹이는 위험한 성질이 있고 약한 염기성 물질은 세탁용으로도 사용된다. 우리 선조도 나무를 태운 재를 우려낸 잿물을 세제로 사용했었다.

물 속의 수소 이온의 농도는 pH라는 양으로 표시한다. 순수한 물의 pH는 7이다. pH가 이보다 작으면 '산성' 이고 크면 '염기(알칼리)성' 이라고 한다. 물 속의 수소 이온 농도가 10배 커지면 pH가 1만큼 줄어든다.

생체내에서 일어나는 반응은 pH에 특히 민감하다. 우리 혈액의 pH는 7.4 정도가 되어야만 건강이 유지된다. 만약 혈액의 pH가 6.8에 7.8이 범위를 벗어나게 되면 몸 속의 모든 화학반응이 심각한 영향을 받아 생명이 위험해진다.

그러나 우리 몸속에서는 세포가 배출하는 이산화탄소가 피에 녹아들어서 생기는 탄산 이온이 혈액의 pH를 안전하게 유지한다. 그래서 식초를 먹어도 피의 산성도 변하지 않는다.

몸에 해로운 진한 염산 용액에 역시 독성 물질인 양잿물을 적당히 넣어주면 짠 맛이 나고 먹어도 괜찮은 소금물이 되는 것이 화학의 신비로움이다. 바로 산과 염기의 중화반응 때문이다.

5. 산성 식품과 알칼리성 식품

산성식품은 무조건 몸에 나쁘고 알칼리성(염기성)식품은 건강에 유익한 것으로 여기는 사람이 많은데 이는 잘못된 상식이다. 또 산성식품은 맛이 신 식품이 아니다. 감귤, 사과는 신맛이 나지만 알칼리성 식품이다.

산성식품은 비금속원소(인, 황, 염소 등)가 금속원소(나트륨, 칼륨, 칼슘, 마그네슘 등(보다 더 많이 든 식품을 가리킨다. 식품속 금속원소와 비금속원소의 양이 같으면 중성식품, 금속원소가 비금속원소보다 많으면 알칼리성 식품으로 분류된다. 대개 육류, 어패류, 계란 등 동물성 식품은 산성식품이다.

예외적으로 우리의 주식인 쌀밥 들 곡류는 식물성 식품이지만 산성식품이다. 비금속인 인이 많이 들어있기 때문이다. 국내의 조사에 따르면 최상의 산성식품은 가다랑어이고 다음은 계란 노른자, 귀리, 현미, 참치, 문어, 오징어, 도미, 굴 순서다. 반면 가장 강한 알칼리성 식품은 다시마다.

그뒤를 잇는 것이 미역, 강남콘, 표고버섯, 콩, 토란, 팥, 상추 등이다. 중성식품은 간장, 된장이며 김, 아스파라거스, 두부, 우유, 모유 등이 중성 식품에 가깝다. 과거에 쌀밥(산성)과 김치(알칼리성)를 골고루 먹어 식단에서 산성과 알칼리성 식품이 균형을 이뤘다. 그러나 최근 산성식품인 육류의 섭취량이 늘어나고 있다. 이를 두고 일부업자들은 "암을 예방하려면 산성 체질을 알칼리성 체질로 바꿔줘야 한다. 생식이 몸의 산성화를 막아준다'며 소비자를 현혹시킨다.

알칼리성 식품을 골라 먹어야 체질의 산성화를 막고 당뇨병 등 성인병을 예방할 수 있다고 생각하는 사람도 많다. 그러나 이는 옳지 않다. 건강한 사람의 혈액은 pH(수소이온 농도) 7.4를 유지한다. 약알칼리성인 것이다. 여기서 0.1만 변해도 몸에 이상이 오며 0.3이 오르내리면 의식을 잃거나 생명이 위태로워진다. 다행히도 산성 또는 알칼리성 식품을 다량 섭취해도 혈액의 pH는 거의 변하지 않는다. 혈액은 자체완충능력(pH를 변화시키지 않으려는)을 갖고 있기 때문이다.

알칼리성 식품을 즐겨 먹으라고 권하는 것은 음식을 편식하지 말고 야채, 채소에 풍부한 무기질, 비타민을 채소에 풍부한 무기질, 비타민을 충분히 섭취하라는 의미로 받아 들이면 된다.

chapter

6. 비타민

비타민(vitamin)은 생체의 구성성분은 아니지만 호르몬이나 효소와 같이 생체 내에 미량 존재하면서 중요한 생리작용을 하는 조절소이다. 비타민은 생체 내에서 합성되지 않거나 또는 불충분하게 합성되므로 식품을 통해서 섭취하지 않으면 부족 또는 결핍 증상을 나타낸다.

비타민이 있어야 단백질, 지방, 탄수화물의 영양소가 생체내에서 대사를 촉진시키며 뼈와 피 그리고 근육을 형성할 수 있게 된다. 비타민은 미량이지만 생체내에서 화학반응을 원활히 하는 윤활유 역할을 할수 있다. 따라서 부족하면 여러가지 장애가 올 수 있다.

영양제에도 '과유불급(過猶不及)의 원칙'이 적용된다. 지나치면 모자람만 못한 것이다. 자동차를 예로 들면 한 두개의 타이어로도 굴러가지 못하지만 타이어가 10개쯤 되면 속도가 오히려 떨어진다는 것이다.

| 6-1 비타민의 분류 |

비타민은 용해성에 따라 [표 6.1]과 같이 지용성 비타민과 수용성 비타민으로 분류된다.

6-1-1. 지용성 비타민

소화흡수 · 운반과 저장이 지질에 의존하며 지용성 비타민은 액체 상태로 체내에 저장되며 과량 섭취는 과잉증을 유발하기 쉽다.

6-2-2. 수용성 비타민

혈액 · 조직액 등의 체액 중의 용해되어 있고 체내에 저장되지 않으므로 항상 필요량을 음식에 의해 공급받아야 한다. 수용성 비타민은 과량 섭취로 혈중 비타민 농도가 높아지면 소변으로 배설된다.

[그림 6.1] 수용성 비타민

[그림 6.2] 지용성 비타민

[표 6.1] 비타민의 분류와 종류

	지용성 비타민	수용성 비타민
종 류	비타민 A, D, E, K	비타민 B_1,B_2,B_6,B_{12}, 나이아신, 판토텐산, 엽산, 비오틴, 콜린, 비타민 C
저장성	체내에 잘 저장됨 (예외 : 비타민 E)	체내에 저장되지 않음 (예외 : 비타민 B_{12})
특 성	과량섭취시 저장되어 독성 유발 (비타민 A, D는 특히 심함)	독성이 아주 심하지 않음(장기간 고농도로 섭취시에는 독성 유발 가능)
흡수성	체내로 흡수되기가 어려움	체내에 흡수가 쉽고 빠름

[표 6.2] 비타민의 생리기능과 공급식품

	명칭	생리작용	화학적 성질	결핍증	함유 식품
지용성 비타민	비타민 A (retinol) 프로비타민 A (carotene)	rhodopsin(로돕신, 시홍소)의 성분 상피세포 유지	물에 불용 열에 안정 항산화성	야맹증 피부건조증 안구건조증	간유, 난황, 버터, 치즈, 강화마가린, 녹황색 채소
	비타민 D (calciferol) 프로비타민 D	Ca, P의 흡수 촉진 뼈,치아의 건강 유지	물에 불용 열과 산화에 안정	소아구루병 성인 골연화증 골격성장 부진	소아구루병 성인 골연화증 골격성장 부진
	비타민 E (tocopherol)	항산화 작용 세포막 손상 방지 노화방지	열과 산에 안정 공기중 산화	적혈구의 용혈 불임증(쥐)	배아유, 종자 녹황색 야채 식물성기름
	비타민 K	혈액응고 작용	빛 · 알칼리에 불안정	혈액응고 장해 신생아 출혈병	간장 녹황색 채소, 곡물배아
수용성	비타민 B_1 (thiamine)	당질 대사에 관여 보효소 역할	물에 용해 알칼리성에 불안정	각기병, 구토, 부종	배아, 효모, 콩류, 난황, 돼지고기

비타민	비타민 B_2 (riboflavin)	당질 · 지질 · 단백질 대사의 보효소	열과 산에 안정 알칼리에 불안정	구순염, 구각염, 설염, 성장억제, 눈이 부시는 현상, 피부염	간장, 효모, 달걀, 녹황색 채소, 분유, 육류
	니아신 (niacin)	당질 · 지질의 에너지 전환 보효소	열 · 산화 · 빛에 강함	Pellagra병, 피부병, 신경장애, 전신쇠약	간장, 효모, 육류, 두류, 녹황색 채소
	비타민 B_6 (pyridoxine)	아미노산 대사의 보효소	산에 불안정 알칼리에 불안정	피부염, 빈혈	간장, 어육류, 두류, 달걀
	비타민 B_{12} (cobalamine)	핵산, 아미노산, 지방산 대사의 보효소	알칼리 · 강산 · 빛에 의해 분해	악성빈혈, 설염, 신경염	간장, 어육류, 달걀, 유제품
	엽산 (vitamin M)	아미노산, 핵산대사, 헤모글로빈 합성보효소	광선에 의해 분해	악성빈혈, 설염	간장, 녹황색 야채, 두류, 달걀, 효모, 유제품
	판토텐산 (panthoteic 산)	당질, 지질 대사의 보효소	산 · 열 · 알칼리에 불안정		간장, 어육류, 두류, 곡류, 녹황색 야채
	비타민C (ascorbic 산)	콜라겐합성, 항산화제, 철분흡수	열 · 공기 · 알칼리 · 효소로 파괴 산성에 안정	괴혈병, 피하출혈, 상처회복 지연	녹황색 채소, 과일

| 6-2 비타민의 기능 |

비타민은 인체 대사과정에서 필수적인 역할을 하는 중요한 물질이다. 결핍시 보충으로 인한 효과는 매우 크며 식품 중의 성분을 충분히 이용 가능하기 때문에 비타민의 성질에 따른 특성을 잘 이해할 필요가 있다. 비타민은 산화 · 분해되면 그 작용을 수행할 수 없으므로 식품저장과 조리시에 주의를 하여야 한다. 인체에 필요량은 수용성 비타민과 지용성 비타민 기능 특성에 따라 차이가 난다.

▶비타민D : 칼슘의 급원인 우유에 비타민D를 첨가하면 칼슘의 흡수를 촉진한다.

▶비타민E : 식물성유지가 다가 불포화지방산을 다량 함유하고 있음에도 불구하고 쉽게 산패되지 않는 것은 식물성 기름에 비타민E가 많이 들어있기 때문이다. 비타민E는 세포막의 연쇄반응에 대한 지질산화를 방지하여 세포막을 안정화시키고 노화를 방지한다.

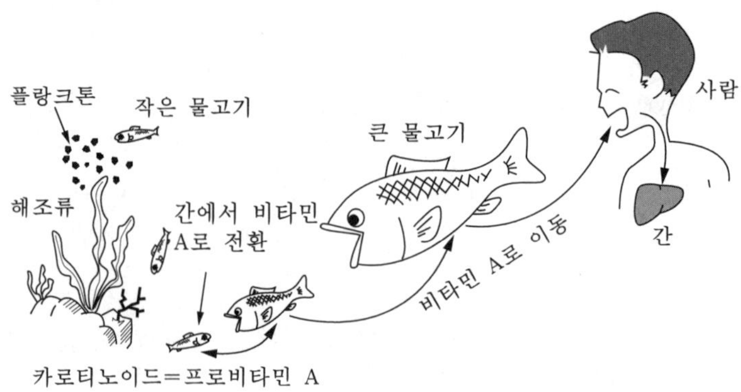

[그림 6.3] 비타민 A의 생성

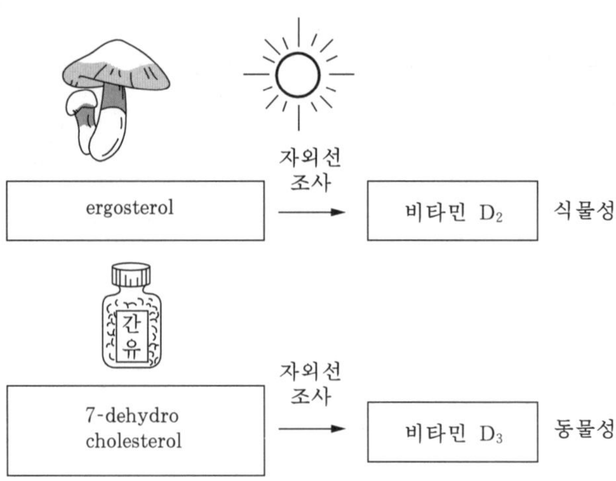

[그림 6.4] 비타민 D의 합성

[표 6.3] 한국인의 1일 비타민, 미네랄 권장량

영양소	성인 남성 권장량	성인 여성 권장량
비타민A(㎍RE)	700	700
비타민C(㎎)	70	70
비타민D(㎍)	5	5
비타민E(㎎)	10	10
칼슘(㎎)	700	700
철분(㎎)	12	16

[표 6.4] 비타민과 미네랄의 과잉 섭취시 증상들

영양소	과잉 섭취시의 증상
비타민A	두통 · 메스꺼움 · 탈모 · 설사 · 식욕부진 · 체중감소 · 발열
비타민C	설사 · 복통 · 빈혈 · 신장결석 · 괴혈병의 재발
비타민D	탈모 · 체중감소 · 설사 · 경련 · 신장결석 · 고혈압 · 고칼슘혈증
칼슘	출혈 · 뼈의 연화 · 신장결석 · 다른 미네랄의 흡수 저해
철분	심장병 유발 가능성 · 암 유발 가능성
셀레늄	탈모 · 손톱의 약화 · 복통 · 설사 · 구토 · 피로

[표 6.5] 각종 비타민과 미네랄이 풍부한 식품들

영양소	많이 든 식품
비타민A	동물의 간 · 장어 · 파슬리 · 쑥갓 · 부추 · 시금치 · 당근 · 미역
비타민B_1	돼지고기 등심 · 장어구이 · 양식 참돔 · 햄
비타민B_2	돼지간 · 훈제간 · 소간 · 닭간 · 장어구이 · 자반 고등어
비타민C	아세로라 · 구아바 · 적피망 · 싹 양배추 · 감 · 키위 · 딸기 · 오렌지
비타민D	흑새치 · 아귀의 간 · 송어 · 연어 · 정어리 · 청어 · 목이버섯 · 쥐치
비타민E	말린 아몬드 · 무지개송어 · 헤이즐럿 · 서양호박 · 장어구이 · 아귀의 간
칼슘	우유 · 두부 · 요구르트 · 멸치 · 치즈 · 뱅어포 · 케일 · 새우 · 미꾸라지
철분	쇠고기 · 두부 · 쇠간 · 시리얼 · 시금치 · 달걀

비타민A 야맹증 치료

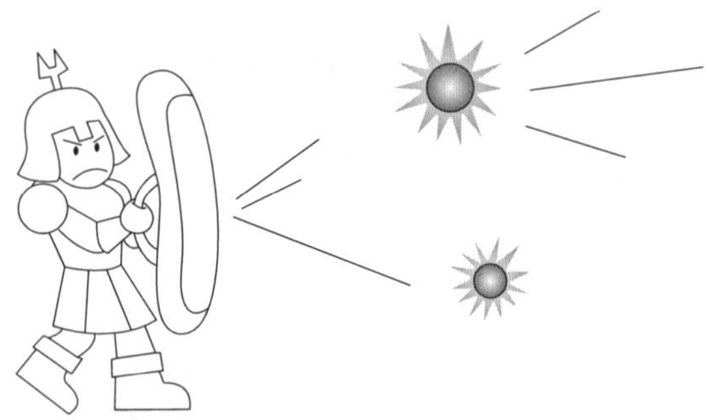

비타민E 항산화 작용

비타민D 장에서의 칼슘흡수 촉진기능

지용성 비타민은 지방을 함께 먹으
면 흡수가 잘됨

[그림 6.5] 광선과 비타민 D와의 관계

쉽게 골절되는 것은
비타민D 부족

혈액응고 안되면 비타민K 부족

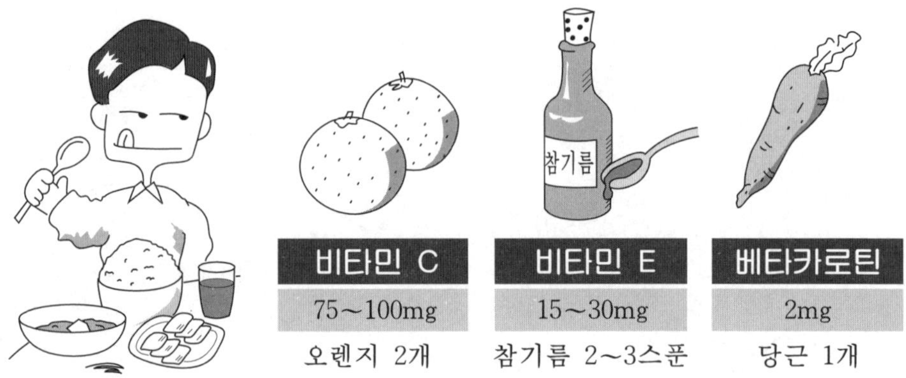

[그림 6.6] 항산화비타민의 1일 섭취권장량

[그림 6.7] 항해시대의 비타민 C 결핍증 발생

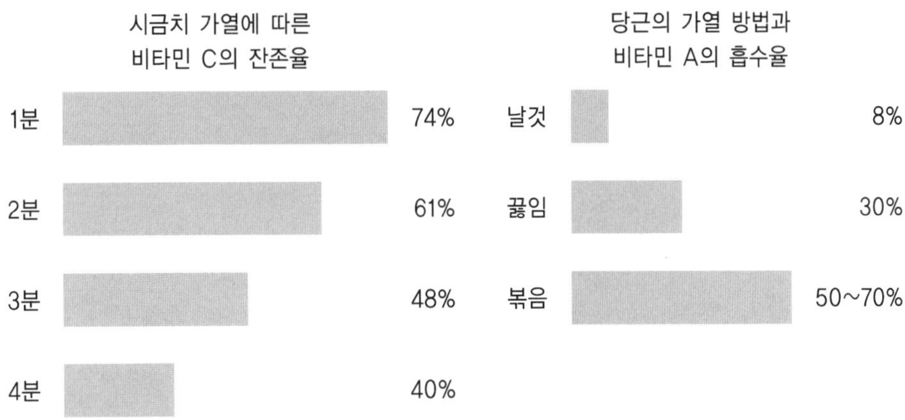

[그림 6.8] 채소의 가열과 비타민

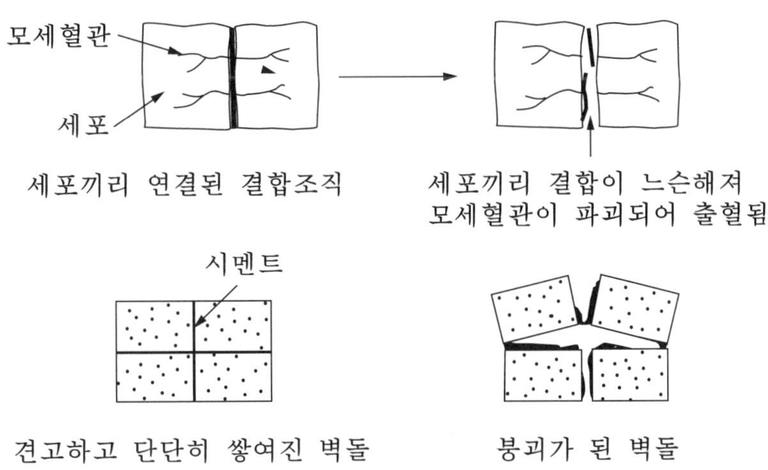

[그림 6.9] 비타민 C 부족에 의한 괴혈병

[그림 6.10] 비타민 B_2와 광선

비타민C 멜라닌색소 제거

비타민C 감기 바이러스의 기능을 약화

각기병 치료

돼지고기나 콩에는 비타민B_1 다량함유

피가 모자라서 눈이 빙빙 돈다

염산 결핍증

비타민B_{12} 부족(악성빈혈)

쉬어가는 페이지

1. 건강을 위한 항산화 비타민의 기능

유해 산소는 처음부터 오존 같은 산화의 형태를 가지고 생기기도 하지만 정상적인 산소가 몸 안으로 들어가 활성화 산소로 변해 생기는 경우도 있다. 일단 체내에 들어간 유해 산소는 정상적인 세포조직을 공격하여 여러 가지 증상 및 질환을 일으키는 주범이 된다. 보통 성인병의 대표라고 불리우는 당뇨병, 노화현상, 각종 염증질환, 심근경색, 안구 및 근육질환 등이 이러한 유해 산소의 작용과 밀접한 관련을 맺고 있다.

반건강 상태에 있는 현대인들. 그 원인의 대부분은 이러한 생활 유해 산소로 인한 체내 면역력 저하 및 스트레스로 인한 것이기에 많은 공기를 마시며 사는 것, 충분한 영양 공급을 통해서 체내 면역력을 높이는 것이 현대인을 위한 적절한 진단이 된다. 그러면 유해 산소 작용을 가장 강하게 막을 수 있는 베타카로틴, 비타민 C, 비타민 E에 대해 살펴본다.

(1) 베타카로틴

1) 눈의 건강유지

베타카로틴이 결핍되면 각막이 굳어져서 흐려지게 되므로 시력이 떨어지게 되고, 안구건조증이 생기거나 결막염이 생길 수 있다.

또한, 눈의 시각세포에는 로돕신과 아이오돕신이라고 하는 광감각물질이 있어 눈의 광선 흡수를 조절하여 우리의 눈이 정상적으로 사물을 볼 수 있게 해준다. 베타카로틴은 이러한 광감각물질의 원료로, 베타카로틴이 부족하면 로돕신과 아이오돕신이 잘 만들어지지 않아 시력이 저하되고 야맹증에 걸리게 된다.

2) 면역 증진

폐, 장, 입 등 민감한 조직에서는 외부 감염으로부터 각 조직을 보호하고 독자적 기능을 원활히 수행하기 위해 점액이 분비되고 있다. 베타카로틴은 점막세포를 구성하는 기본 단위가 되는 단백질을 합성하는데 영향을 미치며, 핵산을 합성하는 데에도 관여한다.

3) 세포의 성장과 보수

세포가 몸의 각 부위에 적당한 세포로 발달해 가는 과정에는 베타카로틴이 그 성장의 보조 인자가 된다. 베타카로틴이 결핍되면 피부가 거칠어지고 노화가 빨라진다.

4) 항암작용

최근 들어 비타민 A의 전구체인 베타카로틴이 흡연자의 폐암 발병률을 낮추어 준다는 실험결과가 나오고 있다. 또 베타카로틴은 암을 화학요법으로 치료할 때 약의 독성으로부터 인체를 보호하고, 약과 상호작용하여 치료의 효율성을 높여 준다.

(2) 비타민 E

항산화제 이론에 따르면 비타민 E는 세포막과 기타 다른 세포 안의 작은 구조물, 즉 미토콘드리아, 마이크로솜 등을 둘러싸고 있는 막에 모여 있으면서 막의 주요 구성 물질인 인지질이나 콜레스테롤과 접촉하게 된다고 한다. 이 두 물질은 모두 고도의 불포화지방산들을 함유하고 있는데,

비타민 E는 산화되기 쉬운 고도의 불포화지방산이 유리기에 의해 산화되는 것을 막는다.

세포막 안에 충분한 비타민 E가 있게 되면 고도의 불포화지방산의 파괴를 막아 결국 세포의 손상을 막는다. 비타민 E의 항산화작용으로 얻을 수 있는 효과로는 다음과 같은 것들이 있다.

1) 노화 예방

대사과정 중 여러 가지 반응이나 과산화지질의 분해, 지방산의 산화과정이나 방사선에 의해 생성되는 유리기가 다른 것들을 산화시켜 노화의 원인을 만든다. 비타민 E는 이 유리기가 다른 물질을 산화시키기 전에 유리기와 만나 스스로 산화됨으로써 노화를 예방한다.

2) 암 예방

비타민 E는 세포가 유리기에 의해 손상되는 것을 막아 암을 예방한다. 또한 암을 유발하는 각종 공해 물질, 즉 이산화탄소, 오존, 벤젠, 납, 사염화탄소, 수은 등으로부터 보호해 준다.

3) 심장질환 예방

최근 실험 결과에서 비타민 E를 투여한 사람들을 그렇지 않은 사람들에 비해 혈전이 현저히 적게 생성되는 것으로 밝혀졌다. 이는 비타민 E가 혈관에 쌓이는 노폐물(과산화지질)을 제거하는 역할을 하며, 또한 혈전생성을 막아주기 때문이다. 또한 비타민 E는 콜레스테롤의 혈중 수치를 낮춰주는 효과도 있다.

(3) 비타민 C

중세 유럽의 십자군은 중근동을 향해서 많은 민중이 원정을 했지만 그 대부분은 목적지인 예루살렘에 도달하지 못하고, 이슬람 세계의 정복도 하지 못했다. 행군 도중에 신선한 야채나 과일이 부족해서 병사들이 괴혈병으로 사망했기 때문이다. 지금은 이것이 비타민 C의 부족에 의한 것임을 알고 있다.

스페인이나 영국이 해상에서 패권다툼을 되풀이 벌이고 있던 15~16세기 전쟁이나 태풍으로 사망하는 사람보다도 더 많은 선원이 괴혈병으로 사망했다고 한다.

1747년 무렵의 대영제국은 제해권을 손안에 쥐었고 거대한 식민지가 동으로는 인도 동부에서 서로는 북아메리카까지 확대하고 있었다. 그러나 장기간 선원의 항해 생활은 위험을 동반한 것이었다. 선원들은 배급된 딱딱하고 건조한 빵이나 소금에 절인 고기를 먹으면, 잇몸에서 피가 나왔다. 감기로부터 불치의 병인 궤양까지 있을 수 있는 모든 감염증에 침범 당하기 쉬웠고, 혈관은 피부의 표면에서 약해져 있어서 빨갛고 작은 균열을 만들었다.

괴혈병 증상은 다방면에 걸쳐서 나타나는 것이므로 비타민 C의 실질적인 기능이 어느 정도인가를 측정하는 것은 용이한 일이 아니다. 비타민 C가 없으면 육체는 문자 그대로 쇠퇴해져 버린다. 잇몸이 나빠지고, 이도 빠지고, 혈관도 파괴되기 쉬우며 상처의 치유도 늦어져서 병에 감염되기 쉽게 된다.

나중에야 알게된 사실이지만 바다 생활에서는 신선한 과일이나 야채를 먹기 어렵기 때문에 그러한 병이 생기는 것이었다. 신선한 과일이나 야채에 들어있는 비타민 C가 괴혈병을 예방하거나 치료할 수 있다는 사실이 밝혀진 것은 오랜 기간이 더 지난 후였다. 비타민 C는 수용성 비타민으로 아스코르빈산(ascorbic acid)이라고도 한다. 아스코르빈산은 괴혈병을 예방하고 치료할 수 있는 비타민이라는 뜻에서 유래되었다.

1) 신체조직을 성장, 보수

콜라겐이 합성되려면 콜라겐 단백질을 구성하는 리신과 프롤린이라는 아미노산에 수소가 붙어야 하는데 비타민 C가 이 반응을 조절하는 효소를 보조한다. 따라서 비타민 C가 불충분하면 전혀 콜라겐을 만들지 못하여 조직이 약화된다. 심한 경우 모세혈관이 파괴되어 피하출혈이 일어나며 상처회복이 더디게 된다.

2) 항산화 작용

리놀레산과 같은 고도 불포화지방산의 산화를 막고, 같은 항산화효과를 갖는 비타민 A, 비타민 E를 절약할 수 있게 해준다.

3) 호르몬, 신경전달 물질 합성

비타민 C는 티로신이라는 아미노산으로부터 노르에피네프린이라는 부신호르몬이 합성될 때 필요하다. 노르에피네프린은 스트레스를 받을 때 분비되는 호르몬으로 흡연, 수술, 감염, 화상 등의 스트레스 요인은 이 호르몬의 분비를 촉진시켜 신체 내 비타민 C의 수준을 낮추므로 섭취량을 증가시켜야 한다.

4) 암 예방

육가공식품에는 질산염이나 아질산염이 방부, 발색 등의 목적으로 들어 있기 마련이다. 이것은 생체 내에서 발암성 물질인 니트로소아민으로 변하는데 비타민 C는 니트로소아민의 생성을 억제하여 암을 예방한다.

5) 면역기능 강화

비타민 C를 과량 투입할 경우 몸안의 병균을 처리하는 림프구의 생산이 촉진되어 면역을 담당하는 장기인 흉선의 성장을 돕는다.

6) 혈관계 질환 예방

비타민 C는 담즙산을 만들어 변으로 배설시켜 주는 효과가 있고, 혈청 콜레스테롤을 낮추어 관상 심장질환 및 고혈압을 예방한다. 또한 철분과 엽산을 활성화시켜 주는데, 이 두 영양소는 적혈구 생성에 관여하므로 비타민 C가 부족하면 적혈구가 제대로 생성되지 못해 빈혈이 생길 수 있다.

쉬어가는 페이지

2. 일광욕과 해수욕의 효과

한 여름에는 바다나 산을 찾는 사람들이 늘어난다. 아직 우리 주변에는 여름에는 산이나 바다에 가서 일광욕을 즐기고, 피부를 검게 태워야 건강에 좋다고 생각하는 사람들이 많다. 감기에 걸리지 않고 비타민 D도 합성되어 몸에 좋다는 것이다.

요즘에는 인공선탠을 해서 몸을 '맵시나게' 태우는 사람이 있으나 일광욕이나 인공선탠은 건강에 도움을 주지 않는다. 한때 유럽의 젊은이들을 구루병 예방에 좋다는 이유로 일광욕을 많이 했다. 인공선탠도 그래서 나왔다. 그러나 의학적으로 볼 때 이런 일은 백해무익하다.

햇볕을 쬐면 비타민 D가 합성되 뼈가 튼튼해져 구루병은 물론 요즘 많은 사람들이 걱정하는 골다공증 예방에도 도움이 되는 것은 사실이다. 그러나 햇볕이 뜨거운 여름에는 우리가 일상복을 입고 쬐는 볕만으로도 충분하다. 특히 프레온가스 같은 오염물질로 인해 지구 오존층이 감소, 지표면에 내리쬐는 자외선량이 계속 늘어나고 있다. 이 자외선은 건강에 나쁜 영향을 미치는 것으로 알려져 있다.

태양에서 발사되는 자외선은 광화학적 반응을 일으켜 피부를 검게 태울 뿐 아니라 기미 · 주근깨 · 피부노화와 각질화(角質化)를 촉진시킨다. 또 백내장 같은 눈병이나 피부암을 유발하기도 한다.

이런 자외선의 피해는 대기오염이 비교적 적은 높은 산이나 햇볕에 반사가 잘되는 바닷가 모래사장에서 더 심하다. 미국에서는 지나친 일광욕 때문에 매년 약 30만 명이나 되는 사람들이 피부암에 걸려 심각한 건강문제로 떠오르고 있다.

일광욕을 하거나 선탠을 하면 자외선의 작용으로 비타민 D의 전단계물질인 프로비타민 D가 비타민 D로 전환되어 구루병을 예방해 준다. 해방 전까지만 해도 영양상태가 좋지 않아 팔·다리가 구부러지는 구루병환자가 많았다. 따라서 과거에는 어린이의 정상적인 발육을 위해 선진국에서도 일광욕을 권장했다.

그러나 영양상태가 좋아지면서 구루병환자 수가 급격히 감소했다. 또 일광욕이 필요한 시기는 여름이 아니라 가을·겨울이란 사실이 밝혀지면서 요즘에는 가을과 겨울 일광욕을 권하고 있다. 이는 여름에는 피부 노출이 많아서 굳이 일광욕을 하지 않더라도 충분한 양의 자외선을 흡수할 수 있다는 데 근거한다.

여름에 자외선 차단 크림을 바르더라도 자외선을 모두 차단할 수는 없다. 따라서 해수욕을 할 때 오전 11시부터 오후 3시까지는 20분 이상 일광욕을 해서는 안 된다.

햇볕을 심하게 받으면 화상을 입어 피부가 벗겨지고, 기미나 색소 침착을 부를 수 있다. 또 테트라사이클린이나 설파제 같은 약을 먹은 후에 태양에 노출되면 부작용이 생기기 쉽다. 역시 일광욕은 여름보다 가을 및 겨울에 해야 한다.

3. 구루병

구루병은 뼈의 발육이 부실해 기형이나 불구가 되는 병으로 생후 두 돌까지의 아기가 잘 걸린다. 역사를 보면 구루병은 온대지방 도시지역 노동자 가정의 아기들을 주로 괴롭혀 왔다. 이 병은 영양부족과 자외선에 충분히 노출되지 못해 비타민 D가 결핍되기 때문에 생긴다.

다른 병처럼 구루병도 초기 증상이 뚜렷하지 않아 일찍 발견하기가 쉽지 않다. 이 병에 걸린 아기들은 안색이 창백해지고 안절부절못하며 잠을

못자고 땀을 많이 흘리거나 설사를 자주 한다. 심하면 근육이 경직되고 경기를 일으킨다. 구루병으로 죽은 일은 드물지만 신체뿐 아니라 정신 발육도 부실해져 영구적인 손상을 남기는 일이 적지 않다.

구루병은 몇 세기 전부터 알려졌지만 산업시대에 많이 퍼졌다는 점에서 '근대병'이라고 할 수 있다. 이 병에 대해 처음 기술한 인물은 영국인 의사 글리슨(1597~1677)이다. 그 덕에 구루병은 '영국병'이라는 별명을 얻었다. 그 뒤 영국이 산업화의 선두주자로 나서면서 구루병이 크게 만연하자 영국병이라는 이름은 새로운 의미를 갖게 됐다.

영국은 물론 유럽대륙과 미국 등에서 산업화와 도시화가 진행되면서 구루병은 큰 문제로 떠올랐다. 산업화 자체가 구루병을 일으킨 것은 아니었으나 급격한 산업화로 신흥 공업도시에 형성된 빈민굴의 아기들이 제대로 먹지 못하고 햇빛도 충분히 못 쪼인 것이 원인이었으며, 즉 극심한 영양결핍과 열악한 주거환경이 구루병 발생의 주범이었던 셈이다.

1912년 조사에 따르면 정도의 차이는 있으나 뉴욕 도심에 사는 1세 미만 어린이의 75%가 구루병 증상을 보였다. 특히 흑인과 갓 이주해 온 이탈리아계 아기들은 거의 예외 없이 구루병에 걸렸다. 미국의 다른 대도시도 마찬가지였으며 의학적, 사회경제적, 환경적 요인들이 상호작용해 생기는 병이기 때문에 문제 해결을 위해서는 그런 요인들이 개선돼야 했다.

의학자들이 구루병은 비타민 D의 결핍으로 생기며 생선의 간유 등에 비타민 D가 많이 들어있다는 사실을 발견했다.

구루병은 불과 한 세대 안에 선진 산업국가에서는 거의 사라졌으며 의학적으로는 이미 해결됐는데도 불구하고 산업화 과정을 밟는 나라에서는 구루병이 또 생겨났다.

chapter

7. 식품의 색소

식품의 색은 식품의 선도나 품질 판단에 귀중한 정보원이며 식욕에 크게 영향을 미친다. 식품의 색은 불안정하며, 농작물 · 과일 · 수산물 · 육류를 대표하는 색소는 빛 · 수분 · 효소 및 미생물에 의해 분해되므로 식품 본래의 색깔을 재현하고 식욕을 자극할 목적으로 인공 착색료가 첨가되는 경우가 많다. 따라서 식품을 소비하는 쪽에서 올바른 식품을 선택하기 위하여 식품의 색깔과 색소의 성질을 알아두는 것이 중요하다.

| 7-1 식품 색소의 분류 |

식품 색소는 식품에 원래 존재하는 천연색소와 가공조리 과정 중에 생성된 색소 및 착색을 목적으로 하는 인공색소로 분류되며, 표 7.1에서 보는 바와 같이 용해성에 따라 수용성 색소와 지용성 색소로 분류되고, 출처에 따라 동물성식품 색소와 식물성식품 색소로 분류한다.

[표 7.1] 식품 중 색소의 종류

	색 소		종 류	색	소재 용도 기타	용해성
식물성 색소	클로로필(chlorophyll)		chlorophyll a chlorophyll b	청 색 황 색	녹엽 야채	지용성
	카로테노이드 (carotenoid)	carotene	α-carotene β-carotene γ-carotene lycopene	적 색 또는 등 색	감귤류, 당근, 차 감귤류, 당근, 차 감귤류, 당근, 살구 토마토, 감, 수박	
		xanthophyll	lutein zeaxanthin cryptoxanthin capsanthin fucoxanthin	황 색	난황, 녹차, 귤, 호박, 옥수수, 간장, 난황, 귤 밀감, 굴맥, 옥수수, 고추, 다시마, 미역 (각 조류)	
		pelargonidin	calistephin	적 색	딸기	
식물성 색소	안토시아닌 (anthocyanin)	cyanidin	cyanin chrysanthemin keracyanin	적 색 암적색 적 색 적갈색	자소 검은콩 버찌, 앵두	수용성
		delphinidin	delphinidin	nasnin	가지	
	안토키산틴 (anthoxan-thin)	flavone	apigenin apiin tritin	암황색 무 색 담황색	옥수수 파아슬리, 귤 아스파라거스, 소맥 껍질	수용성
		flavanone	hesperitin hesperidin naringin	무 색	귤	
		fisoflavone	daizin	무 색	대두	
		flavonol	quercetin rutin	황 색 무 색	양파의 외피 메밀, 토마토	

	색 소	종 류	색	소재 용도 기타	용해성
동물성색소	햄색소 (heme 색소)	hemoglobin(혈) myoglobin(근육)	적 색	수조육류	수용성
	카로테노이드 (carotenoid)	cryptoxanthin lutein astaxanthin astacin, salmenic acid	황 색 황 색 청녹색 황 색 녹색형광	난황버터 난황버터 새우, 게, 가재껍질 산화 연어, 숭어	지용성

| 7-2 조리가공 중 색소 변화 |

자연계의 색소는 [표 7.2]에서 보는 바와 같이 물리 · 화학적 조건에 따라 변하므로 조리가공 중에 주의를 하여 색소 변화를 막도록 해야 한다.

[표 7.2] 식품조리 중 색소의 변화

색 소	반 응		조리 예
엽록소 (chlorophyll)	산	엽록소 중 Mg^{2+}이 수소치환되어 갈색으로 변함	김치, 오이김치→갈변 (초산, 젖산 생성)
	알칼리	알칼리 가수분해로 수용성의 chlorophyllide chlorophylline 녹색 형성	알칼리성 채소 ⟶ 녹색 중조, 초목회 비타민 파괴
	효 소	엽록소가 효소작용으로 녹색으로 변함	효소 엽록소 ⟶ chlorophyll 녹색
	금 속	엽록소에 Fe, Cu, Zn 금속첨가로 청록색으로 변함	Cu^{2+} 오이지 ⟶ Cu-chlorophyll 완두콩통조림, 곤포차

<table>
<tr><th>색 소</th><th colspan="3">반 응</th><th>조리 예</th></tr>
<tr><td>엽록소
(chlorophyll)</td><td colspan="2">가 열</td><td>장시간 가열로 휘발성 유기산 생성으로 갈변</td><td>장시간
↓
· 채소 ⟶ 갈변
↑
가열
· 뚜껑 열고 가열, 효소 파괴 채소 조직 내 공기제거</td></tr>
<tr><td rowspan="2">카로테노이드
(carotenoid)</td><td>카로텐</td><td>약산,
알칼리</td><td colspan="2">안 정</td></tr>
<tr><td>키산토필</td><td>광 선</td><td>산화촉진→퇴색</td><td>산화
↓
· 불포화도 ⟶ 퇴색
· 새우, 게, 가재
astaxanthin(청록색)
↓
유리형 astaxanthin(적색)
↓
astacin(적색)</td></tr>
<tr><td rowspan="5">플라보노이드
(flavonoid)</td><td rowspan="3">안토키산틴</td><td>산 성</td><td colspan="2">안 정</td></tr>
<tr><td>알칼리</td><td>불안정→황색으로 변함</td><td>중조
↓
· 밀가루(tricin) ⟶ 빵(황변)
알칼리
↓
· 감귤(hesperidin) ⟶ 황색</td></tr>
<tr><td>금 속</td><td colspan="2">불안정</td></tr>
<tr><td rowspan="2">안토시아닌</td><td>산 성</td><td>적 색</td><td>· 붉은 양배추 salad ⟶ 적색
↑
식초
소엽
↓
· 매실지 ⟶ 적색</td></tr>
<tr><td>중 성</td><td colspan="2">자 색</td></tr>
</table>

<table>
<tr><th>색 소</th><th colspan="3">반 응</th><th>조리 예</th></tr>
<tr><td rowspan="2">플라보노이드
(flavonoid)</td><td rowspan="2">안토시아닌</td><td>알칼리성</td><td>청 색</td><td>$OHCH_3$기가 증가할수록
진한 청색</td></tr>
<tr><td>금속</td><td>복합염 형성</td><td>Fe
↓
가지------>청자색
쇳조각
↓
검정콩------>흑색</td></tr>
<tr><td rowspan="3">탄닌
(tannin)</td><td colspan="2">공 기</td><td>산화로 중합하여 흑갈색</td><td></td></tr>
<tr><td colspan="2">금 속</td><td>복합염 형성(회색, 갈색, 청록색)</td><td>제1철(Fe^{2+})+탄닌=회색
제2철(Fe^{3+})+탄닌=청록색</td></tr>
<tr><td colspan="2">경수(센물)</td><td>침전형성</td><td>차, 커피타면 갈색, 적갈색 침전 형성</td></tr>
<tr><td>헤모글로빈
(hemoglobin)
미오글로빈
(myoglobin)</td><td colspan="2">산 화</td><td>산화가 계속될수록 갈변
미오글로빈(적자색)
옥시미오글로빈(선명한 적색)
메트미오글로빈(갈색)</td><td>• 갈변 억제법
질산염첨가로 안전한 적색 미오글로빈→나트로소미오글로빈</td></tr>
</table>

[표 7.3] 과즙 색소들의 산성, 중성, 알칼리성에서의 색깔변화

과실명	과즙의 색소		
	산성(pH 2.4~4.0)	중성(pH 7.0~9.0)	알칼리성(pH 9.0이상)
사과	빨간색	짙은 보라	녹색
검은 딸기	빨간색	보라	청록색
앵두	빨간색	붉은 보라	청록색
크랜베리	빨간색	연보라	청록색
포도	빨간색	보라	청록색
서양자두	빨간색	연보라	연록색
석류	빨간색	보라	청록색
딸기	빨간색	붉은 보라	연록색

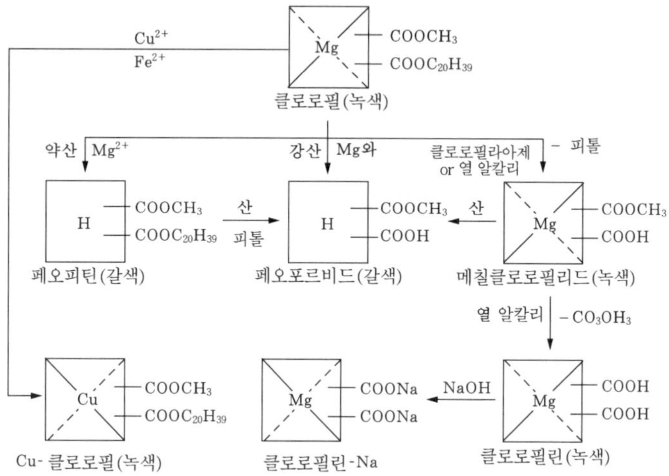

[그림 7.1] 클로로필 변화과정

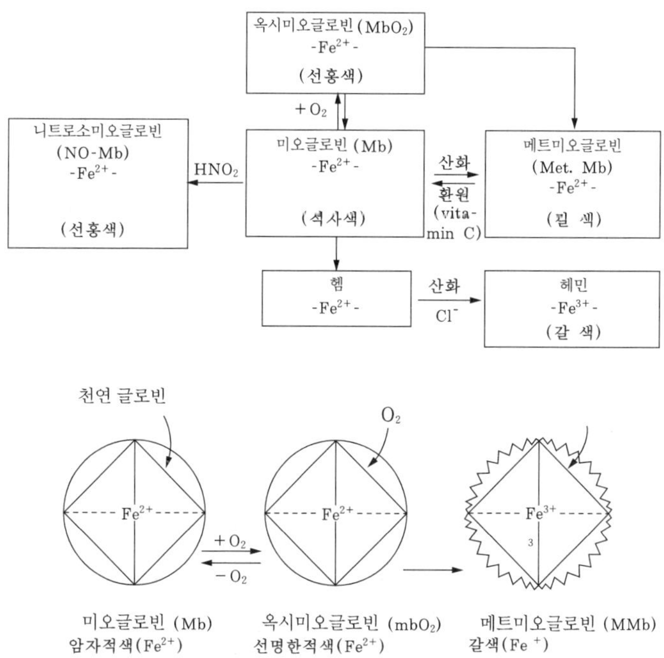

[그림 7.2] 미오글로빈 구조와 색의 변화

쉬어가는 페이지

1. 피클 항아리 안의 동전

서양에서는 '피클을 담글 때 항아리 안에 구리동전을 넣으세요'라는 말이 있다. 옛날에는 피클이 가정에서 만들어 졌으므로 피클을 담그는 사람은 그 맛이나 색을 서로 경쟁했던 것이다. 구리동전은 피클을 깨끗한 녹색으로 물들임과 동시에 건강에도 좋은 일석이조의 효과를 냈다. 구리의 효과는 빨라서 피클을 담근 액 안에서 구리동전으로 동이 녹아 나오면 액이 녹색이 된 것이다.

2. 꽃 색깔 변화

어릴 때 도라지 꽃봉오리 속에 개미 한 마리를 넣고 빙빙 돌리는 놀이를 해본 적이 있는지. "신랑방에 불을 켜라, 각시방에 불을 켜라!" 하고 소리치며 봉오리를 돌리면 불이 켜지듯 보라색 꽃잎에 빨간 점이 나타난다. 이는 도라지 꽃잎에 들어있는 화청소(和淸素, 안토시아닌)라는 물질 때문이다.

화청소는 산성 물질과 닿으면 붉은색으로, 알칼리와 접촉하면 푸른색으로 변한다. 산도(酸度)를 측정하는 리트머스와 성질이 같은 것이다. 꽃의 빨간 점도 개미가 놀라 항문에서 개미산을 분비해 만들어진 것이다. 이 붉은색의 나팔꽃을 옅은 염산용액에 넣으면 다시 보라색이 된다. 그러나 백도라지꽃은 개미산을 묻혀도 빨간 점이 안 생긴다. 화청소가 없기 때문이다. 백도라지는 꽃세포 틈새에 공기가 들어있어 하얀색으로 보인다. 백발도 머리카락 가운데가 대롱처럼 비어 있어 햇빛의 난반사로 희게 보이는 것이다. 눈도 공기 사이에 있는 공기로 하얀색을 띤다.

백도라지꽃을 짓이기면 세포 틈새의 공기가 빠져나가 하얀색이 없어지고 회색이 되듯 백발이나 눈도 마찬가지이다.

화청소는 푸른색, 붉은색, 자주빛을 띠는 꽃에 많이 들어있다. 그러나 같은 식물이라도 햇빛의 강도, 온도, 습도 등 환경에 따라 세포액의 산도가 달라져 여러 가지 색을 띠게 된다. 아침에 하얀색이던 연꽃이 낮에는 분홍색이 되고 점차 붉은 색으로 변하는 것도 세포액의 산도가 변하면서 화청소의 색깔을 바꾸는 것이다.

그렇다면 개나리는 왜 노란색일까. 그것은 화청소 외의 식물색소인 카로틴, 크산토필 중 노란색을 내는 크산토필이 많아서이다.

chapter 8. 식물성 식품

식물성 식품은 일반적으로 탄수화물, 비타민, 무기질이 풍부하여 이들 영양소의 공급원으로 중요하다. 이중 곡류와 서류는 탄수화물의 공급원이고 두류는 단백질, 채소류, 과일류, 해조류, 버섯류는 무기질과 비타민의 공급원이 된다.

8-1 곡류

8-1-1. 쌀(Rice)

쌀은 밀, 옥수수와 함께 세계 3대 곡물로서 중요한 식량이다. 쌀의 소비는 주로 밥을 짓는 데 이용하고 일부가 가공품으로 사용되며 도정도에 따라 영양가와 소화율이 달라진다.

[표 8.1] 연도별 우리나라 쌀 수급 동향(양곡년도 기준) (단위 : 만석)

구분(년)	1990	1993	1995	1998	1999	2000	2001	2002
1인당 소비량 (kg, 공포함)	119.6 (121.5)	109.9 (117.7)	195.9 (111.0)	99.2 (192.9)	96.9 (100.6)	93.6 (97.1)	89.6 (94.0)	88.0 (94.9)
자급율(%)	198.3	96.8	93.8	104.5	96.6	102.9	104.5	105.8
재고율(%)	37.2	33.0	11.9	15.5	13.7	19.1	28.1	36.1

〈자료〉 박동규, 국내쌀 수급동향과 전망, 한국농촌경제연구원, 2002

1) 쌀의 종류

쌀의 종류는 indica형, japonica형, javanica형으로 나누며 우리나라는 주로 japonica형의 쌀을 먹고 있다.

일본형은 적당한 끈기가 있어 젓가락으로 먹기 쉬운 밥이 되지만 인도형은 끈기가 적어 된밥이 된다.

멥쌀전분은 아밀로스와 아밀로펙틴으로 되어 있는데 이 비율은 쌀의 산지나 품종에 따라서 다소 다르다. 아밀로스가 많은 쌀은 밥을 지었을 때 비교적 단단하고, 아밀로펙틴이 많은 쪽이 끈기가 강한 밥이 되므로 한국인이 좋아한다. 찹쌀전분은 아밀로펙틴만으로 되어 있어 호화하면 강한 점성을 만들므로 떡을 만들 때 사용한다.

[표 8.2] 쌀의 종류

구 분	일 본 형	인 도 형
벼의 키	키가 작음	키가 큼
형 태	동글고 작고 단단함(short grain)	길고 부스러지기 쉬움(long grain)
점 성	끈기가 강함	끈기가 약함
산 지	한국, 일본, 중국, 유럽, 캘리포니아	인도, 동남아시아, 중동지역

2) 쌀의 성분

쌀은 현미를 도정하여 과피, 종피를 제거한 것을 정백미라 하고 이들 제거물을 쌀겨라 한다. 현미의 겨층, 배아, 배유의 비율은 5:3:92 정도이다. 현미는 도정이 진행됨에 따라 입맛과 소화흡수는 좋아지나 단백질 1/3, 지질의 약 1/2, 비타민, 무기질이 감소되나 전분의 함량은 증가된다. 현미는 도정도에 따라 5분도, 7분도 및 백미가 된다.

[그림 8.1]

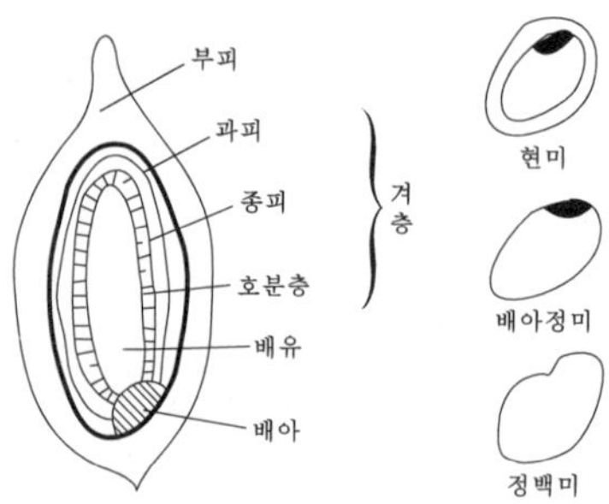

[그림 8.2] 쌀의 구조

[표 8.3] 쌀의 도정도에 따른 영양소 및 소화율

구분 품종	수 분 (%)	단백질 (%)	지 방 (%)	탄수화물 (%)	회 분 (%)	비타민 B_1	소화율 (%)
현 미	13.5	8.2	2.6	71.6	1.2	0.30mg/100g	89.6
5분도미	13.8	8.1	1.2	76.9	0.9	–	94.5
7분도미	12.3	7.0	0.9	77.0	0.7	0.19	95.8
백 미	12.5	6.5	0.9	77.6	0.6	0.12	97.1

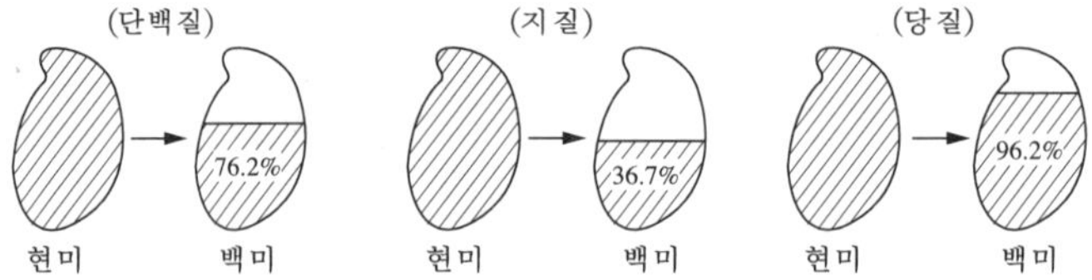

현미밥은 영양성분은 많으나 소화흡수가 낮다(피질부의 섬유소가 장관점막을 자극해서 연동운동을 자극하므로 장관 내부의 통과 시간이 빨라서 흡수율이 낮아진다).

[그림 8.3] 현미와 백미의 영양성분 비교

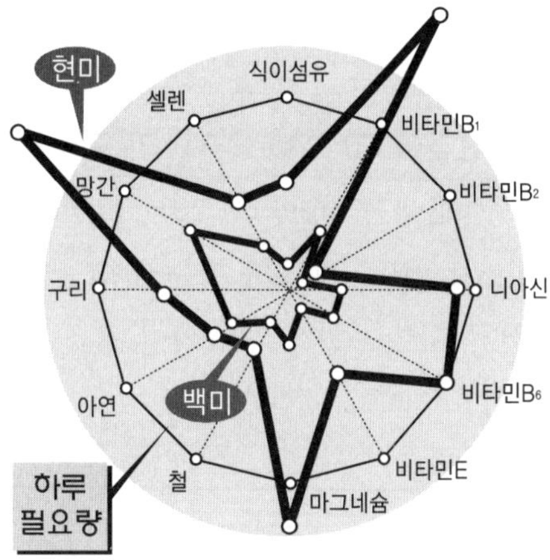

[그림 8.4] 현미와 백미의 영양성분 비교

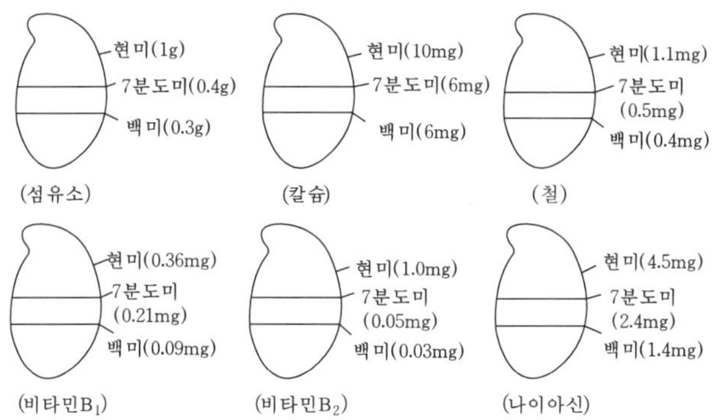

[그림 8.5] 정백도에 따른 영양성분 비교

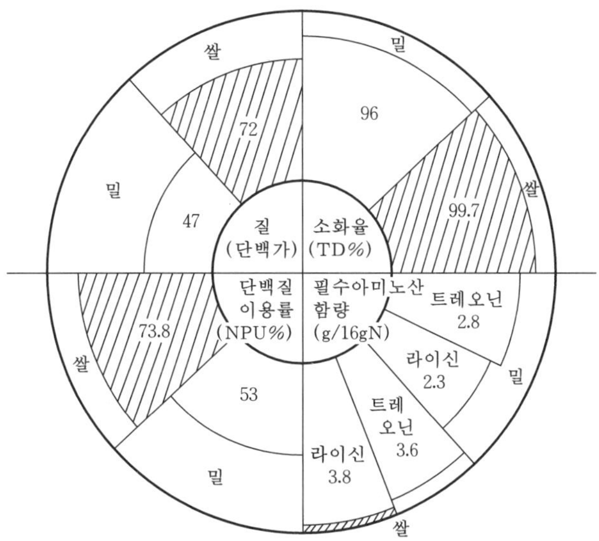

[그림 8.6] 쌀과 밀의 영양가 비교

(1) 탄수화물

쌀의 주성분은 전분이 70~80% 차지하며, 그 외 소량의 dextrin, 당분, 조섬유 3%를 함유한다. 맵쌀은 amylose 20%, amylopectin 80%의 비율로 되었고 찹쌀은 대부분 amylopectin 80%의 비율로 되었고 찹쌀은 대부분 amylopectin 만으로 구성되었다. 요오드 반응은 맵쌀이 청색, 찹쌀은 적자색을 띤다.

(2) 단백질

보통 현미는 7~8%, 백미는 6~7%의 단백질이 들어 있다. 단백질은 80% 전후가 glutelin의 일종인 oryzenin이며 그 외에 albumin, globulin이 소량 함유되어 있다. 아미노산 조성은 arginine은 풍부하나 lysine, tryptophane 및 methionine 함유, 황아미노산은 적으나 단백가는 78~81%로써 곡류 단백질 중 우수한 편이다.

(3) 지질

지질 함량은 현미에 약 3%, 백미에는 1% 이하의 적은 양이나 쌀겨에는 20% 정도로 많이 들어 있어 유지원료로 이용되고 있으며 불포화지방산이 많아 산화되기 쉽다. 미강유는 쌀겨에서 추출되는데 lipase가 들어 있어 산패되기 쉬우므로 짧은 시간 내에 착유를 해야한다. 장기간 저장으로 쌀은 고미취가 생기는데 지질이 lipase에 분해되어 유리지방산이 생성되기 때문이고 또 인지질의 분해물인 lysolecithin이 미량 생겨 용혈성 독성의 원인이 될 수 있다.

(4) 무기질 · 비타민

무기질 함량은 현미 1.3%, 백미 0.6% 정도 들어 있으며 P과 K이 많은 반면 Ca과 Na이 적어 쌀은 산생성원소가 알칼리성 원소보다 많아서 산성식품에 속한다. 따라서 과일, 야채 등의 알칼리성 식품과 같이 섭취하는 것이 좋다.

(5) 용도

90% 이상이 주식으로 이용되고 기타 주조용, 종자용, 과자곡분 등으로 이용되고 있다.

[표 8.4] 국내 쌀 가공식품의 종류

제 품	내 용
즉석 건조쌀밥	뜨거운 물만 부으면 단시간 즉석 복원이 가능토록 한 레저, 비상식량용 편의 주식
즉석 쌀죽	쌀의 모양을 그대로 살리면서 조리시간이 단축된 인스턴트 전통 쌀죽
즉석 고기덮밥	밥과 육류 등 영양 부식을 동시에 열처리가공, 인스턴트화 함으로써 밥류를 패스트화시킨 간편식
칼국수	쌀 40~50% 혼합하여 가공한 즉석 대체용 면제품
증숙면	쌀 305를 이용하여 기름에 튀기지 않고 써서 건조한 즉석 면으로 쌀 고유의 풍미와 식감을 최대한 유지하며 떡국의 맛을 갖춘 인스턴트면
즉석 비빔우동	인스턴트 우동 형태로 가공한 면발이 굵은 즉석면
압출면	100% 쌀가루를 압출 가열처리기법으로 제조한 조리면, 쫄면, 냉면 타입의 제품
현미 플레이크	현미의 영양분을 손상시키지 않고, 가공하여 아침식사용으로 먹기좋게 제조한 주식 대체용 편의
즉석 식혜	전통 식혜의 산업화, 일반화가 가능하도록 전통의 맛이 보존된 분말식혜 제품
쌀고기	콩과 쌀(30%)을 사용하여 압출성형공법으로 조직화시킨 쌀 인조고기
즉석 미숫가루	종래 미숫가루의 용해성을 개선시켜 온수나 냉수에 쉽게 풀어지도록 제조한 편의 식품
청결미	정백가공 후 미강과 미분립이 완전히 제거된 상태로 백미의 고유색깔을 갖고 물로 씻지 않고 취반이 가능한 쌀

□ 밥 짓기

원료쌀 → 수세 → 침지 → 취반 → 밥

수분 14~16% | 30분~1시간 수분 30~35% | 가열 20~30분 뜸 15~30분 | 수분 60 ~65%

□ 가공법의 개요

[그림 8.7] 가공밥의 제법 개요

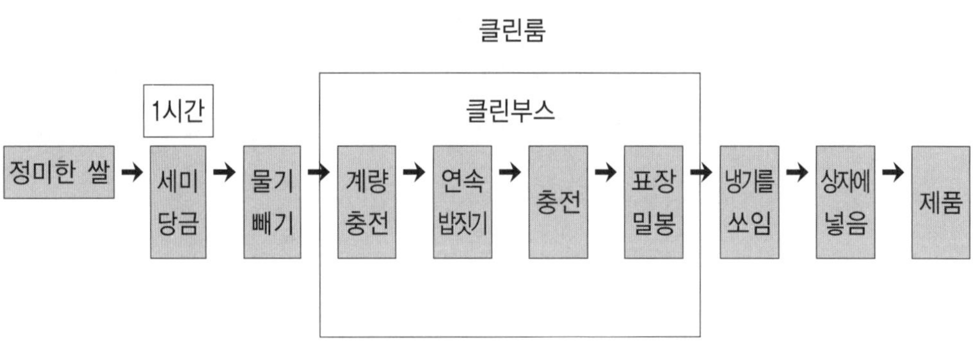

[그림 8.8] 무균 포장밥의 제조공정

기능성 쌀의 유래는 기원이 약 2천 년전 중국 한나라 때 볶은 쌀(흑국)을 먹었다는 기록이 있다. 기능성 쌀이란 쌀의 일반 성분 외에 독특한 생리 활성 성분은 보강하여 새로운 기능을 갖도록 한 쌀이다.

[표 8.5] 시판되는 기능성 가공쌀의 종류

가공쌀의 종류		내용	제품 구분
기능성 쌀	균배양쌀	쌀에 동충하초 등의 버섯균이나 홍국균 등을 배양하는 것	버섯쌀, 홍국균쌀 등
	코팅쌀	쌀에 식이섬유, 비타민/미네랄, 천연기능 성분 등을 코팅하는 것	식이섬유 강화쌀 비타민 강화쌀, 인삼쌀, 키토산쌀, 당뇨쌀 등
특수미	발아현미	현미를 약간 발아시킨 후 건조하는 것	발아현미
	성형쌀	여러 가지 곡류 및 성분을 섞은 후 쌀 모양으로 성형한 것	성형쌀
	특수도정쌀	도정 과정, 보관 방법, 처리 방법 등을 달리하는 것	저온보관쌀, 쌀눈백미 등
	청결미	씻지 않고 취사 가능한 쌀	편의성, 하천오염방지
	친환경미	친환경적으로 재배	오리농법쌀, 무농약, 유기농, 저농약

• 배아미 : 배아미란 쌀눈이 달린 백미(白米)를 말한다. 쌀눈은 비타민 B와 E, 미네랄 등 각종 영양소를 담고 있다. 밥을 짓기 전 배아미를 물속에 한시간 정도 담가두면 배아가 생명활동을 시작, 각종 영양소가 20~30배 증가한다.

• 완전미 : 완전미란 덜 여문 미숙미와 도정 과정에서 부서진 쌀을 제거한 정제쌀을 말한다. "시중에서 파는 쌀에는 동강난 쌀이나 미숙미가 43%나 섞여 있다." 이에 반해 완전미는 부서지고 덜익은 쌀알을 골라내기 때문에 쌀의 양은 줄지만 밥맛은 훨씬 좋아진다. 예컨대 미국에서 팔리는 쌀(캘로스)은 완전미의 대표적인 사례다.

8-2-2. 밀(wheat, 小麥)

밀은 쌀, 옥수수와 함께 70% 이상이 제분 가공으로 이용되며 파종 시기에 따라 봄밀과 겨울밀로 나누며 카로티노이드 함량에 따라 적소맥과 백소맥으로 나누며 밀알의 경도에 따라 연질, 경질, 소맥으로 구분된다.

[표 8.6] 밀의 분류(파종)

종 류	파종시기	수 확	재배지역	비 고
봄밀(spring wheat)	봄	늦은 여름	추운 지방	carotene에 따라 적소맥, 백소맥으로 분류
겨울밀(winter wheat)	가을	초 여 름	따뜻한 지방	입질에 따라 연질소맥, 경질소맥으로 분류

우리나라는 주로 겨울밀이 재배되고 있다. 밀가루의 품질은 gluten의 함량, 분질, 회분 함량, 색깔에 따라 분류된다.

1) 밀의 성분

밀의 주성분은 탄수화물이 70% 정도로 대부분이 전분이며 지방은 3% 정도 함유되어 있으나 제분과정에서 감소되어 소맥분에는 2% 이하를 함유하고 있다. 단백질은 11% 내외로 대부분 gluten이며 gliadin(alcohol에 가용)과 glutenin(알칼리에 가용)으로 이루어졌다. gluten은 밀가루 단백질의 약 75%을 차지하고 있으며 물로 반죽하면 점탄성이 강한 반죽이 된다. 소맥 단백질은 lysine, tryptophane 및 함유황 아미노산 함유량이 작아 쌀 단백질에 비해 단백가는 적다. 그외 회분은 1.4~1.6%이나 제분율이 증가할수록 감소한다. 비타민은 배아에 vitmin B 및 E가 많이 들어 있다.

[표 8.7] 밀의 gluten 단백질의 종류

종 류	분자량	용해성	성 상
glutenin (신전성)	2만~100만	① 묽은산, 알칼리 용해 ② 중성염, 알코올에 불용	실모양, 분자내 및 분자간 선상 가교의 설파이드 결합 반죽에서 강한 탄력성(견고성)
gliadin (점성)	3만 6천~4만 4천	60%~70% 알코올용해 O 물 · 중성염에 불용 ×	둥글둥글한 모양 반죽에서 점성(끈기)을 가지며[소량의 소금 첨가로 끈기 증가(국수) 빵의 부피에 관계]

2) 밀의 제분

밀 단백질은 대부분이 gluten이다. 단백질 함량이 중심부는 낮아 대부분 전분이고 외부로 갈수록 전분은 적어지고 단백질은 증가한다. 제분시 처음 생산되는 밀가루는 밀의 중심부가 분쇄되어 나오므로 단백질 함량이 낮고 그 후 생산되는 것이 단백질 함량이 높아진다.

일반적으로 밀가루는 밀의 약 83%를 차지하는 배유(背乳) 부분을 곱게 빻아서 가루로 한 것이다. 그렇지만 이 배유를 분쇄하는 작업은 여러 공정을 거쳐야 하며 소맥의 배유 부분에는 딱딱한 '외피(外皮)', '배아'가 강하게 밀착해 있어서 배유 부분만 간단히 분리하기가 어렵다. 제분공장에서는 먼저 소맥의 껍질 그대로 거칠게 빻아 그 파편 중에서 배유만의 순수한 부분과 외피부분으로 분리한다.

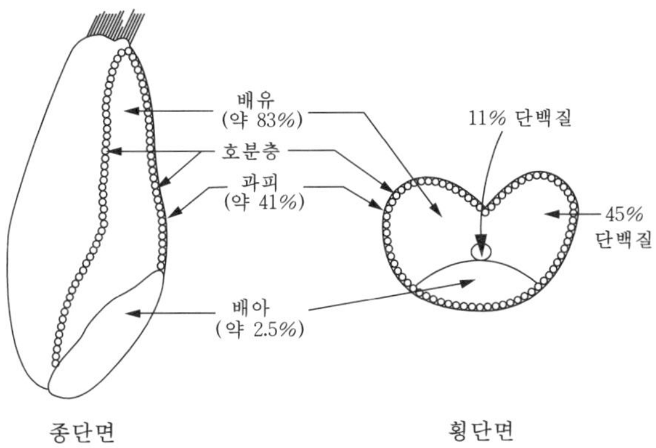

[그림 8.9] 밀알의 부위에 따른 단백질 함량

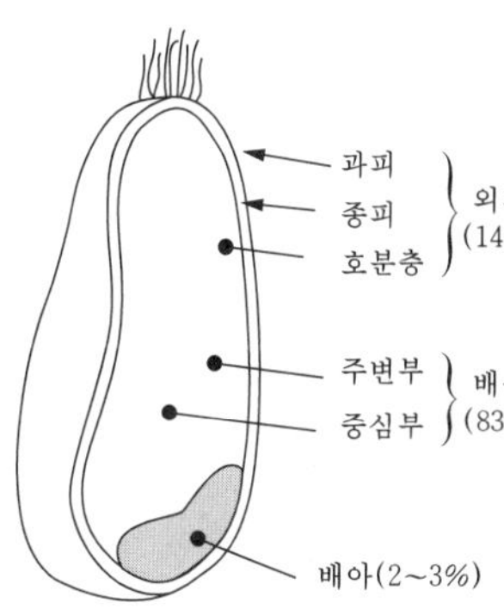

소맥의 단면도

선별된 배유를 비교해 보면 최초 단계에서 얻어진 배유는 소맥의 중심부의 것이 많고, 마지막 단계로 갈수록 외피에 가까운 쪽의 것이 많다. 그렇기 때문에 처음 단계의 것은 밀가루의 순도가 높고 마지막 단계의 밀가루는 외피 배아의 혼입량이 많아진다. 이 외피나 배아 부분에는 섬유질(배유 부분에는 거의 없는)이나 미네랄류가 대량 함유되어 있다. 그러므로 외피나 배아가 혼입된 밀가루일수록 색택이 나쁘고 품질이 낮고 효소량도 많게 된다. 즉 같은 밀가루에서 얻어진 밀가루라도 그 제분 단계에 따라서 품질이 다른 여러 가지 밀가루가 제조되는 것이다. 이와 같은 품질의 차이를 나타내기 위하여 행해지는 것이 밀가루의 등급에 의한 표시이다. 보통 외피의 혼입량이 적고 품질이 높은 것에서부터 특등급, 1등급, 2등급, 3등급, 말분(末粉)이라고 부른다.

3) 밀가루의 분류와 용도

밀가루의 분류는 일반적으로 많이 이용되는 방법은 물을 가해서 반죽했을 때 어느 정도 점탄성(粘彈性)을 갖는 반죽으로 되는가에 따라 분류하는 방법이다. 점탄성이 가장 강한 것부터 '강력분', '준강력분', '박력분'의 순으로 나눈다. 이와 같이 소맥분으로 만든 반죽의 점탄성이 밀가루의 종류에 따라 다른 것은 소맥분에 함유되고 있는 '단백질의 양'이 밀가루의 종류에 따라 다르기 때문이다.

단백질 함량은 원료로 하는 밀의 종류에 따라 결정되는 것으로, 즉 강력분과 박력분은 원료로 하는 밀의 종류가 전혀 다른 것이다.

[표 8.8] 밀가루의 종류에 따른 특징과 용도

종 류	건부율	습부율	특 징	용 도
강력분	13% 이상	40% 이상	경질(초자질)의 밀로 만들며 글루텐 함량이 높아 탄력성과 점성이 강하고 수분의 흡착력이 크다.	식빵 마카로니 고급 국수
중력분	10~13%	35% 내외	단백질의 함량은 강력분과 박력분의 중간으로 gluten의 탄력성, 점성, 수분흡착력도 중간 정도, 다목적 밀가루로 사용된다.	면류(우동)
박력분	10% 이하	30% 이하	글루텐의 탄력성과 점성이 약하고 물의 흡착력도 약하므로 섬세한 질을 가진다.	케이크, 튀김, 제과, 비스킷

4) 글루텐의 형성

글루텐은 원래 소맥분 중에 함유되어 있는 단백질이 아니고 물과 함께 반죽을 만들어 가는 과정에서 서서히 형성되는 것이다. 일반적으로 밀가루에는 10% 전후의 단백질이 함유되어 있는데, 그 대부분은 글루테닌과 글리아딘이라고 하는 2종류의 단백질로 되어 있다.

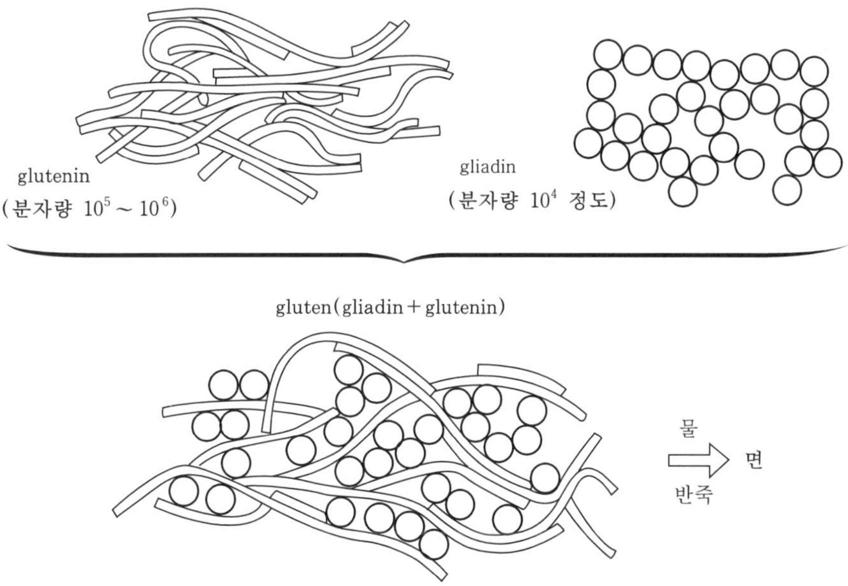

[그림 8.10] 소맥 단백질의 구성

이것은 달걀 등에 함유되어 있는 단백질과는 달리 보통의 상태로는 물에 녹지 않는다. 그렇지만 단백질에 물을 가하여 반죽을 하면 서서히 물을 흡수해서 글루테닌은 어느 정도 단단한 고무와 같은 탄력이 있는 물질로 되고 글리아딘은 유동성이 있는 끈끈한 물질로 변화하는 성질을 갖고 있다.

두 종류의 단백질을 혼합한 상태에서 물을 가하면 양쪽의 특성을 합한, 즉 점성과 탄성을 독특한 물질로 변한다.

박력분의 경우 원래 단백질의 함유량이 적기 때문에 글루텐은 빌딩의 철근과 같이 가늘게 연결되어서 그 사이사이에 전분(starch) 입자(粒子)가 들어있는 상태이다. 또 강력분은 단백질 함유량이 많기 때문에 글루텐은 마치 빌딩의 철근을 연결한 옹벽과 같은 얇은 막상으로 넓어진다. 빵 반죽에서는 이 글루텐의 막이 효모에 의해 발생한 탄산가스(이산화탄소)를 단단하게 싸서 크게 팽창하게 된다.

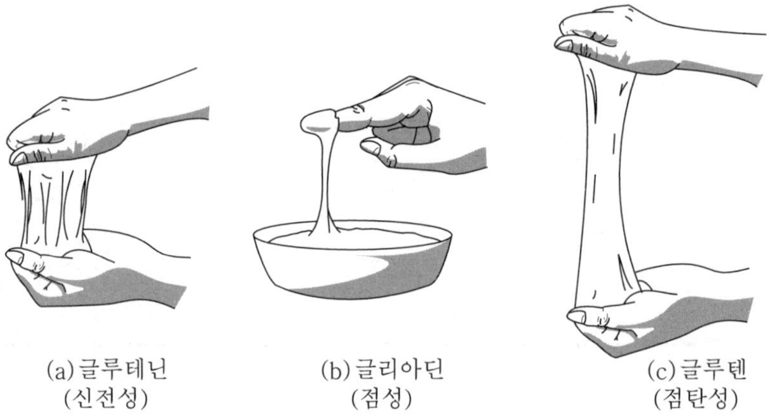

[그림 8.11] 글루텐과 그 성분(글루테닌+글리아딘)

반죽을 충분히 해서 글루텐 망이 점점 발전되도록 함으로써 비로서 부풀기 쉬운 빵반죽으로 된다. 글루텐이 충분히 형성된 반죽에서는 표면이 매끄럽고 광택이 좋으며, 양손으로 늘려 펴보면 물체가 투명하게 비칠 정도로 얇게 된다.

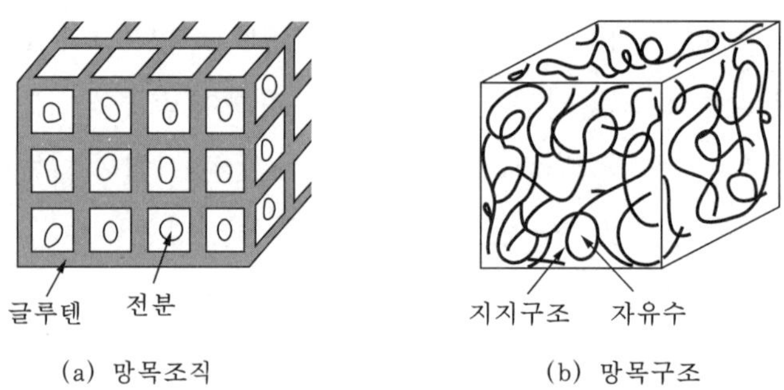

[그림 8.12] 망목조직과 망목구조의 모델

쉬어가는 페이지

짜장면을 먹으며

–정호승

짜장면을 먹으며 살아봐야겠다.
짜장면보다 검은 밤이 또 올지라도
짜장면을 배달하고 가버린 소년처럼
밤비오는 골목길을 돌아서 가야겠다.
짜장면을 먹으며 나누어 갖던
우리들의 사랑은 밤비에 젖고
젖은 담벼락에 바람처럼 기대어
사람들의 빈 가슴도 밤비에 젖는다.
내 한 개 소독저로 부러질지라도
비 젖어 꺼진 등불 흔들리는 이 세상
슬픔을 섞어서 침묵보다 맛있는
짜장면을 먹으며 살아봐야겠다.

8-1-3. 보리(Barley)

보리는 우리나라에서 쌀 다음으로 중요한 곡류였으며 곡립을 둘러싼 보리겨층을 제거하기 어려운 겉보리(피맥)와 쉽게 분리되는 쌀보리(나맥)가 있다. 겉보리는 고랑이 있어 도정 시에 외피가 쉽게 제거되지 않고 남아 있어 외관, 맛, 소화율이 나쁘며 배유도 단단하여 소화시키는데 시간이 많이 요구되기 때문에 쌀과 섞어 밥을 지을 때는 보리를 미리 한번 삶아서 사용한다.

1) 보리 성분

(1) 단백질

단백질 함량이 10% 정도로써 쌀보다 약간 많고 단백질 대부분은 prolamin에 속하는 hordein이고 edestin, lecosin을 소량 함유하고 있다. 보리는 lysine, methionine, tryptophane 등의 필수아마노산 함량이 낮다. 보리는 글루텐(gluten) 단백질이 없으며 전분의 분리도 어려워 빵이나 면류의 재료로 100% 사용할 수 없다.

(2) 탄수화물

탄수화물은 70%가 전분이다. 보리밥을 먹으면 쉽게 배가 고파지는데, 이는 당질 함량이 적고 비열량소인 섬유소가 많아 변통을 용이하게 하고 변비해소에 기여한다. 또 고분자 수용성 식이섬유인 베타글루탄(β- glucan)이 있어 중콜레스테롤 함량을 낮춘다고 한다.

(3) 무기질과 비타민

회분 함량은 약 3% 정도로 P, K, Mg이 많은 반면 Na과 Ca은 적다. 비타민은 A와 C는 거의 없고 B군은 비교적 많다. 또 미량의 tannin이 있어 보리밥은 약간의 떫은맛과 독특한 색을 나타낸다.

[표 8.9] 보리의 성분 (100g)

종류	칼로리 (kacl)	수분	단백질	지방	탄수화물		화분	무기질(mg)				비타민		
					당분	섬유		Ca	Na	P	Fe	B1	B2	니코틴산
겉보리	335	14.0	10	1.9	66.5	5.2	2.4	40	4	320	4.5	0.38	0.10	6.0
쌀보리	337	14.0	10	2.0	69.7	1.9	4.0	40	.	.40	3.0	0.42	0.11	6.5

[표 8.10] 보리밥 및 쌀밥의 소화율

종 류	단백질	탄수화물	지방
쌀밥	77.3	99.5	72.9
보리밥	69.6	98.8	62.9

2) 용도

보리는 단백질이 적고 글루텐이 없다. 또 배유전분이 분리되지 않아 빵이나 면류에는 사용되지 않으나 식량, 사료, 공업용으로 이용된다. 보리는 발아 뒤 amylase 및 maltase를 생성하여 당화력이 높아 물엿의 제조와 맥주의 양조에 이용된다.

[표 8.11] 보리를 이용한 가공품

가공형태	1차 가공품	2차 가공품
도정 및 기타 부수가공	정맥, 압맥, 백맥, 강화가공맥	쌀보리밥
제분	보릿가루 복합분	장류제품, 면루 등 분식제품
맥아	장 · 단맥아	맥주, 주류, 물엿, 감주
배소	볶은보리, 볶은 보릿가루	보리차, 미숫가루

8-1-4. 호밀(Rye)

호밀은 한냉지나 고지 등에서 잘 재배되어 우리나라는 강원도나 경기도 지방에서 재배되고 있다. 호밀은 호맥이라고도 불리며 보리의 2군종과 비슷하여 인질은 밀에 비해 단단하고 가늘고 길며 표면에 주름이 져 있는 것이 많으며 배유는 유리질, 반유리질이 많다.

호밀은 밀 이외에 빵을 만들 수 있는 유일한 곡류이며 호밀로 만든 빵을 흑빵이라 한다. 이 흑빵은 색소 때문에 진한 갈색을 띠며 독특한 풍미와 저장성을 갖는다. 호밀가루의 단백질 함량은 밀가루와 큰 차이가 없으나 gluten 함량이 적어 독특한 제빵방법이 필요하다.

[표 8.12] 호밀의 일반 성분

열량(kcal)	수분	단백질	지질	당질	섬유소	회분
333	12.5	12.7	2.7	68.5	1.9	1.7

8-1-5. 귀리(Oat)

귀리는 연맥으로 불리며 보리나 밀보다 가늘고 길며 표면에 솜털이 나있다. 귀리 이삭의 색깔은 흑, 적황, 백색 등 여러 가지가 있다. 단백질은 3% 정도로 globulin이 80%를 차지하고 있다. 주성분은 탄수화물이며 대부분이 전분으로 되어 있다. 오트밀(oatmeal)은 귀리를 압편한 식품으로 서양에서 널리 사용되며 소화가 잘되어 환자나 노인의 아침식사로 많이 쓰인다.

[표 8.13] 귀리의 일반 성분

열량(kcal)	수분	단백질	지질	당질	섬유소	회분
317	12.5	13.0	1.2	54.7	10.6	3.0

8-1-6. 잡곡

쌀과 맥류를 제외한 옥수수, 수수, 조, 기장, 피 등과 메밀을 모아서 잡곡류라고 한다. 이들은 토질에 관계없이 재배가 쉬워 쌀이나 밀의 재배가 발달되지 않은 나라에서 중요한 에너지원이다.

[표 8.14] 잡곡류의 일반 성분 조성(%)

식품	열량(kcal)	수분	단백질	지질	당질	섬유소	회분
옥수수	354	13.5	8.2	5.0	70.0	2.0	1.3
수수	336	12.0	10.3	4.7	70.5	1.7	1.8
조	307	13.0	9.9	3.7	63.5	7.0	2.9
기장	299	13.5	12.7	3.8	57.1	9.1	3.8
피	311	13.0	9.3	4.8	61.3	8.3	3.3
메밀	300	14.5	10.8	2.8	61	9.0	1.9

(1) 옥수수(maize corn)

옥수수는 현재 밀, 쌀과 함께 세계 3대 주요 농산물이다. 주성분 중 전분이 70%, 단백질이 10% 함유되어 있다. 단백질은 대부분이 prolamin(45%)으로 zein 이라 하며 또 글루테린이 35%, globulin이 22% 함유되어 있다. 제한 아미노산은 lysine(제1)과 tryptophane(제2)으로 매우 적어 단백가가 42로 불완전 단백질로써 곡류 중 영양가가 제일 낮다. 지방은 4~5% 정도로 대부분 배아에 30% 정도 함유하고 있다. 옥수수기름은 황색 투명한 반건성유로 지방산 조성은 linoleic acid(40~60%)가 많으며 비타민 E가 30~330mg% 있고 황색종에는 cryptoxanthin이 있는데, 비타민 A 효과가 있다. 비타민은 niacin이 적어 상실하면 펠라그라(pellagra)라 하는 일종의 피부병을 일으키는 것으로 알려져 있다. 용도는 주로 사료로 쓰이나 중요한 주식과 간식으로 엿, 물엿, 과자, 빵, 술, 전분, 당 등 여러 가지로 이용된다.

(2) 메밀(buckwheat)

메밀은 척박한 토양에서 잘 생육되는 구황작물로 이용되었다. 메밀은 제분하여 식용으로 하며 메밀가루 단백질은 10% 정도로 albumin과 glutelin이 약 40%씩 함유되어 있고 prolamine이 적어 점성이 거의 없어 밀가루, 난백, 마 등을 섞어 반죽하여 면을 제조한다.

아미노산은 함유황아미노산이 적으나 곡류에 부족한 lysine, tryptophane이 풍부하여 곡류 단백질에 대한 부족 효과가 있다.

비타민은 B_1, B_2가 비교적 많고 특히 모세혈관의 저항력을 높이는 비타민 P의 일종인 rutin이 6mg% 들어 있다. 메밀은 제분하여 메밀국수, 냉면, 과자, 묵 등의 원료로 이용된다.

> 메밀국수를 먹을 때 양념간장에 무를 갈아넣는 것은 메밀가루의 껍질에 있는 살리실아민과 벤질아민이라는 성분때문이다.
> 이들 성분이 사람에게 조금 유해한 것으로 알려져 있다. 이를 해독시켜 주는 것이 무에 풍부하게 들어있는 섬유질과 비타민C, 무의 매운 맛을 내는 이소치오시아네이트라는 유황화합물이다. 막국수에 무쪽을 넣어 먹는 것도 이와 같은 이유이다.

(3) 수수(sorghum)

수수는 찰수수와 메수수 두 종류가 있으며 빛깔은 적갈색이다. 종피에는 tannin을 함유하고 있어 단단해 소화가 나빠 정백을 잘해야 한다. tryptophane 함유 황아미노산이 부족하며 떡, 과자, 엿, 주정 등에 이용된다.

(4) 조(foxtail millet)

메조와 차조가 있는데 메조의 주성분은 전분이고 차조는 메조보다 단백질은 약 11% 함유되어 있으나 prolamin과 glutelin이 전체 단백질의 각각 40% 정도를 차지하고 있으며 필수 아미노산 중에서 lysine이 부족하고 leucine이 많이 들어 있다. 섬유가 비교적 많아 맛이 떨어지는 편이나 비타민 B_1, B_2 가 많이 들어 있다. 저장성이 좋아 장기 보존하더라도 맛이 변하지 않고 충해도 없다.

8-2 두류

8-2-1. 두류의 분류

두류는 그 성분 조성에 따라 분류하면 단백질과 지질을 주성분으로 하고 당질이 적은 것(콩, 낙화생), 당질이나 단백질을 주성분으로 하고 지질이 적은 것(팥, 완두)으로 나누어진다. 또 풋콩이나 그린피스와 같이 미숙된 것으로 이들은 수분이 많고 비타민류가 풍부하여 야채와 같이 이용된다. 이와 같은 성분적 특징과 조직의 단단하고 연한 성질, 숙도 등에 따라 두류는 용도를 달리한다. 지질이 많은 콩이나 낙화생은 식용유지, 당질이 많은 팥류는 고물의 원료로, 특히 콩은 두부나 간장, 된장의 원료로 주로 이용되고 있다.

[표 8.15] 성분에 따른 두류의 분류

성 분	종 류	당질(g)	단백질(g)	지질(g)	비타민 C(mg)
단백질, 지질이 많고 당질이 적은 것	팥, 강낭콩 완두, 녹두, 동부	50~55	19~26	2.0~2.3	0
	대두	23.7	35.3	19.0	0
당질, 단백질이 많고 지질이 적은 것	낙화생	15.9	25.4	47.4	0
야채의 성질을 갖는 것	풋콩, 그린피스	2~12	2~12	1.0 이하	9~55

8-2-2. 콩의 성분

콩의 성분은 품종에 따라 다르나 단백질이 약 33~40%, 지질이 18%, 탄수화물이 30~35%, 회분이 4.5~5% 정도 들어 있다. 주요 단백질은 글로브린의 일종인 글리시닌(glycinin : 76%), 기타 알부민에 속하는 legumelin이 있다.

특수 성분으로는 saponin과 trypsin의 활성을 저해하는 trypsin inhibiter와 hemagglutinin이 들어 있다. 그리고 대두 제품에 따라 소화율이 다르다.

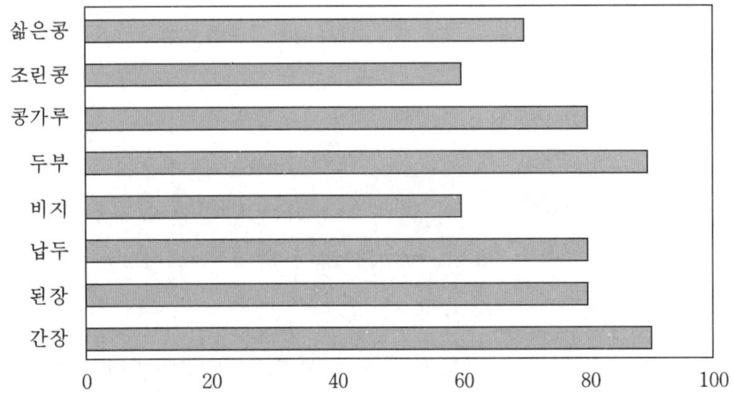

[그림 8.13] 콩과 가공품의 소화율

8-2-3. 두류의 가공

1) 두부

두부는 오래 전부터 우리나라를 비롯하여 중국, 일본 등 동양권에서는 물론 이제는 구미 지역에 이르기까지 좋아하는 식품으로 알려졌다.

두부가 문헌상으로 나타나기 시작한 것은 지금으로부터 약 2천 년전 중국 한나라 때 한고조의 회남왕 유안(B.C 179~122)이 저술한 만필술(萬畢術)에 두부 만드는 기록이 있어 두부 제조법의 시조를 회남왕으로 보고 있다. 우리나라에 전래되어 온 시기는 분명하지 않으나 고려 말 또는 그 이전이었으리라는 추측이 일반적이다.

(1) 두부의 제조 원리

두부는 고단백질 식품으로 대두단백질인 글로브린(globulin)의 성질을 이용하여 제조된 것이다. 글로브린 단백질인 글리시닌(glycinin)은 대두속의 물에 녹지 않는 염용성 단백질이지만 대두속에는 다량의 가용성 무기염류가 함유되어 있으므로 물로 추출하면 용해되어 추출된다. 이때 추출된 두유를 70℃로 가열한 다음 황산칼슘, 염화마그네슘 등의 염류를 첨가 응고시켜 보자기로 싸서 가볍게 누르면 흰두부가 만들어진다.(※ 두유를 가열하지 않고 응고제를 넣으면 침전되나 가열한 경우처럼 부드럽지 못하다.)

(2) 두부의 응고제

두부는 콩단백질이 간수(염화마그네슘)에 의해 응고하는 성질을 이용해서 만들어진 식품이다. 두부의 응고제는 염화마그네슘($MgCl_2$) 이외에 염화칼슘($CaCl_2$), 황산칼슘($CaSO_4$), 글루코노델타락톤(gluconodeltalactone) 등이 이용된다.

[표 8.16] 응고제의 종류와 특징

응고제	첨가온도(℃)	용해성	장 점	단 점
염화칼슘 ($CaCl_2$, $2H_2O$)	75~80℃	수용성	응고시간이 빠름, 보존성이 양호함, 압착시 물이 잘 빠짐	수율이 낮음, 두부가 거칠고 견고함.
황산칼슘 ($CaSO_4$, $2H_2O$)	80~85℃	불용성	두부의 색상이 좋음, 조직이 연하고 탄력성이 있음, 수율이 좋음	사용이 불편함 (더운물에 희석하여 사용)
염화마그네슘 ($MgCl_2 \cdot 6H_2O$)	75~80℃	수용성	응고시간이 빠르고 압착시 물이 잘 빠진다. 맛이 좋다.	두부가 거칠다. 수율이 낮다.
글루코노델타락톤	85~90℃	수용성	사용이 편리함, 응고력이 우수함. 수율이 높음	신맛이 있음. 조직이 대단히 연함.

예로부터 전통적으로 쓰여진 응고제로는 천일염에서 흘러나오는 간수가 있었으나 이물질 등의 혼입으로 인한 위생상의 문제점이 제기되어 지금은 거의 사용치 않고, 대신 위에 설명한 4종류의 화학물질 응고제가 주로 쓰여지고 있다.

두유에 황산칼슘을 가해서 응고시키면 Ca 이온은 다음의 [표 8.17]과 같은 상태로 존재한다.

[표 8.17] 칼슘이온의 존재 상태

첨가량	두유 1g + Ca 0.01g	결합상태(17%)	① 3/4 고분자단백질 결합 ② 1/4 저분자단백질 결합
		유리상태(83%)	두부의 수분에 존재

두부를 가열하면 두부 중의 결합되지 않은 Ca++ 이온이 두부의 단백질과 결합하여 두부는 구멍이 생기며 단단하여 맛이 감소한다.

여기에 식염이 존재하면 그 Na^+ 이온이 Ca^{2+} 이온의 결합을 방해하여 두부는 굳어지지 않는다. 두부를 장시간 가열했을 때 분리되는 것은 Ca 이온과 단백질의 결합 때문으로 이것을 방지하기 위해서는 1%의 식염수를 사용한다. 또 0.2%의 중조수나 약 1%의 전분을 가해도 분리를 억제할 수 있다.

(3) 두부의 제조공정

대두의 선별과 침지, 두유의 제조, 수용성 단백질의 응고, 형틀에 의한 성형 및 압착, 그리고 냉각 및 수침 과정으로 만들어진다.

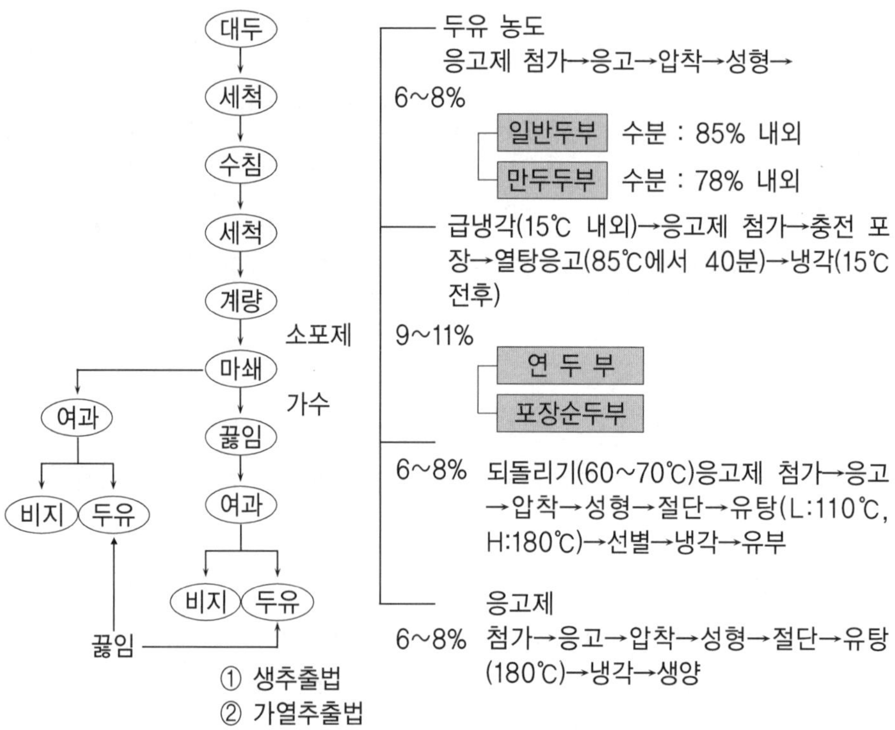

[그림 8.14] 두부류의 제조 공정도

(4) 두부의 종류

동결두부는 두부를 동결 건조한 것이다. 동결 중에 단백질은 변성하므로 흡수 팽윤해도 원래의 두부로는 복원되지 않는다. 원상 복귀시키는 데에 끓는물을 사용하면 부서지기 쉬우므로 80℃ 정도의 열탕에서 복귀시키는 것이 좋다. 두부는 조미해도 맛이 침투하기 어려우므로 양념을 얹는 방법이 이용되는데 동결두부는 스펀지상으로 되어 있어 국물을 많이 함유하기 때문에 다량의 국물에 엷은 맛을 주어 천천히 조리한다.

탕두부를 만드는 데는 물과 함께 90℃ 전후에서 단시간 가열하고 멈춘다. 80℃ 이상이 되면 급격히 경도를 증가시키기 때문이다. 90℃ 이상에서 30분간 가열하면 구멍이 생기기 시작하고 100℃에서는 더욱 단단해진다.

[표 8.18] 두부류의 종류 및 특징

분 류	종 류	특 징
두부류	일반두부	대두고형분이 6~8%인 두유를 응고시켜 수분이 85% 내외인 것
	연 두 부	대두고형분이 11% 내외인 두유를 가열냉각 후 가열응고시킨 것
	순 두 부	대두고형분이 7% 내외인 두유를 가열냉각 후 가열응고시킨 것
	경 두 부	일반두부를 압착시에 수분이 78% 이하로 압착한 것
	압착연두부	연두부 조직과 같이 한 압착두부
가공두부류	유 부	3~5%의 두유를 단시간 가열하여 응고시킨 후 2단계에 걸쳐 튀김
	생 양	두부의 표피만 튀긴 것(유탕 처리)
	군 두 부	프라이팬에 표피를 튀긴 것
	냉동건조 두 부	두부를 급속 동결하여 건조시킨 것
	달걀연두부	달걀을 생란으로 10% 이상 첨가하여 응고시킨 것
가공두부류	분말두부	두유를 분무건조 후 응고제를 첨가한 것으로 물을 붓고 가열시 두부가 되는 것
	두부국수	두유에 겔화 물질을 첨가하여 가열시 응고시킨 것
	강화두부	비타민, 미네랄 등을 두유에 첨가한 것
	어육두부	어육(수리미)의 열응고성을 이용하여 두부와 혼합 응고시킴
	발효두부	두유를 발효시켜 응고함으로써 얻은 것
	수 프	두부를 발효시켜 보존성을 늘린 것
	간 모	두부를 으깨어 다른 첨가물을 넣고 유탕처리한 것

가공두부류	우유두부	우유를 산처리 혹은 응고제로 응고시켜 압착한 것
	혼합두부	두유에 야채, 해조류 등을 넣어 가열, 응고시킨 것
	분리대두단백 두 부	분리대두 단백을 이용하여 단백질 함량을 조정한 두부
	조미두부	두부를 조미하여 인스턴트화한 것

2) 두유

두유는 콩을 물에 침지해서 팽윤시켜 마쇄 후 두유를 가열하여 고형분의 비지를 분리한 것이다.

단백질과 지방이 물 중에 분산하여 우유와 비슷한 성분 조성을 갖으며 우유보다 칼슘이나 비타민 A가 적고 콩 냄새가 나지만 최근 식물성 단백질 음료로 많이 이용되고 있다. [표 8.19]에 두유와 우유의 성분을 나타냈다.

[표 8.19] 우유와 두유의 성분

	에너지 (Kcal)	수분 (g)	단백질 (g)	지질 (g)	당질 (g)	회분 (g)	칼슘 (mg)	인 (mg)	비타민 A (I.U.)
두유	46	90.8	3.6	2.0	2.9	0.5	15	49	0
우유	59	88.7	2.9	3.2	4.5	0.7	100	90	110

3) 장류 제품

콩을 이용한 장류 제품은 아래 표와 같이 된장, 간장, 고추장, 청국장 등이 있다. 이들 장류 제품을 만들기 위해서는 먼저 메주를 만들어야 하는데 여기에는 재래식 메주와 개량식 메주 두 가지로 만들어진다.

[표 8.20] 장류 제품 제조시 원료 사용

된 장	간 장	고추장	청국장
콩 쌀 보리 소금	콩 밀가루 소금	쌀 메주가루(재래식) 밀가루 보리 고춧가루 소금	콩 소금 향신료

[표 8.21] 재래식 메주와 개량식 메주 비교

원 료	재래식 메주	개량식 메주
	콩	콩과 전분질
제 법	삶은 콩으로 메주 덩어리를 만들어 볏집으로 매어 놓으면 건조되어 공기중 곰팡이가 번식된 후 온돌방에 발효된다.	삶은 콩에 코지를 인공 접종시켜 일정 온도에서 발효시켜 만든다.
장 · 단점	공기중 잡균이 접종되어 효소력이 약해 품질 저하	순수한 코지를 접종시켜 품질이 우수하고 제조기간이 단축

(1) 된장(soybean-paste)

우리나라에 있어서 된장은 간장, 고추장과 더불어 장류의 일종으로써 중요한 발효식품이다. 된장은 가정에서 메주로 간장을 담근 뒤에 간장박을 이용하는 재래식 된장이 지금까지도 전수 되고 있으나 풍미가 적고, 영양분이 적어 근래에 와서는 된장용의 쌀 코지 또는 보리 코지를 이용한 개량식 된장이 공장규모로 제조되어 품질이 향상되었다. 된장을 원료에 따라 쌀된장, 보리된장 및 콩된장으로 분류된다. 된장의 일반 성분은 아래 표와 같다.

[표 8.22] 재래식 된장과 개량식 된장 제법

종류	제법
재래식 된장	메주에 간장을 담근 뒤 남는 찌꺼기에 소금을 첨가하여 만듬
개량식 되장	대두, 쌀, 보리, 밀 또는 탈지대두 등을 주원료로 하여 식염 종국을 섞어 제국하고 발효 숙성 시킨 것

[표 8.23] 된장의 일반 성분

성 분	재래된장	개량된장
수 분(%)	51.5	50.0
단백질(%)	12.0	14.0
지방질(%)	4.1	3.0
당 질(%)	10.7	14.3
섬 유(%)	3.8	1.9
회 분(%)	17.9	14.8
열량(Kcal/100g)	138	156

1 개량식 된장 제조법

된장 코지
증자 콩
소 금 물 → 담금 → 숙성 → 뒤섞기 → 된장

① 원료 : 된장 코지, 콩, 소금의 배합 비율은 된장의 맛과 숙성 기간 및 저장성에 큰 영향을 준다. 개량식 된장의 원료 배합 비율과 숙성 기간은 아래 표와 같다.

쌀, 보리쌀 등 녹말성분이 많으면 된장의 숙성이 빠르고 된장의 단맛은 강하나 색이 연하고 구수한 맛이 적다. 콩의 배합량이 많으면 구수한 맛이 강하고 된장의 색이 적갈색 내지 흑갈색으로 진하나 숙성이 늦고 단맛과 향기가 적다. 소금의 양이 많으면 저장성은 향상되나 짠맛이 강하고 숙성이 늦어진다. 그러므로 원료의 배합은 목적하는 제품에 따라서 적절하게 배합하여야 한다.

2 된장 숙성 중의 변화

쌀 코지와 보리 코지의 주성분인 전분이 코지균의 amylase에 의해 dextrin 및 당으로 분해되고 이 당은 다시 알코올 발효에 의하여 알코올이 생성되며 또 일부는 세균에 의하여 유기산을 생성하게 된다. 또한 이들 분해된 화합물은 화학적으로 반응으로 결합하여 에스테르를 생성하며 에스테르, 알코올들은 된장

의 독특한 향기를 형성한다. 또 콩, 쌀, 보리에 있는 단백질은 코지균의 단백질 분해효소에 의하여 polypeptide 및 아미노산까지 분해되어 구수한 맛을 준다.

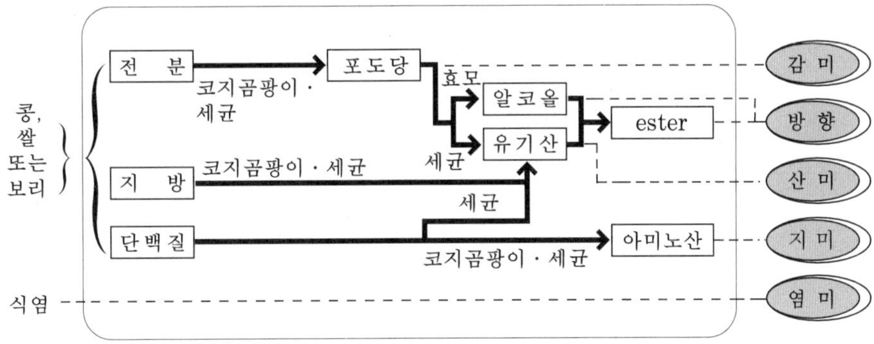

[그림 8.15] 된장의 숙성 중에 맛 성분의 생성

(2) 간장

간장에는 재래식 간장(메주간장), 개량식 간장(코지간장) 산분해 간장(화학간장)으로 분류하며 또는 양조간장, 산분해 간장(아미노산 간장), 혼합간장으로 분류한다.

1 개량식 간장

메주를 만드는 과정에 있어서 순수 분리한 누룩곰팡이(Aspergillus sojae)를 접종, 배양하여 단백질과 전분질을 분해하는 효소를 많이 생성하는 동시에 제조 시기에 제한이 없는 것이 특징이다. 간장의 일반 성분은 다음의 [표 8.24]와 같다.

[표 8.24] 간장의 일반 성분

항 목	재래간장	개량간장	산분해 간장
비 중	1.202	1.184	1.185
염 분(%)	26.3	18.1	16.4
총 질소(%)	0.58	1.51	1.80

아미노태질소(%)	0.54	0.91	0.87
총 당질(%)	1.23	4.40	3.50
환원당(%)	0.82	2.69	2.25

① **원료** : 개량식 간장은 아래 [표 8.25]와 같이 원료 배합비에 따라 간장의 품질과 간장의 덧의 숙성 속도에 영향을 준다. 원료는 콩을 밀보다 많이 사용하면 구수한 맛의 풍미는 높으나 향기는 낮고 밀이 많으면 단맛과 향기는 높으나 구수한 맛이 감소된다. 소금의 농도가 높으면 간장 발효가 억제되고 질소 성분의 용해도가 낮아진다. 반대로 높으면 성분의 용해도나 발효 속도는 향상되나 신맛이 높아진다. 일반적으로 소금은 19~20%로 한다.

[표 8.25] 간장의 담금 비율(용량)

원 료	진간장	보통 간장
메주	1말	1말
소금	1말	1.7~2말
물	1말	7말

② **간장의 제조 공정**

간장 코지, 소 금 물 → 담금 → 발효 → 숙성 → (간장박) 여과 및 분리 → 배합 →

가열살균 → 냉각 → 여과 → 포장 → **개량식 간장**

③ **제품** : 간장은 장기간 저장하면 표면에 백색의 피막이 생겨 간장의 맛과 냄새를 변질시키는 경우가 있다. 이것은 강한 호기성 미생물인 산막효모 때문이다. 이런 피막이 생기는 원인은

- 간장의 농도가 낮을 때
- 숙성이 불충한 경우
- 당분이 많은 경우

- 소금 함량이 적을 때
- 간장의 살균 온도가 낮을 때

나타낸다. 따라서 간장을 가열 살균하는 목적은 다음과 같다.

- 제품에 포함된 세균류의 살균
- 열에 의한 침전 분해되지 않고 녹아 있는 단백질 응고로 간장을 맑게 한다.
- 재래식 간장의 경우 나쁜 냄새 제거로 색깔과 풍미를 조화시킬 수 있다.

2 산분해간장

산분해간장 또는 화학간장이라 하며 우리나라 식품위생법에서는 산분해간장이라 한다.

① 원료

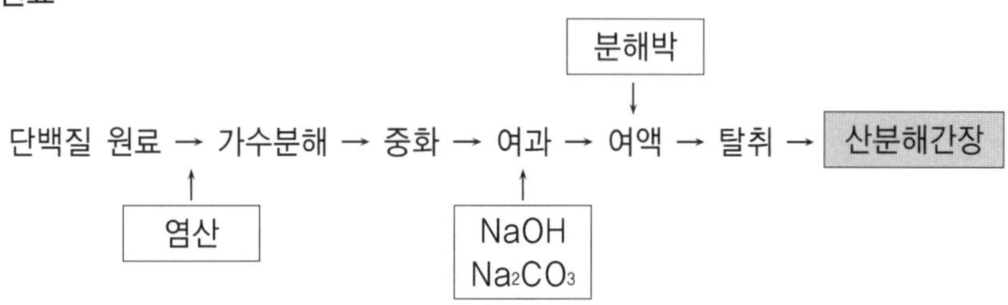

② 제품

산분해 간장은 투명하며 비교적 붉은 빛깔이 많고 상쾌한 아미노산 냄새와 구수한 맛이 나고 탄냄새와 비린냄새는 나지 않는 것이 좋다. 양조간장과 산분해간장의 비교는 아래 [표 8.26]과 같다.

[표 8.26] 질소 함량이 같은 양조 및 산분해간장 비교

항 목	아미노산	펩티드	구수한맛	알 콜	유기산	이취	장 점
양조간장	적음	많음	약함	많음	많음	적음	향이 좋다.
산분해 간장	많음	적음	강함	적음	적음	많음	구수한 맛 강함

③ 혼합간장

산분해 간장과 양조간장의 장, 단맛을 보완하여 만든 것으로 양조간장과 혼합 비율은 5:5 또는 6:4로 한다.

양조간장 / 산분해 간장 → 혼합 → 숙성 → 여과 → 살균 → 여과 → 혼합간장

(3) 고추장

고추장은 간장, 된장과 함께 중요한 한국 전통 조미료로써 된장 맛이 가미된 매운맛, 단맛, 구수한 맛, 짠맛이 조화된 것으로 재래식고추장(메주고추장), 개량식고추장(코지고추장)이 있다. 고추장도 전분의 원료에 따라 쌀고추장, 보리고추장, 밀가루고추장 및 그 외의 고추장으로 나눌 수 있다. 쌀고추장은 다시 찹쌀고추장 및 멥쌀고추장으로 나누며 그 외의 고추장은 고구마고추장과 옥수수고추장이 있다.

(4) 청국장

콩을 씻어 물에 담근 다음 만지면 쉽게 부서질 정도로 연하게 찌거나 삶는다. 이것을 60℃로 냉각하고 공기 유통이 좋은 대바구니 같은 그릇에 볏짚과 함께 넣은 다음 40~45℃로 2~3일간 보온하면 볏짚에 묻어 있던 납두균(bacillus natto) 세균이 번식하여 콩 표면에 실 모양을 한 끈끈한 점질물이 생기며 단백질 및 기타 성분이 분해된다. 여기에 10%에 해당하는 소금과 적당량의 고춧가루, 마늘 등의 양념을 넣고 마쇄한다.

쉬어가는 페이지

1. 된장과 청국장(된장에 풋고추 박히듯...)

된장의 특성은 콩에 든 단백질이 미생물에 의해 분해되면서 생기는 것이다. 우리 나라의 된장보다 더욱 끈끈한 점액성 발효식품으로는 청국장과 비슷한 일본의 낫토(納豆)가 있다.

된장과 청국장의 가장 큰 차이는 된장 · 곰팡이 · 효모 · 세균 등 세 가지 미생물을 이용해 만들지만 청국장은 먼저 곰팡이의 작용으로 단백질과 전분질을 분해하여 저분자 물질로 만든 다음 효모와 세균의 작용으로 여러 가지 향미성분을 만들어내는 두 단계의 발효과정을 거친다. 이에 반해 청국장이나 낫토는 물에 담근 콩을 삶은 후 볏짚에 싸서 따뜻한 곳에 하루 이틀 놓아둔다. 볏짚의 역할은 '바실러스 낫토'라는 발효세균을 공급하고 발효 중에 생긴 암모니아 냄새를 흡수하는 것이다.

발효가 진행되면 콩 표면에 끈적끈적한 점액질이 생기는데 낫토는 이것이 긴 실처럼 늘어나는 것이 품질이 좋다.

된장의 영양성분은 간장을 뜨고 남은 것으로 된장을 담그는 재래식과 처음부터 된 메주로 담근 개량식에 따라 차이가 있지만 대체로 100g에 단백질이 12g 정도 들어 있다.

봄 입맛을 돋워주는 음식 중 하나가 된장에 푹푹 찍어먹는 풋고추. '된장에 풋고추 박히듯' 이란 속담은 어느 한 자리에 눌러 붙어 움직이지 않는 형태를 표현하는 말이다.

된장에는 '풋고추'만 박히는 게 아니라 비린내도 박힌다. 비린내를 없애는 효과는 된장의 주성분인 단백질이 여러 냄새를 흡착하는 성질을 갖고 있기 때문이다. 고등어, 게 등 비린내 나는 생선요리에 된장을 자주 썼던 조상들의 지혜가 돋보인다.

2. 간장 제대로 사용하는 법

◇ 좋은 간장 고르기

간장 라벨에 있는 총 질소함량(TN)수치를 확인해 보면 된다. TN 수치는 간장의 원료인 콩에서 나오는 단백질 중 아미노산이 차지하는 비율이다. 이 수치가 높을 수록 영양가가 높고 감칠맛이 있다.

◇ 오랫동안 맛있게 보관하려면

간장은 발효제품이기 때문에 뚜껑을 열고 사용할 때 발효가 일어난다. 오래된 간장이 가끔 물컹물컹하게 되는데 과다 발효됐기 때문이다. 냉장고에 넣어두고 온도를 낮추면 발효속도가 늦어진다. 용량이 적은 간장을 사면 보관도 쉽고 빨리 먹을수 있어 과다 발효를 줄일 수 있다.

〈요리에 맞는 간장 선별법〉

요리종류	간장 선별법
조림 · 볶음 요리	단맛이 있는 간장이 어울린다. 버섯등의 성분을 추가한 간장이 이 용도로 나온것, 그렇지만 보통 양조간장에 설탕이나 물엿을 넣어도 된다.
간장게장 · 장조림	간장이 많이 필요하기 때문에 흔히 싼 혼합간장을 많이 사용한다. 장조림 전용으로 한우 고기 농축액을 넣은 제품도 나왔다.
국 · 찌개	짠맛이 강해야 한다. 염도 표시가 24%인게 좋다. 조선간장도 좋다.

국시장국	간장에 가다랑어 등을 넣어 삭힌 액체 조미료다. 국수뿐만 아니라 샤브샤브 · 어묵용으로 써도 괜찮다.
무침	염도 표시가 15~16%보다 낮은 저염간장이 좋다. 간장샐러드에도 적당하다.
소스	소스용 간장은 연하면서 레몬과즙과 같은 감미료를 넣어 새콤달콤한 맛을 낸다.
불고기 간장	간장에 육수를 넣어 덜 짠 반면 더 단맛이 난다.
회전용 간장	향이 진하면서 덜 짠 편이다. 색깔이 연해 음식 맛을 돋운다.

3. 집에서 직접 간장 담그는 법

◇ 재료

메주 띄운 것 3~4덩이, 소금 1.6말, 물 4말, 대추 5~10개, 붉은 고추 7~10개, 숯 3~4덩이

◇ 담그는 법

① 메주를 준비한다. 늦가을(음력 10월)에 쑤어 겨우내 띄운 것이 좋다. 메주를 솔로 깨끗이 턴 뒤 물에 하나씩 넣어 씻는다.

② 수쿠리에 소금을 받쳐두고 몇 번 물을 부어 간수(소금물)를 뺀다. 고춘체로 다시 걸어두면 좋다.

③ 볕을 많이 쬐도록 입이 넓은 항아리를 준비해 펄펄 끓는 물을 부어 깨끗이 소독하여 씻어낸다.

④ 씻은 메주를 항아리에 차곡차곡 쌓은 뒤 간수를 붓는다. 보통 메주 하나에 소금물 둘 정도의 분량으로 비율을 맞춘다.

⑤ 소금물에 메주가 둥둥 뜨면 그 위에 숯, 고추, 대추를 넣고 뚜껑을 닫는다.

⑥ 60일 정도 지나면 메주와 소금물이 서로 섞여 초콜릿 빛깔의 액이 장독 안에 가득하게 된다. 여기에 대나무로 모자처럼 만든 '용수'를 거꾸로 박는다. 그러면 아직 분해되지 않은 메주 덩어리는 밖으로 밀리고 용수 안에는 액체만 고인다. 용수가 없다면 체를 사용해도 괜찮다.

⑦ 용수로 떠낸 액을 솥에 넣고 끓이면 조선간장이 완성된다. 남은 메주를 꺼내 다른 옹기에 담고 소금을 위에 뿌리면 된장이 된다.

4. 조선간장, 왜간장, 양조간장, 진간장, 혼합간장 등 간장 종류가 많은데 각각 무엇이 다른가?

간장의 종류가 다양한 이유는 우리 근현대사에서 비롯되지만 우리 장의 역사는 멀리 삼국시대로 거슬러 올라간다. 그러다 일제시대에 이르며 값싸고 손쉽게 간장을 살 수 있게 되었는데 당시 일본 사람들은 간장공장을 만들고 콩 단백질을 분해해 만든 아미노산 액에다 간장 원액을 섞어 만드는 방법으로 간장을 대량 생산하기 시작했다. 이를 일본 사람이 만들었다고 해서 '왜간장'이라 불렀다. 반면 전통간장은 '조선간장'이라고 구별지었다. 왜간장은 '진간장'이라고도 하지만 원액과 아미노산 액을 섞었다고 해서 공식 명칭은 '혼합간장'이다. 결국 왜간장 · 진간장 · 혼합간장은 같은 말이다.

얼마전부터 공장에서도 순수 원액으로만 간장을 만들고 있는데 이런 간장을 '양조간장'이라고한다. 양조간장은 집에서 조선간장을 만드는 것처럼 메주를 곰팡이로 띄운 뒤 소금물에 담가 자연 숙성시킨다. 차이점은 양조간장의 메주는 콩과 밀로 만드는데 비해 조선간장은 콩으로만 만든 메주로 띄운다. 조선간장은 맛이 구수하고 양조간장은 깔끔한 맛이다. 용도로 보면 조선간장은 국이나 찌개를 끓일 때 넣고 양조간장은 조림, 무침 등 일반적인 요리를 만들거나 생선회를 찍어 먹는데 사용된다. 혼합간장은 장조림이나 간장게장과 같이 간장 양이 많이 필요하고 단맛이 나는 요리에 넣는 게 좋다.

〈자료 :샘표식품〉

5. 간장의 선택

시판 간장은 제조 공정에 따라 단백질을 화학적으로 분해하여 만드는 산분해 간장, 곰팡이를 이용해 콩과 밀가루를 숙성시킨 양조간장, 두 가지 간장을 혼합한 혼합간장으로 나눈다.

간장 선택 기준은 제조 공정, 질소화합물 함량, 식염 농도, 보존제 함유 등 4가지를 고려한다.

산분해간장은 단백질을 감칠맛 성분인 글루타민산으로써 더 분해할 때 염산을 사용한 것으로 양조간장에 비해 맛있게 느껴지지만 MCPD와 DCP, 레블린산 같은 유해물질이 생성된다. 질소 화합물의 양은 우리나라에선 1.0%가 표준, 1.2%가 고급, 1.5%가 특급 기준이다.

직접 메주를 사용해 만드는 재래식간장에 비해 양조간장이 표면적인 질소화합물 양은 많은데 이는 특별균을 사용하다 보니 맛에 영향을 미치는 아미노산이 더 많이 생성되기 때문이다. 하지만 생체기능 조절면에서 탁월한 효과가 있는 펩타이드 등은 재래식간장에 더 많이 함유돼 있다.

식염 농도는 적은 것이 좋다. 18%가 보통인데 여기서 1~2%를 낮추기에도 고도의 기술적 공정을 요구한다. 특히 회를 찍어 먹는 등 직접 혀에 닿을 때는 염도가 낮아야 제맛을 더 느낄 수 있다.

보존제로 안식향산나트륨이란 물질이 법적으로 허용돼 있긴 하지만 아무래도 화학물질이기 때문에 첨가돼 있지 않은 것이 좋다.

청장, 국간장이라 부르는 것을 재래식간장으로 직접 집에서 메주를 발효시켜 만든 것이다. 일반 양조간장이나 혼합간장에 비해 청장은 돌연변이 억제 효과가 더 높다.

재래식간장은 조리 효과가 있으면서도 시판 국간장에 비해 비교적 단맛이 적고, 식염 농도는 28% 정도로 높은 편이며 깔끔하고 개운한 맛을 내는 국이나 탕, 찌개에 함께 넣는다.

전통 된장의 피 응고 막는 물질

된장은 혈전을 분해하는 능력이 일본 낫토나 청국장보다 높은 것으로 나타났다.

6. 된장 속 미생물의 혈전 용해능력 비교

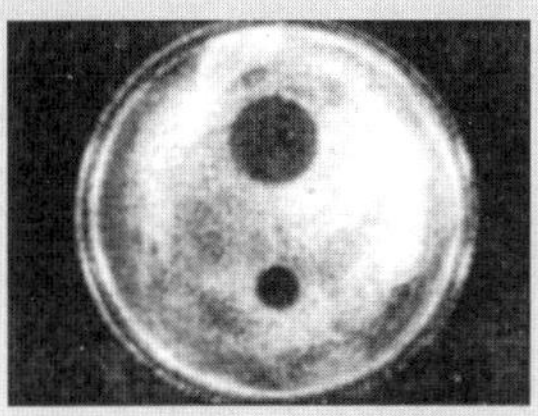

혈전을 바른 배지 위에 된장 속 혈전분해 단백질(위쪽 원)과 플라스민(아래쪽 원)을 발랐을 때의 결과. 된장속 단백질이 넓이로 5배 정도 더 많은 혈전을 용해시켰다.

우리나라 재래식된장에서 피의 응고를 막아주는 미생물이 발견됐다. 된장을 많이 먹으면 피가 맑아져서 혈액순환에 도움을 주며 된장은 암을 억제하는 항암효과도 높은 것으로 알려져 있다.

전통 된장으로부터 피속의 혈전(血栓:피가 응고해 생긴 고형물)을 용해시키는 미생물로써 바실러스균류에 속하는 이 미생물은 특수한 단백질을 분비, 그물망처럼 엉킨 혈전 덩어리들을 잘게 분해시키는 것으로 실험결과 확인됐다.

혈관 내에 혈전이 과다하게 형성되면 핏속에 영양소와 산소의 운반을 방해, 뇌 속에서 뇌혈전증, 뇌출혈 등의 치명적인 질병을 일으킨다.

'일본의 경우 낫토(청국장과 비슷한 일본식 발효식품)에서 추출된 낫토 키나제란 물질이 용혈(溶血)기능이 있다고 보고가 있었다'며 전통 된장의 용혈 기능은 일산 낫토보다 3~4배, 혈전분해 단백질인 플라민보다 4~5배 정도 효능이 높은 것으로 나타났다. 혈전용해 단백질은 열을 가하면 파괴되는 성질이 있어, 고열에서도 견딜 수 있도록 추가 연구가 필요하며 된장국보다는 쌈장이 인체에는 더 좋다.

| 8-2-4. 기타 대두류의 종류와 특징 |

두류에는 단백질과 지방이 많고 당질이 적은 콩이 있고 팥, 녹두, 완두, 강남콩같이 당질과 단백질이 많고 지질은 적은 것이 있다.

[표 8.27] 기타 대두류의 종류와 특징

종류	특성	용도
팥	종피가 적갈색이며 전분이 많고 단백질이 20% 정도이며 lysine tryptophane이 많다. 지질은 2%, 비타민 B_1,B_2가 많고 칼륨, 인이 많다. 팥죽의 붉은색은 귀신을 물리친다는 주술적 신앙을 믿고 있다.	팥고물, 팥밥, 팥죽(동지),과자
녹두 (green gram)	광택이 없는 녹색으로 주성분은 전분이며 단백질이 25% 정도 함유하고 있다. 칼륨과 인이 많고 B_1, B_2도 많다.	청포, 숙주나물, 떡고물, 녹두죽, 빈대떡
완두(pea)	푸른완두와 흰완두가 있다. 그린피스라는 미숙한 종실은 밥, 통조림, 스프로 이용. 주성분은 전분(54%)이며 단백질 22% 정도 들어있고 지질은 적다.	통조림, 제과 미숙상태 채소로
땅콩 (peanut)	낙화생으로 불리며 지질이 45~50%, 단백질이 20~30%로 arachin과 conarachin이 대부분이다.	땅콩버터, 안주, 식용유, 비누, 마가린 제조
강낭콩	신장 모양으로 신장콩이라고 하며 성분이 거의 팥과 같으며 종자 중에 청산배당체를 함유하여 식용전 가열처리가 필요. 당질이 54%, 단백질의 19.9%가 주성분인 globulin이다.	밥, 고물, 과자

| 8-3 채소류 |

채소류(vegetables)는 식용으로 이용하는 부위에 따라 나누며 일반적으로 수분이 많고 고형분이 적기 때문에 열량원으로 가치는 적으나 비타민, 무기염류 공급원으로 중요하다.

8-3-1. 채소류의 특징

① 채소류는 수분이 많고 고형물이 적어 칼로리가 매우 적다.
② 채소류는 알칼리성 무기염류가 풍부한 식품으로 육류나 곡류 식품의 산성을 중하시키는 데 중요한 역할을 한다.
③ 대부분 비타민 A, B_1, B_2, C, niacin이 풍부하며 특히 비타민 A와 C가 많다.

[표 8.28] 채소류의 분류

분 류	정 의	식 품
엽채류	지상부의 잎, 줄기, 새잎을 식용	생식용(양상치, 셀러리) 삶아서 식용(배추, 시금치) 절임용(배추류) 향신용(파슬리, 자소, 미나리)
근채류	지하의 영양분을 저장한 뿌리 부분을 식용	무(amylase 효소가 많음) 당근(carotene 많음) 고추냉이(향신료 사용) 고구마 · 감자 · 토란 · 마 · 우엉 · 연근(전분질 이용)
엽경류	지하경의 싹을 이용	죽순, 아스파라가스
인경채류	엽부분 · 인경부를 식용	파 · 양파 · 마늘(자극취를 가짐) 부추 · 염교
과채류	1~2생년 초본의 열매를 식용	가지 · 토마토 · 오이 · 수박 · 피망 · 호박 · 딸기
화채류	1~2년생 초본의 꽃봉우리, 꽃잎, 꽃받침 등을 식용	꽃배추 · 브로콜리

[표 8.29] 야채의 비타민 A 효력

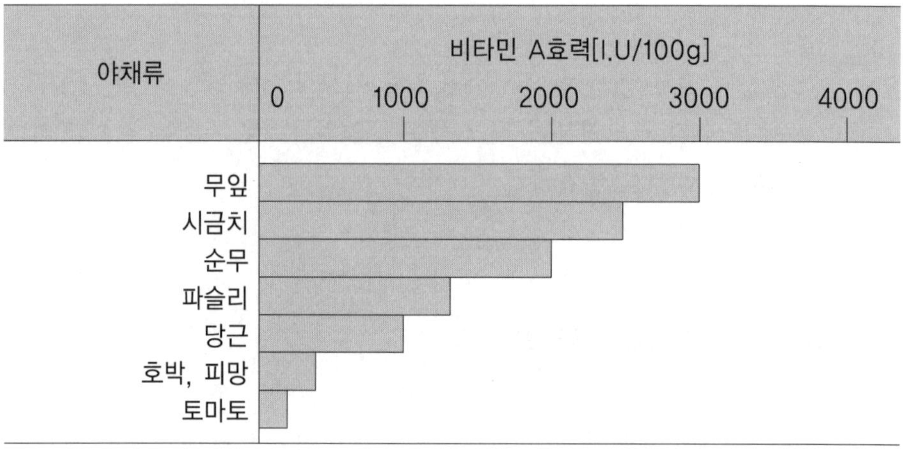

[표 8.30] 야채의 비타민 C 효력

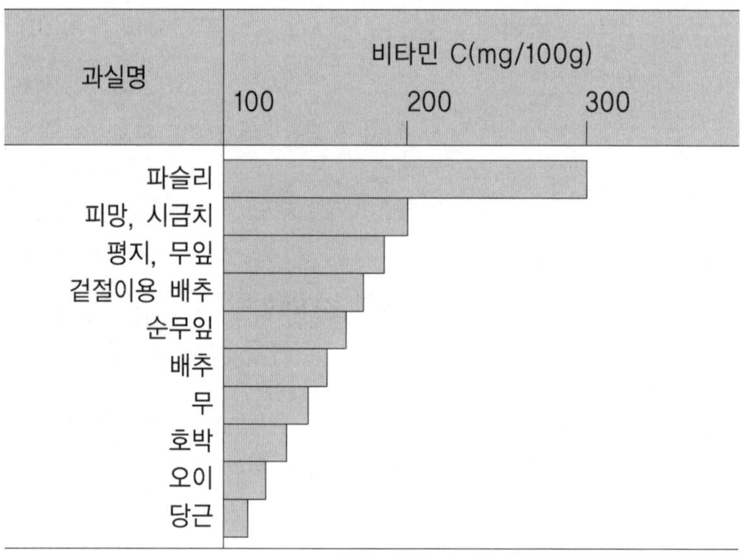

④ 육질은 신선한 즙이 많고 특유한 향미가 있어 식욕을 증진시킨다.

⑤ 연한 섬유소나 유기산은 장을 적당히 자극해서 정장작용을 한다.

⑥ 여러 가지 아름다운 색소를 갖고 있어 식욕을 증진시킨다.

8-3-2. 채소의 성분

채소류에 함유된 당질 성분을 보면 경엽채류에는 섬유소, 과채류에 pectin · hemicelluose, 감자 등의 근채류에는 전분이 많으며, 다량의 당분에 포함되어 단맛을 내는 것도 있다.

단백질과 질소화합물은 엽채류에는 1~4%의 단백질, 근채류와 경채류에는 aspartic acid · glutamic acid와 유리아미노산이 함유되어 감칠맛을 낸다.

채소류에는 지방이 적고 비타민 C가 많은데 특히 황색 채소류에는 carotene, 녹엽 채소류에는 비타민 A · C 등이 많다. 무기질 성분 중에는 칼륨이 많은데 과채류에는 칼슘과 인, 근채류에는 마그네슘이 많다.

8-3-3. 특수 성분

채소류에는 chlorophyll(녹색), carotenoid(황색), xanthophyll(황색), flavonoid(백색), anthocyan류(적색) 등의 색소가 있다.

채소류의 풋내 성분은 β, γ-hexenol, 향기 성분은 파슬리에는 apiol, 셀러리에는 sedanolide, 오이에는 오이알코올 등이 있다.

자극 성분은 고추냉이, 겨자의 매운맛(sinigrin→mustard oil), 무(methyl mercaptane), 마늘(allicin), 고추(capsaicine), 생강(zingerone, zingerol, shogaol)에 많이 함유되어 있다. 또 채소류는 polyphenol oxidase 등의 효소로 산화 변색되고 ascorbic acid oxidase의 작용으로 비타민을 파괴시킨다.

다음 [그림 8.16]은 야채의 가식 부분을 나타낸 것이다.

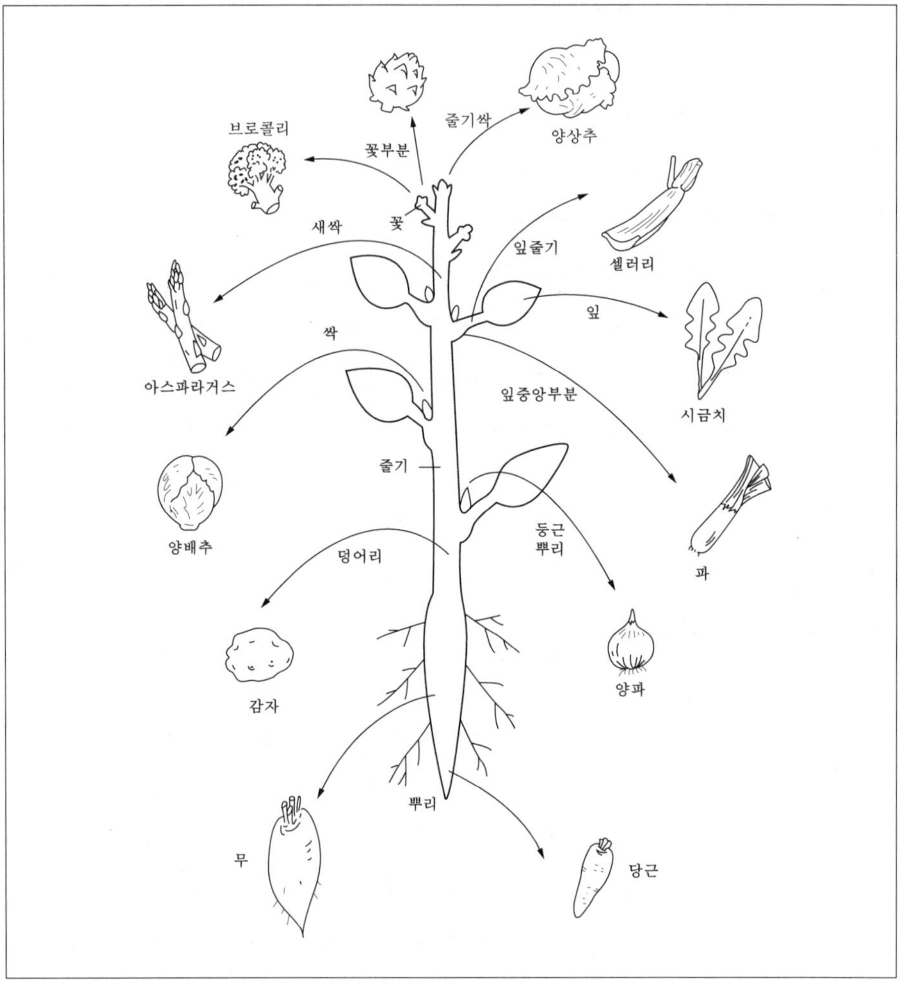

[그림 8.16] 야채의 가식부

8-3-4. 채소의 분류

채소의 분류는 식용부위 색상 · 온도 적응성 등에 따라 분류되며 채소의 특성이 다르므로 조리이용도 다르다. 각 채소류의 특징은 다음 표와 같다.

[표 8.31] 경엽채소류의 종류와 특징

종류	특징	용도
배추	결구배추와 반결구배추가 있으며 비타민C, K, Na이 많다. 섬유소가 많아 정장작용. 삶으면 불쾌한 냄새. 황화합물→가열→황화수소가스 형성	김치
양배추	단백질(1.6%)은 lysine, 염기성 아미노산을 다량함유하고 비타민 C와 Fe, Ca이 많다. 황화합물을 함유하여 독특한 향미 가짐	사우어클라우트 샐러드 위궤양 치료
시금치	비타민 A의 전구체인 carotene이 많고 비타민 C도 많다. lysine tryptophane이 풍부하고 Ca와 Fe이 많다. 수산이 많아 Ca 이용율 떨어짐	나물무침, 국, 통조림, 빈혈예방
상추	잎상추와 구형의 양상추가 있다. Ca, Fe, 비타민 A,C가 많으며 자르면 흰 유액이 나오며 쓴 맛을 내는 lactucin과 lectucopicrin이 있어 최면작용을 한다.	생식, 쌈, 불면증,신경과민, 빈혈에 좋음
쑥갓	노란꽃이 되며 향기가 높고 풍미가 좋음. 비타민 A와 C가 많다.	생식, 나물, 생선국, 생선찌게
셀러리	방향성분인 sedanolide, sedanol이 들어있고 비타민 C, B군이 많다.	줄기 생식, 스프, 소스
파슬리	방향성분 apiol과 pinene이 있고 β-carotene(A), Vit C(150mg%), Ca, Fe이 많다. 신장활동촉진.	생식, 스프, 소스 샐러드, 튀김
아스파라거스	서양의 땅두릅, 녹색과 백색(통조림용)이 있고, 아미노산인 asparagine이 많고 비타민 C가 많다.	asparagine (대사 촉진, 단백질합성 촉진), rutin(고혈압치료)
죽순	떫은맛(homogentisinic)을 제거 후 사용. tyrosine, betaine 등이 녹아 백색결정 형성, 수산이 떫은맛	수산제거(쌀겨나 쌀뜨물로 제거) 통조림, 나물
아욱	단백질 3.6%, Ca, K, 비타민 C, B 많음. 연한 줄기와 잎 식용, 주물러 치대어 씻어 미끈거리는 것과 풋내 제거, 쌀뜨물로 국(새우, 된장 넣음)	국
갓	단백질, 무기질, 비타민 A, C 풍부, 배당체인 sinigrin 함유, 효소로 분해되어 특유한 향기와 매운맛	김치 부재료, 쌈, 나물 종자는 백겨자로 사용

미나리	알칼리성 식품으로 Fe, 구리, 아연이 많아 빈혈에 좋음. 향기가 좋고 혈압 내림, 해독성분이 있어 복어요리에 필수, 비린내 제거	거머리는 놋수저를 넣은 물속에 함께 두면 빠져 나감
부추	냄새성분 (allyldisulfide), 기양초, 소화증진, 살균력. 솔, 정구지라 부르며 지혈제, 피멍치료, 신경안정제로 이용	부추죽,즙, 김치전, 만두속, 볶음, 오이소백이
파	자극성 냄새와 맛은 allicin으로 비타민 B_1 이용을 증대시키고 살균작용, 가열로 단맛이 나는 것 (propyl disulfide→propyl mercaptan)=설탕의 50배	한식의 양념, 파전, 냄새제거 해열, 발한작용, 지혈제, 살균작용

[표 8.32] 과채류의 특징과 용도

종류	특징	용도
무	비타민 A와 C가 많고 amylase 효소가 많아 생식하면 소화촉진. 무의 매운맛은 methylmercaptane과 allylisothiocyanate(mustard oil)이다. methylmercaptane(가열에 의한 무단맛)	육류 · 회+무=소화, 항균작용 단무지, 무말랭이 짱아찌(담성분용해, 이뇨작용, 항암효과)
순무	구형 또는 편구형으로 백색이나 홍색, 비타민 A와 C가 많음	김치
당근	β-carotenen(비타민A) 다량 함유, 흡수율 10%, 기름 튀김 30~50%, ascorbinase 다량 함유 무 + 당근 = 비타민 C 파괴 (식초로 억제)	당근주스, 김치 조리
우엉	섬유소 다량 함유, 탄수화물 18% , 섬유소 풍부, inulin 탄수화물 절반. 우엉 → 청색(알칼리성 원소 다량 함유) 가열 anthocyan계 색소 tannin의 다량 함유로 갈변 쉬움. 무기질, K, Ca 다량 함유	※ 갈변억제 • 식초에 담금 • 1% NaCl • 0.1% 아황산나트륨 탈색 • 쌀뜨물에 침지 (아린맛 제거)

양파	자극성 향미는 황화합물인 propylallyl-disulfide와 allyl sulfide 이다. 가열분해로 propylmercaptane이 되며 설탕의 50~60배 단 맛을 냄. 껍질에는 황산화제 작용과 혈액순환 촉진하는 quercetin 황색색소가 있다.(Vit P) 글루타티온(간장해독)	① 항산화제 ② 고혈압예방 ③ 육류냄새제거 ④ 스프,소스,조리 ⑤ 불면증 치료
마늘	알린(allin) (무취) —알린아제 / 가수분해→ 알리신(allicin) (매운맛) allicin + B_1= allthiamine (장내 세균에 의해 분해가 않되어 흡수율 향상)	• 항균효과 • 항암효과 • 콜레스테롤 저하 • 건위작용 • 향신료로 이용 (소스, 육가공품)
락교 (염교)	파 종류(다년생), 냄새가 없다.(파, 마늘 대신 먹음) 당질이 주성분	초간장(생강+락교)
연근	전분이 주성분(13.4%)으로 땅속줄기 식용, 폴리페놀 성분이 많다. 산화효소에 의한 갈변이 일어남	※갈변억제 식초에 침지 후 설탕, 소금에 조미하면 아삭아삭한 맛이 남
생강	전분이 40~60% 함유. 매운맛 성분은 zingerone, zingerol, shogaol이며, 향기성분은 citral, linalool이다	생강차, 편강,건위제 ①식욕증진 ②살균 ③진해거담 ④비린냄새 제거
호박	carotene과 xanthophyll이 비타민 A 효과 크다. 동지호박 비타민 A , C 공급 표피중 ascorbinase는 가열로 파괴	호박죽,호박엿
오이	오이의 특유한 향기는 cucumber alcohol이고 꼭지 쓴맛은 cucurbitacin, ascorbinase(산화효소) 존재로 비타민 파괴(식초나 간장으로 파괴 억제)	오이피클
가지	가지의 색소 anthocyan계 색소 (hayacin : 황갈색, nasnin : 자색) 가지절임(자색) —젖산균→ 산성(적변) ※ Fe과 명반첨가하면 청자색 고정	가지피클, 조림

고추	매운맛 성분은 capsaicine 빨간색 : capsanthin과 carotene 고추와 고춧잎에 비타민 A와 C가 다량 함유	신미료 살균작용 소화액 분비 촉진 산패 방지 비린냄새 제거
토마토	성숙도에 따라 lycopene(토마토의 붉은색)과 coro tene 증가. lycopene은 비타민 A 효력 없음 루틴 함유로 혈압저하 효과 유기산이 적어 자극성 적고 K가 많아 소금 찍어 먹음	전립선 항암 효과 쥬스, 케첩 원료
딸기	비타민 C(80mg%)가 많음 색소는 anthocyan계의 붉은색	피부미용(vit C) 멜라닌색소 생성억제
수박	수박의 적색색소는 lycopene(비타민 A 효력 없음) citrulline이 많아 이뇨효과가 크다. (신장병환자 이용)	이뇨작용 해열,해독,항암효과
참외	향기성분은 ethylsebacitate이고 꼭지 쓴 맛은 elaterin 이다. (토제로 이용)	서양계멜론, 동양계 참외

꽃 부분을 식용으로 하는 것으로 브로콜리와 컬리흘라워가 있다.

[표 8.33] 화채류의 특징과 용도

종류	특징	용도
브로콜리	녹색, 자주색의 꽃, vit C 다량함유	소스, 샐러드, 스프
컬리흘라워	꽃양배추, 흰색의 꽃, vit C, 무기질 K, Ca 다량함유	스프, 피클

*1. 마늘의 알린과 알리신

마늘의 매운맛이 나는 이유 : 마늘에는 탄수화물이 과당의 중합체로 들어 있으며 또 아미노산의 일종인 수용성 무취의 알린(Allin)이 들어있다. 생마늘을 그대로 씹거나 썰면 세포가 파괴되면서 알린아제(Allinase)의 작용으로 알린이 알리신이나 디알리디설파이드 등이 되어 강한 냄새를 내게 된다. 이 알리신은 살균, 항균작용, 항혈전작용, 콜레스테롤 감소, 과산화지질 생성억제, 흥분조절 등의 작용을 한다. 알리신 + B_1결합 : 알리신과 비타민B_1이 결합하면 알리디아민(Allithiamine) 즉, 활성비타민B_1이 만들어진다. 보통 비타민B_1보다 흡수가 잘되고 잘 분해되지 않아 활력증진, 피로회복의 기능을 한다. 알리디아민을 합성한 것이 약국에서 파는 아로나민(알리신)이다.

*2. 홍생강 절임

1차 염저임에 의하여 밑절임한 생강을 세척하여 절단기로 얇게 자른 생강을 적색의 조미액에 담가 제품으로 만든다. 이전에는 적색의 매실초를 이용했으나 지금은 산미료와 함께 조미한 인공매초(人工梅醋)를 이용하는데 색깔이 선명하고 색의 혼탁도 적다.

*3. 오이를 먹을때 무와 당근을 섞으면 좋지 않은것은?
오이와 무, 당근을 섞으면 오이의 아스콜빈아제 효소에 의해 비타민C가 파괴되기 때문이다.

*4. 토마토와 설탕은 상극이 되는 이유는?
토마토에는 무기질과 칼슘, 칼륨이 풍부하며 비타민B_1이 많다. 다른 과일에 비해 당분이 적어 우리나라의 많은 주부들은 토마토에 설탕을 뿌려 먹는다. 설탕이 분해되려면 비타민B_1의 도움을 받아야 하는데 토마토가 갖고 있는 비타민B_1이 설탕의 대사에 쓰이다 보니 결과적으로 비타민B_1의 손실로 이어진다고 볼 수 있다. 토마토를 먹으나마나한 결과와 같은 것이다.

*5. 딸기와 우유섭취
두 식품을 같이 섭취하면 서로의 영양학적 가치를 높일 수 있다. 우유는 양질의 단백질 비타민B, 칼슘이 풍부한 식품으로 딸기와 함께 먹으면 딸기속의 구연산이 우유의 칼슘흡수를 돕는다. 딸기의 비타민C 역시 우유의 철분이 체내에 잘 흡수 되도록 촉매역할을 한다.

8-3-5. 감자류(potatoes)

일반적으로 서류로 취급되는 것은 고구마, 감자, 토란 뿌리, 마 등이며 식용이 되는 부분은 지하경 또는 근괴이다. 전분이 많고 열량급원으로써 중요하며 전쟁, 식량 부족 시에도 구황식품으로 이용되어 왔다.

곡류에 비해서 단위 면적당 생산 칼로리도 비슷하나 70~80%의 수분을 포함하고 저장성이 적고 수송, 기타 취급이 곡류에 비해서 불편한 점이 결점이다. 성분은 곡류와 큰 차이가 없으나 무기질은 알칼리성 원소가 많아 산성식품인 곡류의 무기질을 중화하는 작용을 하며, 비타민 C의 중요한 공급원으로 이용된다.

[표 8.34] 감자와 고구마 성분

(가식부분(EP) 100g당)

식품명	수분 (%)	열량 cal	단백질 (g)	지방 (g)	탄수화물		회분 (g)	칼슘 (mg)	인 (mg)	철분 (mg)	비타민(Vitamins)			
					당질 (g)	섬유 (g)					B_1 (mg)	B_2 (mg)	나이아신 (mg)	C (mg)
감자	84.4	550	2.5	0.1	11.6	0.6	0.8	6.0	51	0.6	0.08	0.03	1.3	21.0
고구마	66.3	128	1.4	0.2	30.3	0.9	0.9	24.0	54	0.8	0.06	0.05	0.7	25.0

1) 고구마(sweet potato)

(1) 성분

성분은 토질, 기후, 품종 등에 의해서 차이가 있으나 그 평균은 수분 66%, 단백질 1%, 지방질 0.2%, 당질 29%로 되어 있으며 전분의 amylose와 amylopectin의 비율은 품종에 따라 다르며 amylopectin이 많은 것일수록 가열했을 때의 점도가 높다.

전분 이외에 sucrose, glucose, fructose, mannit 등의 당류가 전 당질의 20%가 있으며 감미가 강하다. 생고구마를 조각으로 잘라서 햇빛에 건조하면 세포호흡에 의하여 당분이 소비되고 감미가 감소하나 일단 가열한 후 건조시키면 당분은 증가되며 이때 생기는 고구마 표면의 백색분말은 맥아당이고, 주로 고구마는 절단시 흰 유액을 분비하는데 이것은 당지질인 jalapin으로 가수분해하면 수용성인 jalapinoleic acid와 3분자의 glucose가 된다.

고구마 단백질은 globulin에 속하는 ipomain이다. 무기질은 K를 40% 이상 함유하고 있어 알칼리성 식품이다. 또 나트륨에 비해서 칼륨의 함량이 높으므로 고구마를 식용으로 할 때 식염을 첨가하는 것은 기호상의 문제뿐만 아니라 영양학적으로 합리적인 방법이다. 비타민으로는 B_1과 C가 많고 또 황색종에는 carotene이 포함되어 있다.

(2) 이용

고구마는 직접 식용 외에 전분제조용, 발효원료용, 된장, 간장, 양조의 원료 등에도 쓰인다. 고구마는 저장성이 낮고 흑반병 등의 병해를 받아 ipomeamarone이 생기는데 이것은 쓴맛이 강하다. 저장용으로는 고구마를 골라서 13~15℃, 습도 85%의 조건에서 저장을 하는 것이 필요하다.

고구마 수확시에 서리에 맞지 않게 하고 저장중 공기의 결핍에서 오는 세포의 질식사를 일으키지 않도록 주의해야 한다. 생 것일 때보다 찐 고구마나 구운 고구마가 더 달게 느껴지는 것은 가열중 β- amylase 작용으로 maltose가 생성되는 까닭이다.

2) 감자(potato)

(1) 성분

성분은 고구마와 흡사하나 수분함량은 한층 더 많고 주성분은 전분 15~20%, 당분은 1% 전후이다. 단백질은 2%이며 globulin에 속하는 tuberin이다. 회분은 약 1%이며 특히 칼륨이 많고 나트륨이 적다. 비타민은 B_1과 C가 많고 A는 거의 없다. 또 감자에는 amylase, maltase, tyrosinase, oxidase, catalase 등의 효소가 있으며 저장 중에 그중에 의한 변화가 있다. 껍질을 벗긴 후 공기 중에 두면 갈색이 되는 것은 tyrosine, polyphenol류가 효소에 의해서 산화되어 불용성의 색소가 생긴 것이며 아황산용액 처리로 방지할 수 있다.

특수 성분으로 일종의 배당체인 유독한 solanine이 있다. 이것은 햇빛을 쪼이면 껍질에 chlorophyll이 생겨 녹색을 나타낸다. solanine은 30~50mg 이상 섭취하면 중독증상을 나타내므로 주의해야 한다.

(2) 이용

식용 이외에 감자전분, 감자칩, 알코올 제조용 원료로 사용된다.

[표 8.35] 기타 감자류의 종류

종류	특징	용도
돼지감자	돼지감자 뚱딴지로 불리며 전분대신 10~15% inulin 함유하나 인체 내에서 소화가 안 된다. (모양- 괴경)	fructose 및 알코올 제조원료
곤약 (konjak)	주성분은 glucomannan으로 glucose 1분자 +mannose 2분자 결합 체내에서 소화가 안 되므로 열량원으로 이용 못하나 정장작용, 비만방지, 혈중콜레스테롤저하 작용이 있다. (모양-편구형, 구형)	다이어트 식품
참마(yam)	산야에 자생하는 자연마와 밭에서 재배되는 참마로 구분. 점성이 강하여 갈아서 생식하거나 삶아서 이용, 탄수화물 21.4%, 단백질 4.2%로 탄수화물은 pentosan mannan이다. 점질물은 mannan과 단백질이 결합한 mucin (모양-덩이줄기)	생식, 즙, 과자

토란(taro)	탄수화물 17~20%, 단백질 2~3%, 철분 1% 정도로 토란의 점질물은 갈락탄이고 아린맛은 tyrosine의 대사물인 homogentisic acid에 기인한다. 무기물 70~80%가 K로 알칼리성식품이다. 피부에 닿으면 가려운 것은 수산칼슘 결정 (아린맛 제거)	소금물에 데침, 살뜨물에 침지
카사바 (tapioca)	열대지방의 주식으로 당질 84.82%, 단백질 0.75%, 지질 0.10%이다	알코올 음료제조

쉬어가는 페이지

1.야채가 아니라 '채소'

채소(菜蔬)를 야채(野菜)로 잘못 사용하고 있다. 신문, 방송, 시민들 모두 아무 거리낌 없이 사용하고 있는 이 야채(野菜)라는 단어는 일본말로 일본에서조차 적절치 않다는 평가를 받는 말이다. 일반적으로 채소라 함은 푸성귀와 나물을 통틀어 이르는 말로 '수분이 많으며 저장이 곤란한 초본성의 재배식물'을 뜻한다. 그런 점에서 '산야(山野)에서 채집한 비재배식물'을 뜻하는 야채는 적절한 단어가 아닌 것이다. '야채'처럼 우리 일상속에서 흔히 사용되는 말이지만 사실은 일본말로, 우리말을 바꾸어 사용해야 하는 것을 몇 개 소개한다. '깅깡'은 귤 중에서 제일 작은 종류를 말하는 것으로 우리말로 '동귤(童橘)'이라 한다. '깅깡'은 일본어 발음으로 금빛이 난다는 뜻에서 붙여진 말이지만 다른 귤들 모두 금빛 나지 않는 것이 없기 때문에 적절치가 않다. '동귤'은 이미 1920년에 나온 '조선어사전'에 어엿하게 올라 있는 전통적인 우리말이다. 설이나 명절 때 제사상에 오르는 술 중 '정종'은 일본내 특정 주류업체의 상표 이름으로 우리나라의 '백화수복'이나 '금관'에 해당된다. 바른 주종 명은 '청주'이며, 일본인들은 이 '청주'를 '마사무네'라고 부른다.

2. 감자탕

다음 시는 감자탕의 특징적인 점을 잘 표현한 시다. 처음에는 웃긴 시 같지만 잘 음미해보면 서민의 고된 인생살이를 표현한 시다. 그만큼 감자탕은 서민과 가깝고 즐겨먹던 음식이다. 감자탕의 역사는 삼국시대 때 특히 돼지사육으로 유명한 전라도 지방에서 '소뼈' 대신 '돼지뼈'를 우려내어 뼈가 약한 환자나 노약자들에게 먹게 하여 치유와 예방을 했다는 것에서부터 유래되어 지금의 감자탕으로 전파되어 있다.

저눔의 비

질퍽이는 가슴 한켠에 응어리를 만드는 저눔의 비
추적추적 비내리는 날
찾아드는 감자탕 골목에
한손에 채 피가 가시지 않은 돼지 등뼈를 들고서
한쪽눈 골목밖에 버려둔 외눈박이 감자 아줌마가 반긴다.
언제 뜯길지 모를 흐물흐물한 살점들이
커다란 곰솥 안에서 상처를 우려내고…
아무리 에누리 해도 깍여들 것 같지 않은 단단한 등뼈가…
내 몸의 진한 그 즙들을 끓여내고 있다…
가난에 멍든 세상… 집나간 마누라를 서럽게 찾으며…
감자탕을 뜯는 중년 아저씨의 소주 한 잔에… 감자탕은 녹아나고…
그 모습을 지켜보는 등뼈든 아줌마의 한 쪽 눈시울이 붉어지는 건…
감자탕 끓는 연기가 너무 뜨거워서일까…

| 8-4 과실류 |

과실류는 대부분 수분으로 이루어져 있고 고형물이 적게 들어 있어 열량원이나 단백질원으로는 중요하지 않으나 많은 종류의 비타민과 무기질의 공급원으로 중요하다. 또 유기산을 함유하고 있어 산뜻한 맛과 향기를 풍기므로 아름다운 색깔과 함께 식욕을 증가시켜 주며 소화를 돕는 알칼리성 식품이다.

8-4-1. 과실의 성분

① 수분을 많이 함유하고 있어 갈증해소와 수분섭취에 이상적이다.
② 포도당 · 과당 · 설탕 등이 숙성됨에 따라 단맛이 증가되고 알코올류 · 구연산 · 사과산 · 주석산 · 호박산 등의 유기산이 풍부하여 달고 상쾌한 맛을 준다.
③ 과실의 주요 색은 엽록소 카로테노이드의 오렌지색 · 노란색 · 빨간색 등의 플라보노이드로 구성되어 있다.
④ 과실의 세포막이나 세포막 사이를 결착시켜 주는 펙틴(pectin)질을 함유하고 있어 잼이나 젤리를 만들 수 있다.

[표 8.36] 과실의 비타민 C

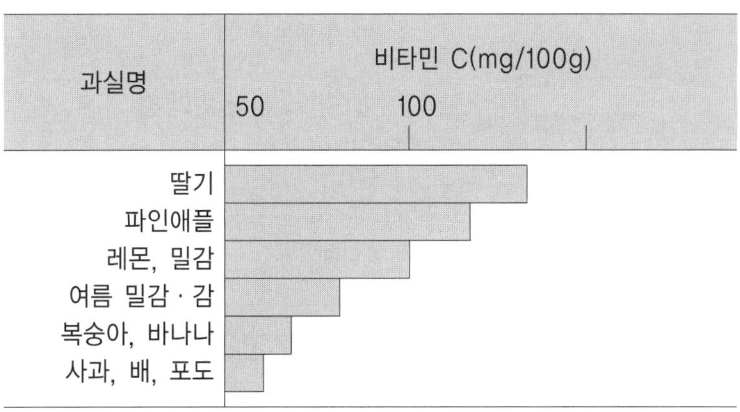

[표 8.37] 과실의 유기산과 당분

과실명	유기산 산도 1 2 [%]	종류	pH	당분
레몬	(7.0)	구연산	2.4	8.5
파인애플	(1.0)	구연산	3.1	10
복숭아	(0.8)	구연산 사과산	3.6	9
딸기	(1.0)	구연산	3.8	7
바나나	(0.4)	사과산	5.2	21.4

1) 과일의 갈변 억제

과일과 채소를 조리 가공할 때 조직의 효소에 의해 갈변이 일어나 외관과 풍미를 나쁘게 한다. 이러한 효소의 최적 조건을 억제하여 갈변을 막을 수 있다.

[표 8.38] 채소 및 과일의 변색 방재(효소적갈변)

종류	방법	예
1. 가열처리 (blanching)	효소는 단백질로 구성되어 열에 약하여 불활성화	과일, 채소, 통조림 냉동채소 전처리
2. pH조절	polyphenol oxidase 최적 환경 이 pH 5.7-6.8 이므로 조건을 산성으로 함	산성용액 레몬즙 오렌지 즙침지, 사과산, 구연산 묽은 식염에 침지 (전량의 0.3~3%)
3. 산소와 접촉금지	갈변을 일으키는 산소의 접촉금지	통조림, 병조림 탈기 설탕물, 물에 침지
4. 환원제 이용	기질의 polyphenol 화합물과 복합체 형성	아황산가스, 아황산염 비타민 C, cysteine 처리(전량의 0.3~0.6)
5. 기질 제거	과즙에 단백질 첨가로 불용성물질 형성으로 침전제거	과즙에 gelatin 첨가

2) 과일 성분 비교

과일은 여러 종류의 당과 유기산이 있어 맛에 영향을 주고 색깔이 아름다워 기호성을 높여준다. 또 펙틴은 과일가공시 젤리화에 중요한 역할을 한다. 이들 성분은 숙도나 부위에 따라 달라진다.

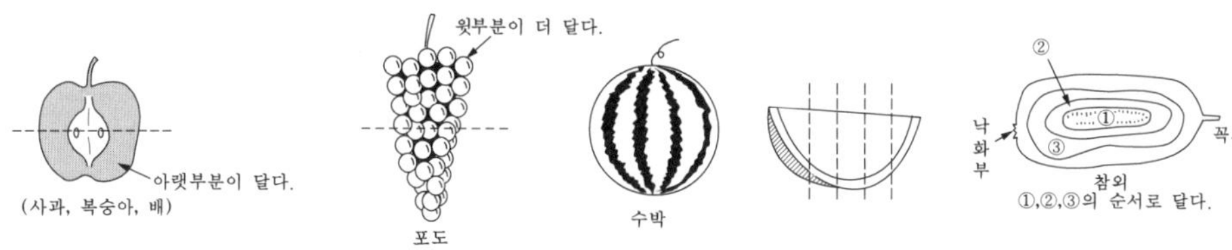

[그림 8.17] 과일 조직의 감미도 비교

프로토펙틴 (protopectin) → 펙틴 (pectin) → 펙트산 (pectin acid)

미숙과 (gel안됨) → 성숙과 (gel형성) → 과숙과 (gel안됨)

펙틴 물질의 변화

[표 8.39] 배와 포도의 당도와 산도 비교

과실명 · 구분	당[%]	산도[%]	비 고
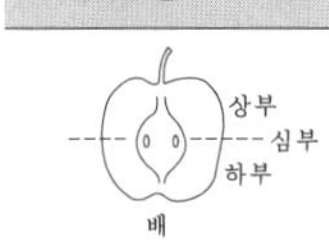	6.6 6.4 7.2	0.14 0.25 0.12 사과산	아랫부분의 감미가 가장 높고 가운데 부분은 당도가 적고 신맛이 높다.
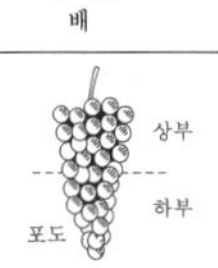	11.5 10	0.68 0.68 주석산	상하 모두 산미가 같지만 단맛은 상부가 더 달다.

8-4-2. 과일 가공품

과일은 수분을 85~90% 함유하고 비타민, 무기질이 풍부하며 향기와 감미를 갖고 있어 생식으로 많이 이용된다. 그러나 저장성이 떨어져 각종 가공식품으로 만들어진다.

1) 과일음료

[표 8.40] 과일음료의 종류

종류	정의
천연과즙	과즙 함유율이 95% 이상 과일의 착즙액을 농축한 농축과즙을 물로 희석해서 원상태로 만든 것
과즙음료	과즙 함유율이 50% 이상 95% 미만 천연과즙이나 농축과즙을 묽게 희석하여 산 · 당 · 향료를 가한 것
희석과즙음료	과즙 함유율이 10% 이상 50% 미만
청량과즙음료	탄산가스를 압축 주입한 과즙이 함유된 청량음료

2) 잼

과일에 설탕을 가하여 만드는 것으로 펙틴, 산과 당의 존재하므로서 가열하면 젤(gel)화 하여 만들어지며 [표 8.41]과 같이 3가지 종류로 분류할 수 있으며 제조법은 [그림 8.18]에서 보는 바와 같다.

[표 8.41] 젤리, 마멀레이드 및 잼류

종류	특징
잼(jam)	과육에 설탕을 넣어 농축시킨 것이며, 최근에는 과육의 원형이 남은 preserved 형태가 있다.
젤리(jelly)	과즙에 설탕을 넣어 졸여 냉각시킨 것으로 투명하고 빛깔이 있으며 절단면이 날카롭고 윤기가 난다.
마멀레이드 (marmalade)	젤리와 같이 만들며 젤리 속에 과육 또는 과피의 절편이 섞여 있다.

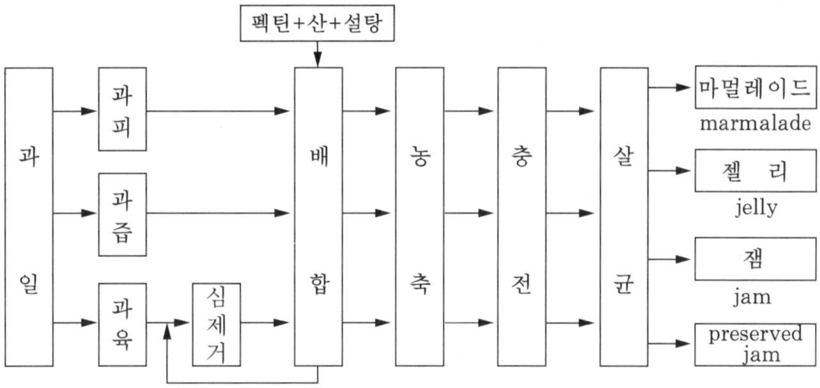

[그림 8.18] 잼 만드는 과정

3) 건조 과일

과일은 주로 생식을 하나 주스나 잼, 통조림으로 가공을 하고 일부는 건조 과일을 만들어 사용한다. 건조 과일은 과일을 적당한 방법으로 건조하여 수분을 제거하므로 단맛을 증가시키고 특이한 풍미와 저장성이 향상되도록 만든 것이다. 건조시 포도 같은 것은 그대로 말리거나 껍질을 벗기거나 둥근 모양으로 절단하는데, 껍질을 벗기는 경우 변색을 막기 위해 유황훈증 및 알칼리 처리를 하는 경우도 있다.

8-4-3. 과실의 분류

과실은 과육의 발달 형태에 따라 [표 8.42]에 보는 바와 같이 인과류, 준인과류, 핵과류, 장과류, 견과류로 분류된다.

[표 8.42] 과일의 분류와 과육 형태

분류	과육의 형태	종류
인과류	꽃받이가 발육성장하여 과육형성 씨방안에 종자가 있고 과실 꼭지는 배꼽 반대편에 있다.	사과, 배, 감, 감귤류

준인과류	씨방이 발육성장으로 과육된 것	감, 감귤
장과류	씨방이 유연하여 다중의 육질로 구성되어 그 속에 씨앗이 있다.	포도, 딸기, 무화과, 석류 바나나, 파인애플
견과류	외과피가 단단하며 식용 부위는 종실을 가식부로 한다.	밤, 호도, 야자, 은행

[표 8.43] 인과류의 특징과 이용

분류	종류	특징	생리효과 및 이용
분류	사과	주성분은 당질 10%, 산(사과산) 0.5%이며 비타민과 무기질은 적은 편이다. 약간이 tannin함유. 떫은맛은 tannin이 관여하며 polyphen이 화합이 산화효소에 의해 갈변, 향기성분은 alcohol류 ester류 등 pectin이 많아 정장작용 효과	칼륨 많아 Na배설(고혈압 강화제, 지사제, 변비효과, 갈변 억제(소금물 침지)잼, 주스, 술, 초
	배	과육 중에 석세포(stone cell)가 있어 혀의 촉감과 맛에 관여 당분 7~10% 유기산 함유 석세포(pentosan) xylose · arabinose 방향성분–acetaldehyde	해열, 이뇨, 변비효과 담제거 육류의 연화제 배숙, 통조림

[표 8.44] 준인과류와 핵과류 및 장과류의 특징과 이용

분류	종류	특징	생리효과 및 이용
준인과류	감	단감과 떫은감이 있으며 포도당 6%, 과당 2~3% 설탕 5%, 비타민 A와 C가 많다. 떫은맛(tannin)에 기인하며 이 수용성 shibuol은 호흡에 의해 생긴 acetaldehyde에 의해 불용성 colloid로 변해 떫은맛이 없어진다. 표피 흰 분말 : mannit	지혈작용 변비에 금지 철분 흡수 방해 곶감, 감잎차
	귤	온주밀감, 하귤, 오렌지, 유자레몬, 자몽, 금귤 등. 과즙은 당질과 구연산으로 성숙함에 따라 당분 증가, 비타민 C 30mg% 과피향: limonene, aldehyde, 에스텔류, 색소 carotenoid, 후라본류 ※쓴맛(naringin): naringinase 첨가로 제거 ※백탁(hesperidin:) hesperidinase 첨가로 제거	hesperidin(vit p) 혈관강화 진피(陳皮) 쥬스, 잼

핵과류	복숭아	황도와 백도가 있으며 백도는 당도가 강하고 황도는 신맛이 많으나 카로텐이 많고 비타민 A는 황도가 많아 통조림에 주로 사용된다. 복숭아 씨는 도인이라 하며 진해효과가 있다.	니코틴 해독 이뇨작용 씨는 진해효과
	매실	당질이 10%, 구연산, 사과산이 많으며 피로회복에 좋다. 매실씨의 amygdalin이 함유되어 β-glucosidase 에 의해 황산이 생긴다. 매실향은 benzaldehyde	피로회복 감기, 소화 진해거담 해독작용 (식중독 예방)
	살구	90%가 과육, carotene, lycopene(황색) 살구씨(amygdalin)	기관지천식, 해수, 해열 진해거담제 잼, 넥타
장과류	포도	과피의 보라색은 anthocyanin계의 oenin 이며 흰색은 주로 wax이다. 단맛은 포도당과 과당이며 주석산 등이 있다. 탄닌이 있어 약간 떫은 맛이 난다.	피로회복 포도주 제조
	무화과	꽃이 없어 무화과라 부르며 단맛과 향기가 있고 부드러움이 좋다. 유기산이 적으며 단백질 분해효소(ficin)을 많이 함유한다.	구미촉진 구충효과 단백질 분해효소 건과, 잼, 통조림
	석류	새빨간 꽃이 피고 공모양의 황홍색 열매. 가식부는 20% 정도. 과육성분은 당질과 유기산이다. 종자의 껍질은 물이 많고 신맛이 있어 갈증해소	지사작용 기생충 제거
	딸기	과채류 참고	

*1. 귤통조림의 껍질 벗기는 법

귤 속 껍질은 섬유소와 펙틴으로 구성되어 있는데 이를 제거하기 위해 산, 알칼리 박피법이 이용된다. 먼저 산용액에 담그면 섬유소가 산에의해 분해되고 수세후 다음 알칼리 용액에 담그면 펙틴이 분해된다. 펙틴은 pH가 높을수록 잘 분해되며 수세후 헤스페리딘 백탁현상을 막기 위해 산에 담그거나 헤스페리딘 분해효소를 첨가한다.

*2. 매실절임

청매실을 물로 씻은 후 소금을 뿌리면서 절임하는데 염은 20~22% 정도이다. 절임한 매실은 자소잎을 이용하여 착색하는데 자소잎에는 '시소닌' 이라는 안토시안계 색소가 함유되어 있어 이것이 매초의 산에 의하여 선홍색을 띠고 향기가 좋아진다.

[표 8.45] 견과류의 특징과 용도

분류	종류	특징	생리효과 용도
견과류	밤	당질이 50% 정도로 대부분이 전분이며 비타민 C(30mg)와 비타민 B_1이 비교적 많다. 떫은맛은 탄닌(ellagic acid)에 기인한다.	비타민 C 많아 미용, 감기효과 통조림, 밤초코
	호두	뇌 모양을 하고 있고 약 60%의 지방과 20%의 단백질을 함유하고 있다. 건성유로 필수지방산 다량 함유함	노화방지 건뇌식
	은행	은행 = silver apricot (ginkgo - 은빛) 전분이 31.5% 단백질은 tryptophane이 많고 지방은 적다. 은행잎(징코민)은 혈액순환촉진 은행독은 청산배당체로 가열로 감소	중풍 뇌졸중 진해효과 천식, 야뇨증, 혈압강화, 술안주, 신선로
	잣	오엽송이라 불리며 솔방울 열매에 들어있다. 지질이 많아 칼로리가 높고 Fe이 많아 빈혈에 좋고 P가 많고 Ca이 적어 산성식품	눈, 귀 밝게 하고 회복기 환자의 잣 죽
수입견과류	파스타치오	열매는 타원형에 초록색 딱딱한 껍질이 씌어진 상태로 조리 판매된다. 단맛과 짠맛이 나며 지방산 비타민이 많이 함유됨	중앙아시아산
	캐슈넛	밝은 갈색 열매이며 신라 금관에 달린 곡옥(구부러진 옥)처럼 생겼다. 견과류 중 당도가 가장 높고 부드럽다. 조리하지 않고 술안주나 아이스크림, 쿠키에 이용	브라질산
	피칸	호두나무과에 속하며 길고 끝이 뾰족한 원주형부터 짧고 둥근 것까지 다양하다. 견과중 가장 지방이 많다. 날것으로 먹어도 되고 소금이나 설탕에 절여 먹어도 된다.	미국 동남부산

[표 8.46] 열대산 과일류의 특징과 용도

종류	특징	효과와 용도
파인애플	가식부 80% 정도, 주성분은 당(10~14%), 구연산 및 소량의 사과산으로 되어 있다. 외피 근처에 수산칼슘의 결정이 있어 혀를 자극한다. 과육 중에는 bromelin 단백질 분해효소를 갖고 있다.	수산칼슘 자극으로 출혈가능, 연육제, 통조림, 주스
파파야	호박 비슷한 모양으로 녹황색이고 과육은 황색 또는 등황색으로 부드러운 단맛과 특유한 향기 함유, 단백질 분해효소 papain 함유하고 있다.	연육제
바나나	과육은 70% 정도이며 당질은 전분을 포함해 25% 정도이며 완숙한 과육에는 산이 있으나 거의 신맛이 없다.	냉장고 저장시 검은색으로 변함, 샐러드 제조시 미리 벗기지 말것
키위	뉴질랜드에만 사는 키위새를 닮아 키위라고 부름, 참다래(한국산)이라고 함. 비타민 C(27mg) 다량, 단백질 분해효소 액티니딘 함유	연육제 칵테일, 샐러드, 주스
아보카도	10~15cm 녹갈색 열매 과육이 담황색으로 단백한 맛, 숲의 버터라고 함(지방 30%) 탄수화물, 단백질, 무기질, 비타민 풍부	샐러드용
망고	황색의 난형, 과육색은 β-carotene으로 황색, 즙이 많고 단맛	주스. 통조림, 아이스크림

*과일을 차게하면 단 이유와 바나나를 냉장고에 넣지 않는 이유
과일의 단맛은 주로 포도당과 과당으로 저온일수록 단맛이 강해 5℃일때는 30℃보다 20% 상승하나 신맛은 낮을수록 감소하며 10℃ 전후가 적당하다.
바나나는 냉장고에 두면 껍질에 반점이 생기고 과육이 검게된다. 파인애플, 망고, 파파야 등 아열대나 열대과일은 이러한 현상을 보인다. 생장조건이 열대지방에 맞추어져 있으면 단맛이나 과일 최적조건이 그 온도에 맞추어져 이상적으로 차면 오히려 역효과를 가져온다.

| 8-5 버섯류 |

버섯류는 균류에 속하는 것으로 포자형성 방식에 따라서 담자균류와 자낭균류로 구분되며 자실체가 비대하여 갓 모양을 이루고 있다. 버섯류는 곰팡이, 효모와 같은 종류로써 고등식물과 달리 엽록소가 없기 때문에 광합성을 하지 못하여 다른 유기물체에 기생하여 필요한 영양분을 섭취한다.

산이나 들에 여러 가지 색과 모양으로 발생하는 버섯류들은 갑자기 나타났다가 쉽게 사라지기 때문에 옛날 사람들은 땅을 비옥하게 하는 '대지의 음식물' 또는 '요정의 화신' 으로 생각하여 버섯에는 많은 전설이 있다. 고대 그리스와 로마인들은 버섯을 '신의 식품' 이라고 극찬하였고, 중국인들은 불로장수의 영약으로 귀하게 여겨왔다.

8-5-1. 식용 버섯의 특징

① 흰색과 연한 색이 많으며 원색의 것이 있고, 조직이 치밀하다.
② 채취 후 공기에 닿아도 색깔과 윤기가 변하지 않는다.
③ 향기가 강하거나 자극성이 없다.
④ 버섯을 찢었을 때 뿌리에서 균산까지 균등하게 찢어진다.

[표 8.47] 버섯의 종류

구분	종 류
식용버섯	느타리버섯, 표고버섯, 송이버섯, 양송이버섯, 팽이버섯, 목이버섯, 싸리버섯, 능이버섯, 만가닥버섯, 노루궁뎅이버섯, 버들볏집버섯, 잎새버섯, 달걀버섯, 개암버섯, 기와버섯, 독청버섯아재비, 망태버섯, 먹물버섯, 벚꽃버섯, 큰갓버섯
약용버섯	영지버섯, 상황버섯, 선령버섯(아가리쿠스), 동충하초, 장수버섯, 천마버섯, 구름버섯
독버섯	갈색고리버섯, 개나리광대버섯, 노란다발버섯, 담갈색송이, 독우산광대버섯, 두엄먹물버섯, 마귀광대버섯, 배불뚝이광대버섯, 붉은싸리버섯, 삿갓외대버섯, 어리알버섯, 화경버섯

8-5-2. 독버섯의 감별법

① 버섯을 찢어 보아서 부서지거나 찢어지지 않는 것
② 빛깔이 진하고 화려하거나 쉽게 변하는 것
③ 악취가 있는 것
④ 유즙을 분비하는 것
⑤ 즙액에 은수저를 넣었을 때 은수저가 검은색으로 변한다.
⑥ 맛이 쓰거나 맵고 자극성이 있다.

8-5-3. 버섯의 일반 성분

버섯류는 단백질과 지방이 적고, 잘 소화되지 않는다. 소화율은 함질소물이 50%이고, 당질은 이보다 낮으므로 영양가는 낮다.

비타민 A, C는 거의 함유하지 않지만 비타민 B_1, B_2 niacin은 비교적 풍부한 편이다. 특히 프로비타민 D_2인 ergosterol을 다량 함유하고 있는 것이 특징이다. 고형분의 주성분은 당질이며, 이중 절반은 mannitol과 trehalose이다.

이외에는 glucose, dextrin, glycogen 등도 존재한다. 조단백질의 절반은 비단백태 질소화합물이며 아미노산류나 adenine, choline 등의 염기도 존재한다. 지질은 건물당 3~4% 정도로 ergosterol, lecithin 등이 많은 편이다.

8-5-4. 버섯의 특수 성분

버섯에는 protease, amylase, glucogenase,trehalase, maltase, inulase, cellulase, hemicellulase 등의 각종 효소가 존재하며, 그 활성도 높기 때문에 변질되기 쉽다.

따라서 냉동 · 냉장에 의한 저장 외에 통조림, 병조림을 만들기도 하며 건조시켜 저장하기도 한다. 표고버섯, 양송이버섯에는 혈액 중 콜레스테롤 함량을 저하시키는 유효성분이 존재한다.

표고버섯에는 glutamic acid와 함께 5′-guanylic acid(GMP)의 맛난맛 성분

이 있으며, 이의 향기성분은 말린 표고버섯을 물에 침지시킬 때 효소적으로 생산되는 것으로 보이는 lenthionine에 의한 것이다.

[표 8.48] 버섯류의 일반 성분(가식부 100g 중)

식품명	열량 cal	수분 (%)	단백질 (g)	지질 (g)	당질 (g)	섬유 (g)	회분 (g)	칼슘 (mg)	인 (mg)	철분 (mg)	비타민(Vitamins)				
											A (R.E.)	B_1 (mg)	B_2 (mg)	나이신 (mg)	C (mg)
표고버섯	38.0	91.0	2.0	0.3	5.5	0.5	0.5	4.0	25.0	1.2	0.0	0.05	0.21	3.8	5.0
송이버섯	28.0	90.2	2.4	0.4	5.3	1.0	0.7	5.0	42.0	1.7	0.0	0.09	0.33	4.8	0.0
양송이	17.0	92.5	3.9	0.3	1.4	0.6	1.3	6.0	88.0	1.0	0.0	0.12	0.48	4.1	3.0
느타리버섯	25.0	91.3	2.7	0.2	4.6	0.6	0.6	3.0	107	1.2	0.0	0.38	0.32	5.2	3.0

출처 : 한국영양학회(2000), 한국인 영양 권장량 제7차 개정

(1) 표고버섯

표고버섯은 참나무, 밤나무, 물가리나무 같은 등걸에 기생하는 것이다.(인공재배가 대대적으로 이루어지고 있다)

큰 것의 삿갓은 직경 10cm 이상에 이른다. 전신이 육질로 차 있고 삿갓 상면은 회갈색이고 띠는 백색이지만 건조하면 흑변한다. 햇볕에 말린 것을 먹는 것이 풍미가 좋다.

생표고버섯은 단백질 3.1%, 지방 0.4%, 탄수화물 8.7% 정도가 들어 있는데, 그 구성 성분은 주로 hemicellulose이고 trehalose mannit, 환원당 등이다. 비타민은 erogosterol이 많이 들어 있으며 B_1, B_2도 상당량 함유하고 있다. 특히, 5′-guanylic acid을 많이 함유하고 있어서(생표고버섯 70.1mg%, 건표고버섯 146.7mg%) 맛난맛 성분을 이루고 있다.

향기 성분은 S를 함유한 lenthionine($C_2H_4S_3$)이다. 또한 표고버섯에는 혈액 중의 choleterol 양을 저하시키는 성분이 있어 동맥경화에 효과가 있다.

(2) 송이버섯

송이버섯은 적송림에 생기는 것으로 높은 향기를 갖는 버섯이다. 큰 것은 삿갓의 직경이 20cm나 되는 것이 있다.

균사가 소나무의 실뿌리에 붙어서 외생근이라는 특별한 조직을 만드므로 살아있는 소나무 뿌리에만 기생한다. 송이버섯은 과식해도 위장에 지장을 주지 않는다.

이유는 여기엔 전분이나 단백질을 소화하는 효소를 가지고 있어서 소화력을 돕기 때문이다. 그러나 탄수화물의 이용이 확인되지 못하여 열량원으로써의 가치가 없다.

송이 특유의 향기는 methyl cinnamate, methylester와 matsutakeol이 혼합된 것이고 비타민은 B_1, B_2, erogosterol 등이 많아서 비타민 급원으로 중요하다.

(3) 양송이버섯(mushroom)

양송이의 색은 흰색이고 향기는 송이버섯보다는 못하지만 송이에 비해 갓이 부드럽고 자루는 짧으며 갓이 열리기 전에 수확한다. 단백질과 무기질이 풍부하며 채취 후 방치하면 tyrosinase에 의해 갈변이 된다.

이 tyrsinase는 인체의 혈압을 내리는 작용이 있고 향기성분은 lenthionine이다. 주로 양송이는 통조림용으로 이용되고 양송이스프, 샐러드, 튀김 재료로 이용된다.

(4) 느타리버섯

느타리버섯은 송이과에 속하며 늦은 가을에 각종 활엽수(참나무, 오리나무, 미루나무, 포플러, 버드나무)에 발생하며 생버섯으로 비교적 오랫동안 보존되어서 우리들의 구미에 맞는 버섯이다.

삿갓은 지름이 3~15cm 정도이며 부채 모양 또는 반달 모양을 이루고 겉면은 밋밋하며 회백색이다.

육질은 백색이고 유연하며 맛이 훌륭하여 널리 식용된다. 느타리버섯은 2~5월과 9~13월에 2회 재배하며 삿갓의 직경이 5~8cm 정도되었을 때가 최저의 수확기이다.

재배법은 표고버섯과 비슷하나 근래에는 볏짚재배가 가능하게 되고 생산량도 증가하고 있다.

(5) 목이버섯

목이버섯에는 목이, 털목이 및 흰목이 등이 있고 갓의 지름은 3~12cm 이며 갈색, 회색, 백색이고 뽕나무, 딱총나무, 참나무류의 고목에 자란다. 표면질은 한천질이지만 건조하면 연골상으로 되며 중국요리에 많이 사용된다.

| 8-6 해조류 |

해조류는 바다에서 생육하는 엽상식물로 광합성을 하는 하등식물을 통틀어 말한다. 우리나라 연안에 서식하고 있는 해조류의 종류는 400여 종이 되지만 식용 가능한 것은 50여 종이고 그중에서 흔히 이용되는 것은 녹조류, 갈조류, 홍조류가 있다. 해조류의 이용은 생식 또는 조금 가공하여 식용으로 하는 경우와 한천, 알긴산, carrageenan으로 추출 정제하여 이용된다.

[표 8.49] 해조류의 일반 성분(가식부 100g 중)

식품명	열량 cal	수분 (%)	단백질 (g)	지질 (g)	당질 (g)	조섬유 (g)	회분 (g)	칼슘 (mg)	인 (mg)	철분 (mg)	비타민(Vitamins)				
											A (R.E.)	B_1 (mg)	B_2 (mg)	니아신 (mg)	C (mg)
김	252	11.4	36.8	1.7	38.6	1.1	8.0	325	762	17.6	3750	1.2	3.0	10.4	93.0
미역	190	10.3	135	1.7	40.1	2.5	31.9	920	415	7.6	60.6	0.25	1.05	8.0	14.0
다시마	189	12.3	7.4	1.1	41.1	4.1	34.0	708	186	6.3	96.0	0.22	0.45	4.5	18.0
한천	273	20.1	2.3	0.1	74.6	0.0	2.9	3.0	16.0	7.8	0.0	0.0	0.0	0.0	0.0

출처 : 한국영양학회(2000), 한국인 영양 권장량 제7차 개정.

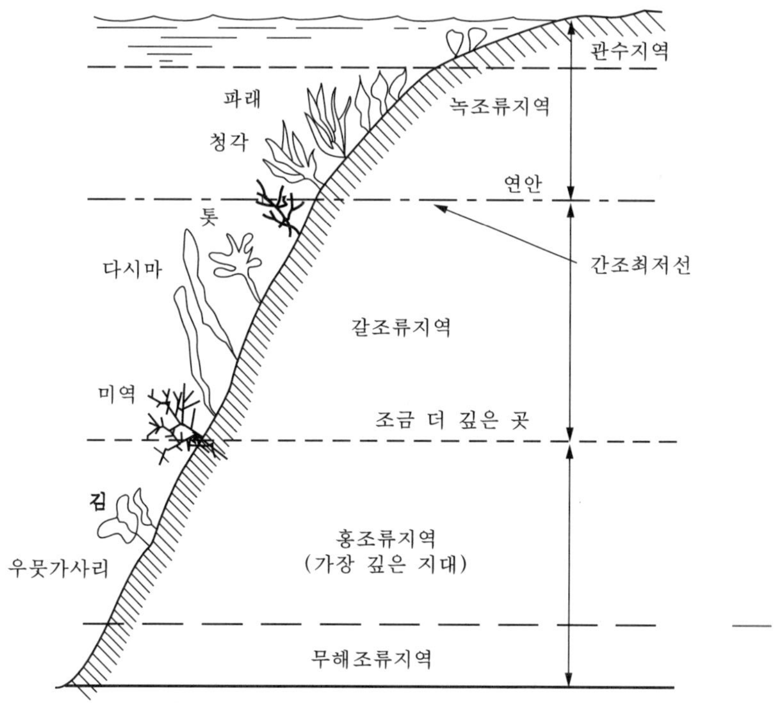

[그림 8.19] 해조류의 수직 분포 모양

8-6-1. 해조류의 식품학적 가치

① 소화율은 낮으나 비타민 무기질 함량이 많아 영양학적 가치가 높다.

② 요오드를 함유하여 갑상선부종을 예방하고 모발을 아름답게 한다.

③ 소화 이용률이 낮아 다이어트 식품으로 이용되고 장내에서 정장작용을 하여 변비에 효과가 있다.

④ 해조류 성분은 식품첨가물(한천 = 미용 식품재료, 안정제 = 알긴산. 가라기난, 안정제 = 품질개량제)로 많이 이용되고 있다.

(1) 녹조류(green algae)

단세포 또는 다세포인 것 등 여러 가지 모양의 것이 있는데 세포는 cellulose로 싸여 있으며 바다의 가장 얕은 곳에 분포하고 있다. chlorophyll, xanthophyll, carotene 등의 색소, phyloxanthin, phylosine이라고 색소 단백질을 함유하고 있어서 녹색으로 보이며 전분을 합성한다. 파래, 청각, 클로렐라 등이 이에 속한다.

(2) 갈조류(brown algae)

대부분은 찬 바다산이며 다세포로써 뿌리, 줄기, 잎의 기관이 구별되어 있다. 보통 부착근으로서 바위에 붙어 있다. 분열, 유주자, 부동포자에 의한 무성 색식과 동형, 이형 배우자에 의한 유성생색으로 증식한다.

chlorophyll(a) 외에 carotene 및 색소 단백질 fucoxanthin, phycofein을 함유하고 있어서 갈색 또는 녹갈색을 나타낸다. arginine산, laminarin, mannit 등의 당류를 합성한다. 미역, 다시마 등이 이에 속한다.

(3) 홍조류(red algae)

대부분 따뜻한 바다산이며 깊은 바다에서 자란다. chlorophyll, carotene 이외에 색소단백질인 phycocyan, phycoerythin을 함유하고 있어서 홍색으로 보인다(녹홍, 갈색의 것도 있다). 홍조전분이라고 하는 galactose를 주체로 하는 다당류를 만든다. 김, 우뭇가사리 등이 이에 속한다.

이들 해조류의 풍건물중엔 단백질, 탄수화물이 많이 함유되어 있으나 별로 소화율이 좋지 못하여 영양가는 적다. 무기염류로는 K, Ca, 요오드 등이 풍부하며 비타민 A의 급원으로도 중요한다. Ca는 전 섭취량의 8%, 비타민은 2%를 함유한다.

① 미역(Sea weed)

미역의 탄수화물은 mannit나 algine산 등이고 이것을 구성하고 있는 galactan은 조리해도 거의 소화되지 않으므로 칼로리는 계산이 안 된다. 단백질은 12~13% 정도 들어 있다. 무기질은 채소류보다 양적으로 보아서 많다.

요오드의 성분은 다른 조류에 비해서 적은 편으로 다시마가 0,34%인데 비하여 미역은 0.03%에 불과한다.

미역의 주요 catotenoid 색소는 fucoxanthin violaxanthin이며 그 외에 lutein, βcarotene이 있다. 미역의 점질물은 약긴(algin, alginic acid)인데 뿌리

보다 잎, 줄기에 많이 들어 있다.

② 다시마(Tangle)

성분의 약 절반이 탄수화물이고 그중 20%가 섬유질이며 나머지가 algin산이다. 이것들은 소화가 좋지 않으므로 영양가는 매우 낮다. 영양성분은 건조 체중 기준의 수분 14%, 단백질 7.3%, 지질 1.1%, 당질 51.9%, 섬유 3.0%, 회분 22%인데 감칠맛의 주성분인 glutamic acid를 많이 함유하고 있어 조미료로 많이 이용된다.

다시마는 건조제품으로 이용되며 튀김용이나 근래에는 다시마차의 원료로도 사용되고 있다. 다시마를 그대로 방치할 때 생기는 표면의 흰가루는 mannit이며 염분이 있어 짠맛이 있다.

③ 파래(Green laver)

파래의 몸은 엷은 막질로써 폭이 넓은 엽상체이다. 1층의 벽돌을 세워 놓은 것같은 세포로 되고 선명한 녹색을 띤다. 질이 낮은 김에 많이 섞어서 이용한다. 비타민 A가 2,900I.U. 정도로 많이 들어 있다. 보통 생식하거나 구워먹는다.

④ 김(Purple laver)

빛깔은 홍자색, 흑자색 등 여러 가지이며 색소 성분은 phycoerythrin과 청색의 phycocyan, 그리고 chlorophyll로 구성된다. phycoerythrin은 가열하면 phycocyan으로 변화하여 홍자색이 없어지고 녹색이 남는다.

김에는 당질 39%, 단백질 40% 정도가 들어 있는데 단백질도 우수하므로 영양도 좋고 맛이 좋아 동양에서는 즐겨 이용하고 있다. 비타민 A, C가 풍부하며 특히 A는 44,500~20,400I.U.로 많이 들어 있으나 소화는 불량하다. 비타민 A의 이용률은 약 10% 이하이다.

마른 김이나 조미를 한 맛김, 물김 등으로도 가공하여 이용한다.

⑤ 우뭇가사리(Agar agar)

우뭇가사리의 성분은 단백질 2.3%, 지방 0.1%, 당질 74.6%, Ca 400mg%, Fe

5mg% 등을 함유하며 당질의 주성분은 galactose이다. 세포 내에 한천(agar)이 들어 있어 이 우뭇가사리를 끓여서 나오는 즙을 분리하여 응고, 동결, 융해 등의 조작으로 탈수, 정제하여 한천을 만든다. 한천은 젤상의 식품첨가물로 많이 사용되며 소화가 되지 않기 때문에 변비 치료에도 쓰인다.

chapter 9. 동물성 식품

| 9-1 육류 |

식육류는 식품으로 이용할 수 있는 가축이나 가금류 등의 조직을 말하며 식육은 주로 동물의 골격으로 살코기를 말하나 소화기관 등의 내장육을 포함한다.

식육류는 소, 돼지, 양, 염소, 토끼, 닭, 오리, 칠면조 등이 이용된다.

1) 육류의 구조

식용으로 이용하고 있는 고기 부위는 대부분이 근육조직이며 소량의 결합조직과 지방조직이 근육 사이에 존재하고 있다.

[표 9.1] 육류의 구조

<table>
<tr><th>조직</th><th>종류</th><th>기능</th></tr>
<tr><td rowspan="3">근육조직 : 근육조직은 myosin과 actin 단백질이 근원섬유를 만들어 근육을 만들며 건(힘줄)에 의해 뼈에 부착</td><td>골격근
(수의근)</td><td>주로 골격에 부착되어 골격구조라고 하며 주로 식용
(생체량의 30~40%)</td></tr>
<tr><td>평활근
(불수의근)</td><td>소화기관과 같은 내장기관 구성</td></tr>
<tr><td>심장근
(불수의근)</td><td>심장근육 구성</td></tr>
<tr><td rowspan="3">결합조직 : 근육이나 장기를 다른 조직과 결합시키고 피부, 인대, 건의 주성분, 근섬유를 둘러싸고 있는 막이 결합조직이며 근속과 근속을 연결
고기 연도(연화)에 관계
(운동량이 많고 나이가 많으며 질기다)</td><td>콜라겐
(collagen)</td><td>콜라겐섬유는 근섬유를 둘러싸고 있으며 세 가닥의 폴리펩타이드 사슬이 꼬여서 만들어진 트로포콜라겐(tropocollagen) 여러 개로 만들어짐

(60~70℃)
collagen → 1/3으로 수축 gelatin
(불용성) (수용성)</td></tr>
<tr><td>엘라스틴섬유
(elastin)</td><td>가지를 친 엘라스틴섬유로 고무와 같은 탄력성(황색), 혈관벽과 인대에 존재. 100℃ 가열에도 영향받지 않음.</td></tr>
<tr><td>레티큘린
(reticulin)</td><td>근섬유막의 주성분
지방산 myristic acid와 결합되어 있음.</td></tr>
<tr><td>지방조직:근육 내에 작은 백색 반점 같이 분포. 피하, 복강근육 사이에 존재.</td><td colspan="2">주성분은 중성지방이고 그외 콜레스테롤, 당지질, 인지질 등을 함유하며 근육 내에도 침착, 고기의 질과 맛을 돋구는 역할
적당량의 지방이 든 것을 marbled라 함.</td></tr>
</table>

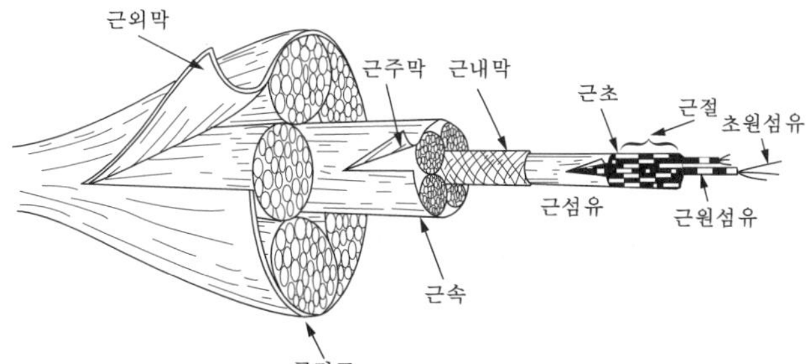

[그림 9.1] 근육조직의 구조

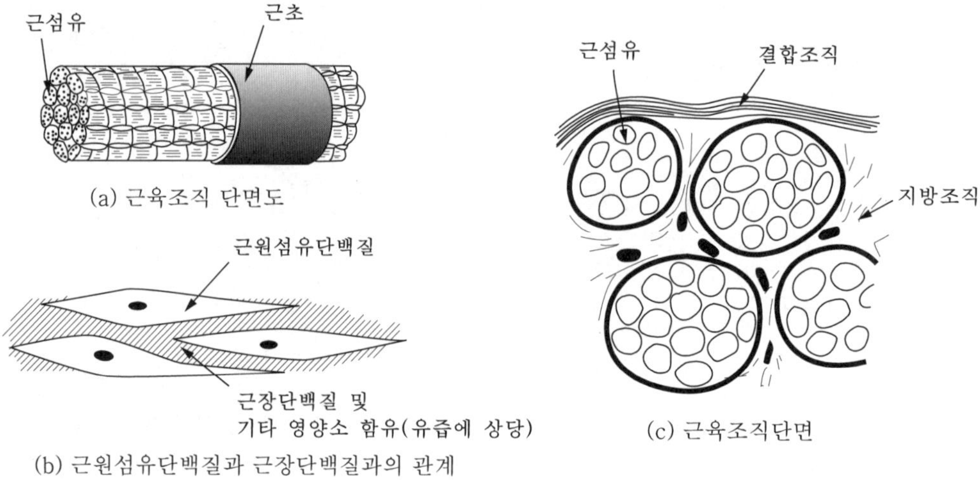

[그림 9.2] 근육조직과 단백질 모형

2) 육류의 성분

식육의 성분은 동물의 종류, 품종, 성별, 영양 상태에 따라 차이가 난다. 식육은 수분 75%, 단백질 20%, 지질 5%, 무기질 1% 정도를 함유하고 있다.

(1) 단백질

근육조직 중 단백질의 함유 비율은 근원섬유단백질이 전단백질의 50%, 근장단백질이 30%, 육기질단백질이 약 20% 정도이다. 육단백질의 아미노산 조성은 우수하여 생물가는 쇠고기 76%, 돼지고기 79%로 비교적 높다.

[표 9.2] 육류 단백질의 종류

분류	구성 및 기능	단백질
근원섬유단백질 (염용성단백질)	· 근원섬유로 구성(근육의 50%) · 근육의 수축 · 이완, 사후강직, 수분유지 육가공품 결착성에 관여 · 물에 난용, 섬유상 단백질	myosin(50%) actin(20~25%) actomyosin tropomyosin tropronin(10~12%)

근장단백질 (수용성단백질)	· 근원섬유 사이 근장에 존재 · 육색소 · 산소운반 저장 · 묽은 염류 물에 용해(수용성)	myogen globulin myoalbumin myoglobin cytochrome(효소) hemoglobin
육기질단백질 (고도염용성단백질)	· 근초, 모세관벽 결합조직 구성 (근육 20%) · 세조, 조직, 장기결합 및 보호 역할 · 물, 중성염, 약산 및 알칼리 불용	collagen(교원섬유):가죽, 피부, 힘줄 elastin(탄성섬유):노령가축, 운동량 많은 부위 reticulin:근육세포 주위와 혈관벽에 존재

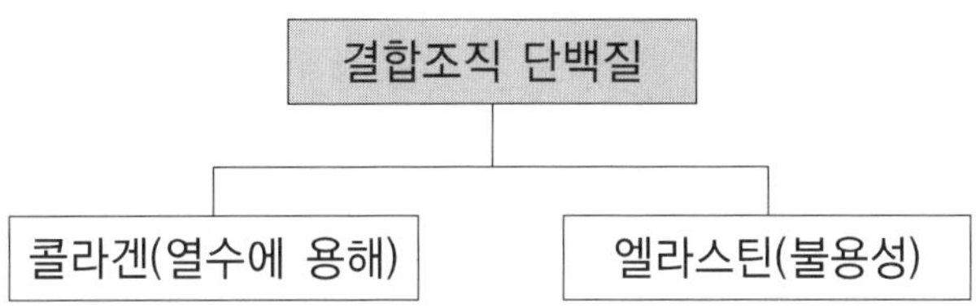

(2) 지방질

지질 함량은 5% 이하의 붉은 살코기에서 지방 함량 80%에 이르는 돼지비계, 근육의 결합조직과 상강육(marble meat) 등에서 지방 함량은 차이가 많다.

근육섬유의 구성에 관여하는 조직단백질은 인지질, 당지질, cholesterol 함량이 많고 피하, 내장 주위, 근육조직에 존재하는 저장지질은 중성지방이 주가 된다. 근육 사이에 백색의 반점처럼 지방이 적당히 산재된 marbling(霜降肉)은 연하고 풍미가 좋다. 주요 구성 지방산은 palmitic, stearic, oleic acid 등이 많다.

[표 9.3] 동물성 지방의 성질

↓불포화지방산	◀──	지방산함량	──▶	포화지방산↑
낮다	◀──	녹는점	──▶	높다
약하다	◀──	딱딱한정도	──▶	강하다

[표 9.4] 동물의 지방 융점

종류	융점(℃)	종류	융점(℃)
소	40~50	닭고기	30~32
돼지	33~46	칠면조	31~32
양	44~55	오 리	27~39

(3) 당질, 무기질, 비타민

소량의 당질이 있으며 대부분은 근육과 간장에 glycogen 형태로 존재하며 시간이 지나면 해당작용으로 분해된다. 무기질은 1% 내외이며 P.S.K가 많고 Ca, Mg이 적어 육류는 산성식품이다.

(4) 색

식육의 붉은색은 myoglobin과 hemoglobin이란 색소단백질이다. 이들 색소의 함량은 동물의 종류나 운동량에 따라 차이가 나이가 어릴수록 myoglobin 함량이 적다. 신선한 고기는 myoglobin이 암적색을 띠나 공기 중에서 산화되어 oxymyoglobin으로 되며 계속되면 갈색의 metmyoglobin으로 된다.

식육을 가열하면 단백질 부분이 globin이 변성되어 색소와 분리되어 갈색의 hematin이 된다. 햄이나 소시지의 선홍색을 유지하는 것은 질산염처리에 의해 생성된 nitrosomyoglobin, nitrosohemoglobin에 의한 것이다.

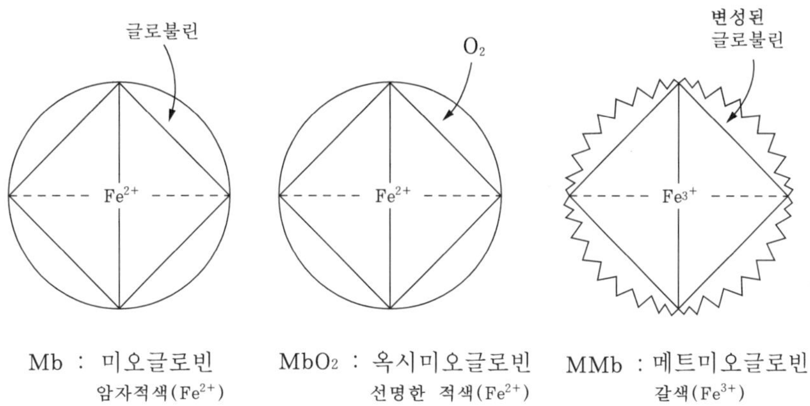

[그림 9.3] 미오글로빈의 모델 구조와 색소의 변화

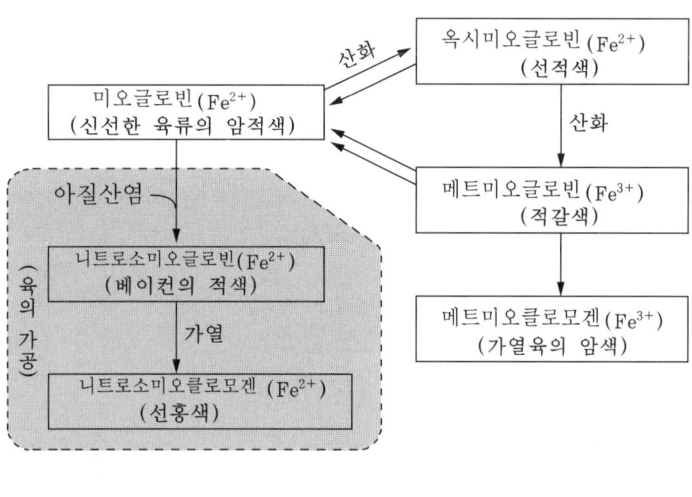

[그림 9.4] 근육 색소의 화학변화

3) 육류의 사후 경직 중 변화

동물은 도살 후 시간이 지남에 따라 근육은 신축성을 잃고 단단해져 경직상태로 되는데, 이것을 사후 경직(rigormortis)이라 한다. 사후 경직 이후 시간이 지남에 따라 경직되었던 근육은 차차 풀려 부드럽게 된다. 육류는 해동 후 0~4℃ 온도에서 저장하면 근육 자체 내에 존재하는 효소에 의해 단백질이 분해되어 연해지고 풍미가 높아진다.

도축 냉각 경직 숙성

생체 근육 → 도축 직후의 근육 → 사후 경직 근육 → 재연화 근육 → 완전숙성 근육
(부드러움) (부드러움) (단단함) (부드러움) (부드러움)

식육의 숙성

근육 강직	식육의 산성화	pH의 저하	보수력의 변화	풍미의 형성	식육의 연화

[그림 9.5] 식육 숙성 범위

[표 9.5] 육류의 사후 경직과 숙성 변화

변화단계	화학적 변화	물리적 변화
사후 경직	① 해당작용 →젖산생성 ② PH의 저하(7.4-5.4) ③ 액틴+미오신 결합 = actomyosin 형성	① 유연성 상실 ② 신축성 상실 ③ 보수성 감소 ④ 고기는 질기고, 가열로도 연해지지 않음
강직 해소	①·강직근육이 시간이 지남으로 유연 조직으로 변형 ② 근육내의 자가효소에 의해 단백질 분해 ③ 근육 연도 증가	* 강직 개시시간 ① 소고기 : 2~9시간 ② 돼지고기 : 30분~2시간 ③ 닭고기 = 수분~1시간 * 사후 강직 속도 ① 동물의 종류 ② 영양 수준 ③ 도축 방법 ④ 도살 후 환경, 온도

숙성	① 0~4℃ 저장 ② 근육 PH 5.4로 효소 불활성화로 근육단백질의 자기소화 시작 ③ 근육 내 단백질 분해효소의 유리아미노산 분해(핵산 맛 성분) ④ PH 상승	① 육색의 변화(산소의 조직 침투로 옥사마요글로빈의 적색) ② 보수성의 증가 ③ 지미성분 증가(풍미) ④ 고기의 연화 ⑤ 숙성기간 쇠고기 : 0℃=10일, 5℃=7~8일 10℃=4~5일,15℃=2~3일 돼지고기 : 0~4℃ = 1~2일

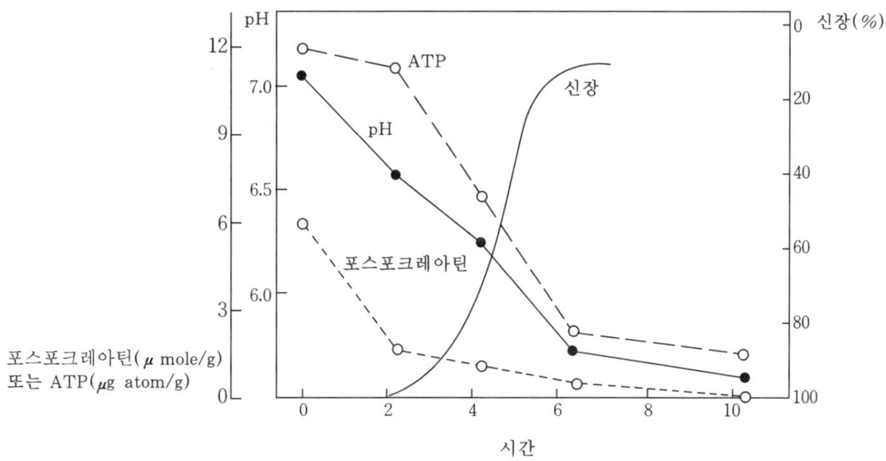

[그림 9.6] 37℃에서 쇠고기의 화학적 · 물리적 변화

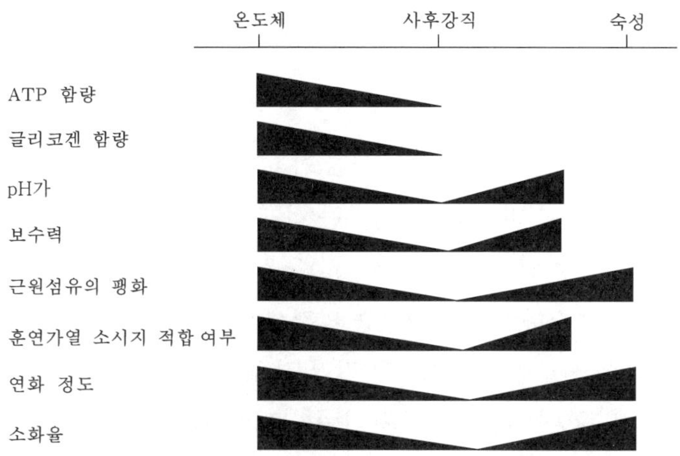

[그림 9.7] 식육의 사후 변화

4) 육류의 연도

육류의 연도는 소비자들이 품질 평가시 가장 중요하게 고려하는 요인 중의 하나이다. 근섬유와 결합조직의 화학적 상태나 물리적 상태에 영향을 받으므로 동물 자체의 요인들, 도살과 처리 상태에 의해 영향을 받는다.

따라서 수육의 연화는 물리화학적 변화 및 효소적 변화를 이용하고 있다.

[표 9.6] 육류의 연도와 연화법

<table>
<tr><th>요인</th><th>영향</th><th>연화법</th></tr>
<tr><td>결체조직</td><td>많을수록 질기므로 습열조리</td><td rowspan="2">· 결체조직 파괴→칼로 다지거나 자름
· 1.3~1.5% 식염 첨가→수화력 증가</td></tr>
<tr><td>지 방</td><td>상강육:marbling 형성(대리석 같은 얼룩 상태)을 하면 고기의 맛과 풍미 우수, 연함</td></tr>
<tr><td>연령</td><td>어린 동물 근육-연함,
늙은 동물 조직-질김</td><td rowspan="3">· 숙성-사후 강직 후 숙성
· 효소 첨가(papain, bromelin, ficin, 생강, 배 사용)
· 동결 후 연화작용
· pH 5~6에서 가장 질기나 높거나 낮으면 연화</td></tr>
<tr><td>고기 부위</td><td>운동량이 적은 부분 연함
(등심, 안심, 갈비)</td></tr>
<tr><td>조리온도
시간</td><td>높은 온도에서 장시간 가열은 근육섬유 질겨짐</td></tr>
</table>

9-1-1. 쇠고기

(1) 쇠고기 성상

잘 비육된 암소나 거세된 소의 고기(beef)는 선홍-적갈색이고 광택이 있으나 특유의 향기가 있다. 근섬유는 섬세한 탄력이 있고 근육 사이에 백색지방을 끼고 있는 소위 마블링(marbling)육을 형성한다.

늙은 소나 황소의 고기는 암적색을 띠고 지방은 짙은 황색을 보이며 그 양도 적다. 또 근섬유는 거칠고 질긴 결체조직을 많이 함유하여 단단하며 단면은 동색의 광택이 나는데 상품 가치가 떨어진다. 또한 송아기고기는 담적색이고 지방량이 적으며 근섬유는 가늘고 수분이 많아서 연하지만 육염기가 적어서 풍미가 떨어진다. 그러나 육질은 품종, 성별, 연령, 영양상태 등에서 차이가 나타나며 부위에 따라 각각 서로 다르다. 각 부위별 고기 명칭을 보면 그림 9-8과 같다.

(2) 쇠고기의 성분

쇠고기의 단백질 함량은 약 20%이다. 그 대부분이 근육단백질인데 필수아미노산 조성은 대단히 우수하나 typtophan과 methionine이 부족하다. 그러므로 typtophan이 많은 고구마 또는 시금치와 함께 요리하여 먹으면 더욱 유리하다.

지방은 부위에 따라 달라 적은 부위는 4~6%, 많은 부위는 40% 이상이다. 탄수화물은 대부분 글리코겐이 0,5%~1%이며 무기질로는 인, 황, 칼륨이 많이 산성식품이다. 비타민 A와 Fe이 다른 육류보다 많다.

(3) 고기의 부위 분류 및 조리법

소의 부위별 [표 9.7 참조] 특징이 다르므로 적절한 조리법을 선택하면 연하고 맛있는 음식을 만들 수 있다.

[표 9.7] 쇠고기의 부위별 특징과 조리법

부위의 명칭	특징	조리법
장정육	소의 목덜미살에 해당되며 결합조직이 많아 질기고 지방분이 적다.	편육, 국국물
양지육	쇠의 가슴살에 해당되는 것으로 섬유가 섞여서 질기다.	편육, 탕
사태육	교질이 많고 지방분이 적다.	족편, 조림, 탕 소의 앞다리 윗부분의 고기에 해당되며 골절이 많고 지방분이 적은 부위로 맛은 농후하나 질겨서 steak용으로는 적합하지 않다.
ribs(등심, 갈비, 쇠악지)	살이 두껍고 얼룩 지방이 있으며 질이 좋다.	구이, 전골, 찜, 조림, 탕, 산적

loin (안심)	short loin	tender loin 다음으로 연하고 얼룩 지방이 있다.	구이, 찜, 탕, 구이, 전골, 산적
	tender loin	가장 부드럽고 지방이 저강하게 있어서 최상급 고기이다.	구이, 전골, 산적
	loin	부드러운 살코기로 맛이 좋다.	구이, 전골, 산적
plate, flank, rump (양지육, 업진육, 우둔, 1홍두깨살)		지방과 고기가 층이 되어서 지방이 많고 질기다.	편육, 탕, 조림, 포, 육회, 구이 홍두깨살 : 소의 뒷부분의 살로써 맛이 담백한 것이 특징이며 지방과 살코기가 적절한 비율로 섞여 보기도 좋고 질기지 않다. (조리법) 조림, 볶음, 불고기에 이용
round(홍두깨살, 우둔, 대접살)		연하고 맛이 담백하다.	조림, 탕, 전골, 구이, 산적, 포
hind shank (중치육)		질기고 교질이 있다.	조림, 탕
tongue(우설)		돼지 혀에 비해서 껍질이 질기다.	편육, 조림, 탕

[그림 9.8] 소의 부위 명칭

(4) 쇠고기 감별법

① 쇠고기 색이 빨갛고 윤택이 나며 얇게 썰었을 때 손으로 찢기 쉬운 고기가 좋다.

② 너무 빛깔이 빨간 것은 오래 되었거나 늙은 고기 또는 노동을 많이 한 고기로 질기고 나쁘다.
③ 손가락으로 눌러보아도 탄력성이 있는 고기가 신선하다.
④ 지방이 가는 선으로 얼룩진 고기(marbling)가 좋다.
⑤ 결체조직이 많으면 고기의 질이 떨어진다.
⑥ 냄새로 신선도를 알 수 있다.

9-1-2. 돼지고기

(1) 돼지고기 성상

일반적으로 돼지고기(pork)의 색깔은 담홍색이나, 연령 또는 부위에 따라 다른데 어린 돼지는 청백색을 띠고 있는 것이 특징이다. 돼지고기는 섬유가 가늘고 연해서 소화율은 단백, 지방 다같이 95% 이상에 이른다. 지방의 성질은 돼지고기의 육질을 좌우하는데 지방이 희고 단단하며 방향이 있는 것은 소화가 좋고 흡수도 좋다. 지방은 사료 종류에 의해서 단단해지기도 하고 연해지기도 한다.

(2) 돼지고기 성분

돼지의 부위별 명칭과 온도를 보면 [그림 9.9]와 같다. 돼지고기의 수분 함량은 43~59%로 쇠고기(45~75%)보다 약간 적다. 단백질 함량은 13~75%이며, 아미노산 조성은 필수아미노산이 풍부하며 우수한 편이다. 지방 함량은 쇠고기보다 많아 23~33% 정도이며 지방산 조성은 stearic acid 5.2%, palmitic acid 20.7%, oleic acid 43.0%, linoleic acid 20.1%, myristic acid 2.0%이다.

비타민은 B 복합체가 많고 특히 B_1의 함량은 쇠고기의 약 10배나 많은 0.6mg%, B_2는 0.10mg% 정도로 많이 들어 있다.

(3) 돼지고기의 부위 분류 및 조리법

돼지고기의 부위별[표 9.8 참조] 특징이 다르므로 적절한 조리법을 선택하면 연하고 맛있는 음식을 만들 수 있다.

[표 9.8] 돼지고기의 부위별 특징과 조리명

부위명	특징	용도
어깨등심	목살, 목등심 등 여러 가지 형으로 불리며, 운동을 많이 한 부위여서 고기 결은 다소 질기고 붉은 빛을 띤다.	스테이크,로스,수육, 찌개, 불고기 등 모든 요리에 적합
등심	갈비 위쪽에 붙은 살로, 근육은 그물 모양의 지방으로 싸여 있다. 안심과 더불어 지방이 적고 부드럽다.	포크커틀릿, 탕수육, 잡채
안심	등심 안쪽의 연한 고기로, 지방이나 섬유로 적어 고기결이 부드럽고 담백하다. 선진국에서 가장 인기 있는 부위	탕수육,동그랑땡, 잡채, 돈까스, 장조림
사태	다리 윗부분으로 결체 조직이 많아 쫄깃쫄깃하며 기름기가 없어 담백하면서도 맛이 난다.	수육, 장조림
갈비	총 13대의 갈비뼈를 가지는데 골발과 장에서 6대를 떼어내는 것이 적당하다. 살코기는 지방층이 두껍고 연하며 가장 맛이 좋다.	LA 갈비구이. 찜갈비, 구이
삼겹살	뱃살 부위로 살코기와 지방층이 세 겹으로 되어 있고 맛이 좋다.	구이, 편육, 베이컨
갈매기살	돼지 한 마리에 300~400g 생산되는 띠 모양의 부위로 갈비의 안쪽에 달려 있다.	주물럭, 로스구이
앞다리	앞다리 부분으로 지방이 적당히 함유되어 있다.	스테이크, 불고기, 찌개
뒷다리	뒷다리 부분으로 지방이 적고 살이 많다.	불고기,다림육,찌개

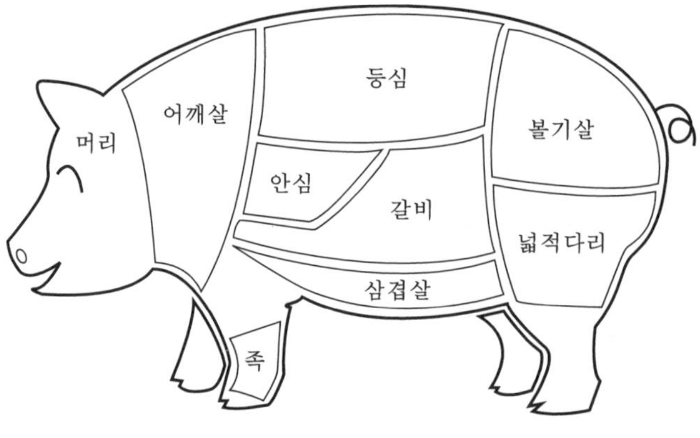

[그림 9.9] 돼지의 부위 명칭

(4) 돼지고기의 감별법

① 기름지고 윤기가 있어야 한다.

② 살이 두껍고 살코기 색은 엷은 것이 좋다(살코기 색이 빨간 것은 늙은 돼지고기).

③ 섬유소가 거칠고 질긴 것은 좋지 않다(수컷은 암컷보다 질기다).

④ 냄새를 맡으면 독특한 방향이 있는 것이 좋다.

9-1-3. 닭고기

(1) 닭고기의 성상

닭고기(chicken meat)는 근육섬유가 가늘고 치밀하며 부위에 따라 고기 색이 다르다. 닭고기는 가슴과 넓적다리의 근육이 잘 발달되어 있으며, 가슴살은 혈액의 잔류가 적어 희고 단백질은 많으나 지방이 적어 담백한 반면 넓적다리 살은 붉은 살이며 육염기가 많아 독특한 풍미가 있다.

닭고기의 지방은 피하와 복강에 주로 많고 근육에는 적다. 닭의 껍질 부위는 결체조직이 대부분이지만 지방이 풍부하고 부드러워서 식용으로 한다.

(2) 닭고기의 성분

닭고기에는 수분 73%, 단백질 21%, 지방 5% 및 약간의 비타민 A를 함유하고 있다. 일반적으로 병아리고기는 단백질 함량이 지방 함량과 반대로 상당히 적다. 지방은 융점이 낮고 연한 성질을 갖고 있다.

[표 9.9] 닭고기의 일반 성분(%)

고기의 부분	Kcal	수 분	단백질	지방질	회분
성 계	135	72.8	21.0	5.0	1.2
영 계	122	72.1	24.9	1.7	1.3
내 장	216	65.4	17.6	15.6	1.4
껍 질	230	57.3	31.1	10.8	0.8

(3) 닭고기의 부위 분류 및 조리법

닭고기의 부위별[표 9.10 참조] 특징이 다르므로 적절한 조리법을 선택하면 연하고 맛있는 음식을 만들 수 있다.

[표 9.10] 닭고기의 부위별 특징과 조리명

<table>
<tr><th colspan="2">부위명</th><th>특징</th><th>조리법</th></tr>
<tr><td colspan="2">통닭</td><td>4~5개월의 병아리이며 1100~1300g의 것이 좋다.
가슴 아래의 부위가 연한 것은 고기도 연하다.</td><td>병아리 : 영계탕, 삼계탕
노계 : 삼계탕, 닭찜, 튀김</td></tr>
<tr><td rowspan="2">날개</td><td>윗날개</td><td>가슴에서 날개까지의 고기이며 색은 희고 연하고 지방이 적다</td><td rowspan="2">조리, 튀김</td></tr>
<tr><td>아랫날개</td><td>고기는 적으나 젤라틴이 풍부하고 지방이 많고 맛이 있다.</td></tr>
<tr><td colspan="2">다리 전체</td><td rowspan="3">붉은 빛의 고기이며 날개고기보다는 단단하나 맛이 가장 좋은 부분이며 모양이 좋으므로 뼈채로 조리하는 일이 많다.</td><td>구이, 튀김, 조림</td></tr>
<tr><td colspan="2">허벅다리</td><td>조림, 찜, 구이, 튀김</td></tr>
<tr><td colspan="2">아랫다리</td><td>구이, 튀김, 조림, 찜</td></tr>
</table>

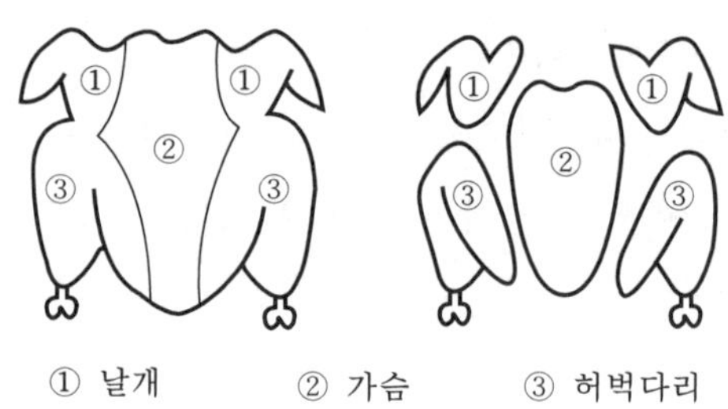

[그림 9.10] 닭의 부위 명칭

| 9-2 냉장육과 냉동육 |

냉장육은 0℃ 이상이 되도록 낮은 온도에서 보관 유통되는 고기를 말하며, 냉동육은 0℃ 이하에서 얼린 고기를 뜻한다.

우리나라에서는 현재 냉동 포장육이 대량 판매되고 있고 정육점에서도 고기를 냉동상태로 보관, 판매하는 경우가 많은데, 외국에서는 고기는 냉장 상태의 유통이 일반적이며 백화점이나 슈퍼마켓에서 개방 진열장 내에 Self Service 용으로 제한된 양의 동결 포장육이 팔리고 있을 뿐이다.

냉동육은 육질이 가장 잘 보관할 수 있는 저장방법임에는 틀림 없으나 냉장육에 비해 다소 육질이 떨어지는 것을 피할 수는 없다.

따라서 소비자는 되도록 냉장육을 구입함으로써 육질의 보호를 받을 수 있음은 물론 고질적으로 만연되어 가는 강제 급수된 소고기를 구입하게 되는 피해를 방지할 수 있을 뿐만 아니라 수입소고기와 국산육을 구분하여 구매할 수 있는 이점이 있다.

강제 급수된 소고기와 수입소고기는 동결 상태로 판매할 수 밖에 없으며 얼지 않은 상태의 고기를 요구함으로써 확실하게 정상적인 한우고기를 구분할 수 있다.

[표 9.11] 냉장육과 냉동육의 비교

종류	냉장육	냉동육
온도	0~4℃	영하 18~24℃ 급속 동결
유통기한	진공포장시 30일 (구입 후 4일 이내 식용)	1년 이상 가능
영양상태	해동과정 없이 신선하고 영양손실 없음	해동 과정 중 고기즙(드립) 생성으로 단백질, 비타민, 무기질 손실
맛	저온 숙성으로 육질이 연하고 맛 우수	유통기한 길고 수분 증발로 퍽퍽한 느낌. 도살 후 급속냉동으로 육질이 질기고 맛이 떨어짐
가격	냉장육이 냉동육보다 20% 정도 비쌈(2003년도) 판매 비율도 거의 냉장육으로 판매되고 있음(2003년도)	

| 9-3 어패류 |

어육의 일반 성분은 평균적으로 수분 70~80%, 단백질 19%, 지방 5%, 무기질 1%, 탄수화물 1%로 축육과 큰 차이가 없다.

종류나 계절, 부위 등에 따라서 성분의 변화는 심하며 특히 지방의 함량은 차이가 많다. 어패류의 맛은 유리아미노산 peptide 및 염기류 등에 의하며 엑기스 성분으로 맛난 맛성분인 이노신산, 구아닐산 등 핵산계 물질, glutamic acid 등의 화합물, succinic acid의 유기산계 물질이 주체가 된다. 생선은 오래되면 선도 저하로 세균의 작용을 받아 암모니아 trimethylamine, 황하수소 등의 부패취를 낸다.

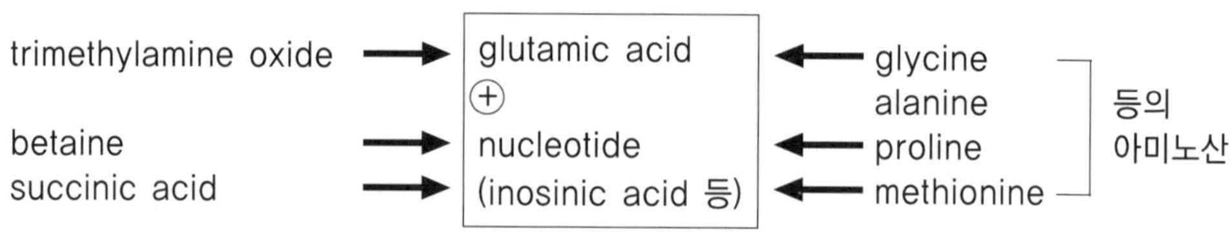

[그림 9.11] 어패류의 맛난맛의 구성

[표 9.12] 어패류의 생태 및 종류

분류	생태		종류
어류	서식처에 따라서 해수어와 담수어로 구분	해수어	복어, 장어, 가오리, 가자미, 갈치, 조기, 농어, 준치, 참치, 정어리, 멸치, 고등어, 꽁치, 청어, 다랭이, 도미, 방어, 대구 , 연어
		담수어	잉어, 붕어, 미꾸라지, 메기, 쏘가리, 빙어
연체류	몸에 마디가 없고 부드러우며 좌우대칭이나 좌우 양측의 성장이 달라 대칭이 아닌 것도 있음.	부족류	바지락, 백합, 피조개, 꼬막, 홍합, 굴, 재첩, 가리비
		두족류	낙지, 문어, 오징어, 꼴뚜기
		복족류	전복, 소라, 우렁이

갑각류	새우류와 게로 분류할 수 있으며 몸, 가슴, 배의 3부분으로 되어 있음. chitin으로 구성된 딱딱한 외피 마디 형성	게, 왕게, 꽃게, 새우, 가재
극피동물	바다 밑의 모래 섞인 흙이나 암초 사이에서 자람	성개, 해삼

• 새우 · 게살의 색깔 변화
갑각류의 껍질은 청색이나 회록색을 띠고 있는데, 가열하게 되면 껍질의 단백질이 변성, 분리되고 이로 인해 아스타잔틴(astaxantine)이 유리 산화되어 적색의 아스티신으로 분해되기 때문에 갑각류의 겁질이 빨갛게 변한다.

1) 사후 경직 및 자기소화

어패류가 죽으면 다른 동물과 마찬가지로 근육이 경직되는 사후 경직 현상이 일어나는데, 이는 어류의 종류, 어획시의 처리 상황, 어획 후의 관리 상태에 따라 좌우된다. 어육의 신선도를 유지하려면 될 수 있는 한 경직 상태를 오래 지속하도록 하는 것이 좋다. 어육의 pH는 죽은 직후에는 7.0~7.5이지만 경직이 되면 6.0~6.6이 되는데, 어종에 따라서 6.0 이하가 되는 것도 있다.

사후 경직이 끝나면 자기소화(autolysis)를 거쳐 부패가 일어난다. 어육은 식육류에 비하여 경직이 약하므로 자기소화도 일어나기 쉽고 그 기간도 짧으며 쉽게 부패에 이르게 된다.

자기소화가 진행된 어패류는 조직이 연화되기 쉬우며 풍미도 떨어져서 생식에는 적합하지 않으나 조리에는 이용할 수 있다. 특히 흰살 어류는 오래될수록 맛이 떨어지므로 신선한 것일수록 좋다.

[표 9.13] 신선도에 따른 생선 형태 변화

싱싱하다		싱싱하지 않다
경직 전	경직 후	연 화
활 어	선 어	

죽음 부패

[표 9.14] 신선도에 따른 생선 형태 변화

구 분	신선한 생선	선도가 떨어지는 생선	부패한 생선
비 늘	광택이 있고 단단하고 비늘은 몸에 잘 밀착해 점액으로 덮여 있지 않음	광택이 모자라고 몇 개쯤 벗겨져 있으며 점성이 생김	광택이 없고, 악취나는 불결한 점액으로 덮여 있음
안 구	돌출하고 눈꺼풀이 긴장해 있고 각막은 투명	함몰하고 눈꺼풀은 적색이며 각막이 진함	안구가 파괴되고 탈락한 것이 있음
아가미	선홍색이며 싱싱한 냄새가 나고 아가미 주름이 잘 잡혀 있음	아가미 주름이 풀리기 쉽고, 색은 퇴청색이며 회적색 액체로 덮여 있고 불결한 냄새가 남	현저하게 퇴색하고, 심한 악취가 남
어 체	손바닥 위에 수평으로 어체를 놓으면 굴곡이 생기지 않음	뼈 꼬리 같은 것은 쉽게 구부러짐. 복부가 팽만하고 남빛으로 변해 누르면 눌려진 채 그대로 있음	이완이 심하고 쉽게 구부러짐. 퇴색하고 복부가 팽만
냄 새	신선함.		부패한 냄새
육 질	단단하고 탄력있으며 뼈에 밀착	유연하고 뼈에서 떨어지기 쉬움	습윤, 유연함
수중투하 시험	물속에 잠김	물 위에 뜸	물 위에 뜸

2) 어패류의 선도 판정법

어패류의 선도는 식품의 가치를 결정하는 가장 중요한 요인이며, 관능적인 방법과 과학적인 방법에 의하여 어패류의 선도를 판정하고 있다. 생선을 잘랐을 때 신선한 것은 투명감이 강하지만 선도가 떨어지면 혼탁하여 불투명하게 된다.

(1) 어패육이 식육류에 비하여 쉽게 부패하는 이유

① 수분이 많고 지방이 적어 세균 번식이 쉽다.

② 수조육에 비하여 조직이 연약하여 외부로부터 세균의 침입이 쉬우며, 표면의 점질물질은 균 증식의 적절한 배지가 된다.
③ 생선에는 세균 부착의 기회가 많고 표피, 아가미, 내장 등에는 세균이 많으며 저온에서도 증식한다.
④ 자기 소화작용이 커서 육질의 분해가 쉽게 일어난다.
⑤ 어체 중의 세균은 단백질 분해효소의 생산력이 크다.

위와 같은 이유로 빨리 부패하므로 어패류의 취급·처리에 주의하여야 하며 보존상의 문제 및 가공상의 어려운 점이 많다.

(2) 싱싱한 어패류를 고르는 방법

생선은 오전 10시부터 정오 사이에 구입하는 것이 가장 좋다. 살에 탄력과 윤기가 있는 것을 고른다. 인공적으로 비늘에 착색을 했거나 배에 바람을 넣었는지 확인한다. 또한 생선비린내가 나지 않는 것을 택한다.

3) 생선냄새의 제거 방법

어패류는 독특한 냄새와 맛을 지니고 있다. 생선냄새는 주로 근육 중의 수분과 혈액 중에 존재하며 신선한 생선 특유의 냄새와 선도 저하에 의한 불쾌한 어취(魚臭)가 있다. 어취는 다음의 여러 가지 방법으로 억제하거나 제거할 수 있다. 물로 씻는 경우에 냄새가 쉽게 용해되고, 생선을 조릴 때 흔히 파, 마늘, 생강, 레몬즙, 향이 강한 채소 등을 넣어 조리하면 냄새가 없어진다. 서양음식에서는 흔히 백포도주를 요리에 첨가하거나 곁들여 먹는데, 이는 알코올 음료가 냄새를 제거하는 효과가 있기 때문이고, 미림은 설탕보다 효과적인 감미료로 음식의 색과 향미를 향상시킨다.

된장과 고추장은 특유의 향미와 콜로이드의 강한 흡착력이 있어서 냄새를 제거하는 효과가 있다. 간장은 단백질의 응고를 촉진하여 어육에 탄력성도 주고 냄새 제거작용도 한다. 생선을 조리하기 전에 우유에 담가두면 냄새가 약화되는데, 이는 우유에 흡착력이 있어서 냄새를 빨아들이기 때문이다.

쉬어가는 페이지

1. 생선회 왜 좋은가

생선은 색깔에 따라 크게 '붉은살'과 '흰살'로 나뉜다. 가다랑어 · 방어 · 고등어 · 정어리 등 장거리에 걸쳐 유영하는 생선은 붉은살에 속하고, 도미 · 넙치(광어) · 가자미 · 조기 등 한정된 지역에서 서식하는 것은 흰살에 속한다. 흔히들 고급 횟감이라고 하면, 복어 · 넙치 · 돔 등 흰살 생선을 연상하지만, 이들 생선이 육질이 단단하여 씹는 맛이 좋기 때문이지, 영양학적 측면에서만 보면 붉은살 생선이 우월하다. 이는 붉은 살 생선에 건강에 좋은 불포화지방산의 성분인 'EPA'와 'DHA' 함량이 많기 때문이다.

이처럼 영양소가 풍부한 생선은 회로 먹는 것이 좋다. 우선 신선도가 앞선다. 생선회는 죽은지 얼마되지 않은 것이기 때문에 영양소가 그대로 보존되고 맛도 좋다.

생선을 구이로 요리하면 구울 때 석쇠 등 조리기 아래로 덜어지는 액에 'EPA', 'DHA', 타우린 등의 성분이 빠져 나간다. 또한 가열에 의해 비타민 등 일부 성분의 파괴와 산화가 일어나 영양이 떨어진다. 생선회의 생명은 매우 짧은데, 넙치 · 돔 · 조피볼락 · 농어 등 흰살 생선회는 죽은지 5~10시간, 방어 등 붉은살 회는 5시간 정도 안에 먹어야 한다. 살아있어도 썩는다는 고등어는 죽은 즉시 먹어야 한다. 또한 자연산을 고집할 필요는 없다. 자연산의 육질이 10% 정도 단단하나, 그 차이를 느끼는 사람은 10명 중에 1명도 안된다. 영양소는 오히려 양식이 약간 높다.

2. 홍어의 비밀

(1) 고통에서 쾌감으로

잘 삭은 홍어를 난생 처음 접한 사람의 반응은 대체로 비슷하다. 홍어가 상에 오르는 순간 어린 시절 맡았던 재래식 화장실 냄새를 떠올리며 질겁한다. 이걸 먹으란 말인가, 아니 사실은 식당 안에 들어서는 순간부터 후각은 이미 비상이다. 권하는 대로 숨을 참은 채 억지로 입에 넣으면 더한 괴로움이 기다리고 있다. 후각, 미각, 촉각이 곤두서고 세포를 하나하나 자극하는 듯한 아픔이 느껴지면서 코가 뻥 뚫린다. 제대로 삭은 홍어로 만든 찜을 먹다가 입천장이 홀랑 벗겨지기도 한다. 홍어를 처음부터 좋아하기는 쉽지 않다. 이 모든 괴로움의 근원은 암모니아이다.

(2) 홍어 삭히기

홍어의 몸에 있는 요소가 발효되면서 미생물에 의해 암모니아로 바뀌는 것이다. 전라도 말로 오가리(항아리)에 짚을 깔고 홍어를 올려놓고 발효될 때까지 기다리면 저절로 발효가 된다. 때로 강렬한 맛을 의해 두엄을 쓰기도 했다고 한다. 보통 여름에는 하루나 이틀, 가을에는 5, 6일 정도 걸린다. 요즘에는 저온으로 온도를 일정하게 유지시켜주는 냉장고를 쓰는 경우가 많다.

괴로움을 견디로 먹다보면 어느 순간 쾌락으로 바뀐다. 자학과 인고의 세월을 거쳐야 비로소 찾게 되는 그 즐거움, 고통이 큰 만큼 쾌락도 크다. 김치나 치즈같은 발효식품이 그렇듯 홍어 역시 중독성이 있어 한번 맛 들이면 헤어나기 어렵다.

(3) 홍어먹기

홍어 중에서 으뜸으로 치는 건 코다. '1 코, 2 날개, 3 꼬리, 4 살' 이라고 한다. 어떤 이는 애(간)을 최고로 친다. 홍어에서 맛있는 순서대로 순위를 매기면 그렇다는 얘기다. 홍어를 처음 맛보는 사람들은 그냥 살을 먹는 것도 어렵지만 익숙해지면 더 강한 자극을 찾게 된다. 홍어 애(간)도 단골들에게만 내놓는 별미다. 홍어는 버릴 것이 없다. 살은 회로 먹고 뼈와 내장은 찜이나 탕을 끓이는데 쓴다. 홍어회는 소금을 찍어서 먹기도 하고 미나리를 넣고 초고추장에 무쳐 먹기도 한다. 삶은 돼지고기 묵은 김치를 얹어먹는 삼합은 홍어 요리의 백미로 꼽힌다. 세 가지 이질적인 음식을 한꺼번에 입에 넣으면 처음에는 김치와 돼지고기 맛이 먼저 느껴진다. 볼이 터지도록 우물거리며 씹다보면 어느 순간부터 홍어 고유의 톡 쏘는 맛이 나기 시작한다. 홍어 뼈를 씹으면 씹을수록 향이 입안에 가득찬다.

홍어는 살이 물컹거리면서도 질깃질깃하고, 뼈는 와자작 씹힌다. 8Kg이 되면 '미짜리', 작은 것은 '팔랭이'라고 부른다. 수컷은 크기가 작아서 8Kg 정도면 대개 암컷이다. 작은 건 부드럽긴 한데 깊은 맛이 없다. 부위마다 다양하고 깊은 맛은 적당한 크기가 돼야 나오는 것이다. 날개살은 광어 날개살처럼 씹는 맛이 좋다. 뱃살 부위는 도톰하게 썰고, 몸통은 적당한 두께로 썬다. 아가미 부위는 부들부들하면서도 묵직한 맛이 난다.

(4) 홍어의 살균, 항암효과

홍어는 설보다는 간(애) 등 내장이 항균, 항암효과가 뛰어나고, 몸에 좋은 각종 단백질이 더 많다. 홍어를 삭힌 정도별, 부위별로 구분한 뒤 암모니아가 얼마나 많이 나오는지, 대장균과 암세포에 홍어 삶은 물을 넣었을때 얼마나 항균, 항암 효과가 있는지를 알아보았다. 보통 홍어를 많이 삭혔을 때는 강알칼리성으로 웬만한 병원성 잡균이 살지 못한다. 삭는 것도 김치와는 다르다. 김치는 유산균의 활동으로 시어지지만, 홍어는 살, 뼈 등의 조직 속에 있는 효소의 작용으로 삭는 것이다. 홍어횟집에서 주로 먹는 살 부위를 살ㅎ은 물은 살균 효과가 거의 없었다. 내장은 8일째 삭힌 것을 넣었을 때 대장균의 43%가 죽었다. 항암효과는 살이나 내장이 다 높았다. 살은 삭히면 섭 지 8일째 된 것이 53%의 암세포를, 내장은 10일째 되는 것이 58%의 암세포를 죽였다. 고혈압을 일으키는 물질인 ACE 활성을 억제하는 효과와 항산화 효능은 삭히지 않은 것이 높았다. 삭힌 홍어의 톡 쏘는 맛은 암모니아가 만든다. 홍어는 바닷속에서 삼투압을 암모니아로 조절하는 데 삭힐 경우 그 암모니아가 살, 뼈 등 조직에서 빠져나온다.

임 교수는 '보통 삭히려면 섭씨 10도에서 5일 정도, 섭씨 20도에서는 4일 정도면 좋다'며 '최적 숙성상태가 유지되는 기간은 섭씨 10도에서 이틀간, 섭씨 20도에서는 12시간 정도'라고 말했다.

3. 아구는

아구는 정말 못생긴 물고기다. 국어사전에는 아구 아닌 아귀로 나와 있지만, 아귀는 아귀(餓鬼)를 연상케하여 듣기에 사나와 나는 멋대로 아구라 불러 왔다. 하지만 그것이 망발만은 아닌 것이, 문헌에 의하면 아구를 조사어(釣絲魚)라 부르기도 하고 아구어(餓口魚)라 부르기도 했다는 기록이 있기 때문이다.

우리나라 연안에서 잡히는 아구는 못생긴 물고기답게 아가리가 몸시 크며, 바로 코밑에 두 개의 안테나가 달려 있다. 이 안테나에서는 불빛이 나는데, 아구가 그 큰 입을 벌리고 실과 같은 구 대의 빛나는 안테나를 하늘거리고 있으면 잡고기가 먹이로 착각하고 불빛을 따라 입안으로 들어와 준다. 손도 안대고 코를 푼다는 말이 있지만 아구는 그야말로 손도 안대고 먹이를 잡아 먹는 것이다. 아구를 조사어(釣絲魚)라 한 까닭이 여기에 있을 것이다.

게다가 아구는 날카로운 이빨이 삼중으로 돋아 있다. 사나운 앞이빨과 함께 입천정에도 있고, 목구멍에도 있다. 이것은 입안으로 들어온 먹이를 씹기 위해서가 아니라, 넓은 입안과 큰 위속으로 들어간 잡고기가 도망쳐 나오지 못하게 하는 철조망 구실을 하는 것이다. 제대로 헤엄도 칠줄 모르는 아구는 바다 밑바닥에서 그저 입만 벌리고 있으면 먹이편에서 저절로 먹혀주며, 위액이 매우 강해서 먹이가 저절로 녹아 버린다.

아구의 먹이가 잡고기라 했지만, 그 잡고기 가운데 주식은 조기를 위시하여 넙치, 장어, 새우, 소라 등의 고단백질 어종이다. 때문에 아구 자신이 고단백질 어종이 될 수밖에 없으며, 그렇기 때문에 다른 어종의 공격대상이 되는 것이다.

먹이가 저절로 녹어 버릴 정도로 강한 위액과 제 몸집 만큼이나 큰 위 주머니인 보사리 감투의 맛은 부드러워 살코기 못지 않은 맛으로 친다. 살과 보사리 감투를 위시해서 배떼기살인 물렁살, 지느러미인 날개 등을 특히 맛으로 치며, 이밖에 간, 난소, 아가미 등 어느 것 하나 버릴 것이 없다.

4. 안동 간고등어

안동 간고등어 유래는 100여 년 전으로 거슬러 올라간다. 문헌은 없으나 유림(儒林) 고향인 안동지역에는 유독 제사가 많아 간고등어가 훨씬 이전부터 쓰였을 것으로 추정된다. 조선 초기까지 거슬러 올라갈 것이라고 구전으로 전해지고 있을 뿐.

성질이 급해 바다에서 꺼내 올리면 바로 죽어버리고 쉽게 상하는 고등어 속성상 냉장시설이 없었던 시절에 내륙지역에서 고등어를 먹기 위해서는 소금간이 필수적이었을 것으로 전문가들은 추정하고 있다.

어쨌든 안동 간고등어가 가장 전성기를 누렸던 때는 구한말, 일제시대라고 이 지역 전문가들은 말한다.

요즘에는 주로 수입산 고등어를 쓰지만 예전에는 제주도 등 연근해에서 잡힌 고등어가 부산에 한번 집결했다가 다시 각 지역으로 흩어져 공급됐다. 경북지역에 공급되는 고등어는 바다를 통해 경북 영덕 강구항으로 들어왔다.

이것은 수산물 도매시장이 있던 안동으로 다시 옮겨져 염장 처리된 뒤 주변지역으로 팔려나갔다. 영덕에서 안동까지는 80Km(200리). 자동차로 1시간이면 갈 수 있는 거리에 불과하지만 교통이 불편하던 시절에는 꼬박 이틀이 걸렸다.

우마차를 이용해 이른 새벽 영덕을 출발하면 해질녁 진보 신촌마을에 도착한다. 여기서 하루를 묵고 다음날 다시 출발하면 곧 안동에서 반나절 거리인 임동 챗거리 장터에 이르게 된다.

챗거리 장터에 도착할 때쯤이면 고등어 내장이 상하기 시작한다. 여기서 내장을 꺼내고 쓴 맛이 나는 간수를 뺀 다음 왕소금을 듬뿍 쳐 부패를 방지한다.

이처럼 영덕에서 임동까지 오는 동안 고등어가 먹기 딱 좋은 상태로 변하고 상하기 바로 전에 소금을 뿌린 뒤 안동 안흥동까지 가다보면 소금간이 숙성되기 때문에 안동 간고등어가 최적 맛을 내게 됐을 것이라는 분석이 지배적이다.

| 9-4 우유류 |

우유는 백색 불투명한 액체이며, 영양가가 높은 식품으로 음용 우유로 이용되는 경우가 많다. 우유를 조리에 사용하면 우유의 백색, 부드러움, 풍미, 분산성 등이 우수한 특성을 이용함과 동시에 영양적으로도 풍부하게 할 수 있다.

소에서 짠 것을 생유라 하고 그냥 마시거나 가공해서 우유, 연유, 분유, 버터, 치즈 등 유제품을 만드는 데 이용된다.

축산물가공처리법에 따르면 우유는 10℃ 이하로 냉장하도록 되어 있다.

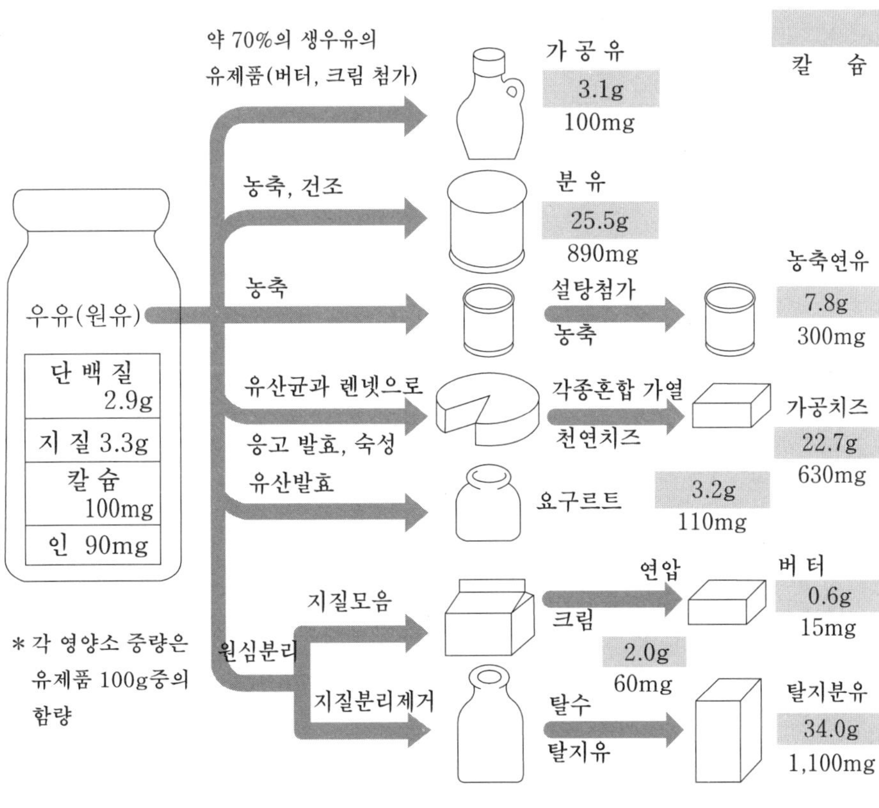

[그림 9.12] 유제품의 종류

1) 우유의 성분

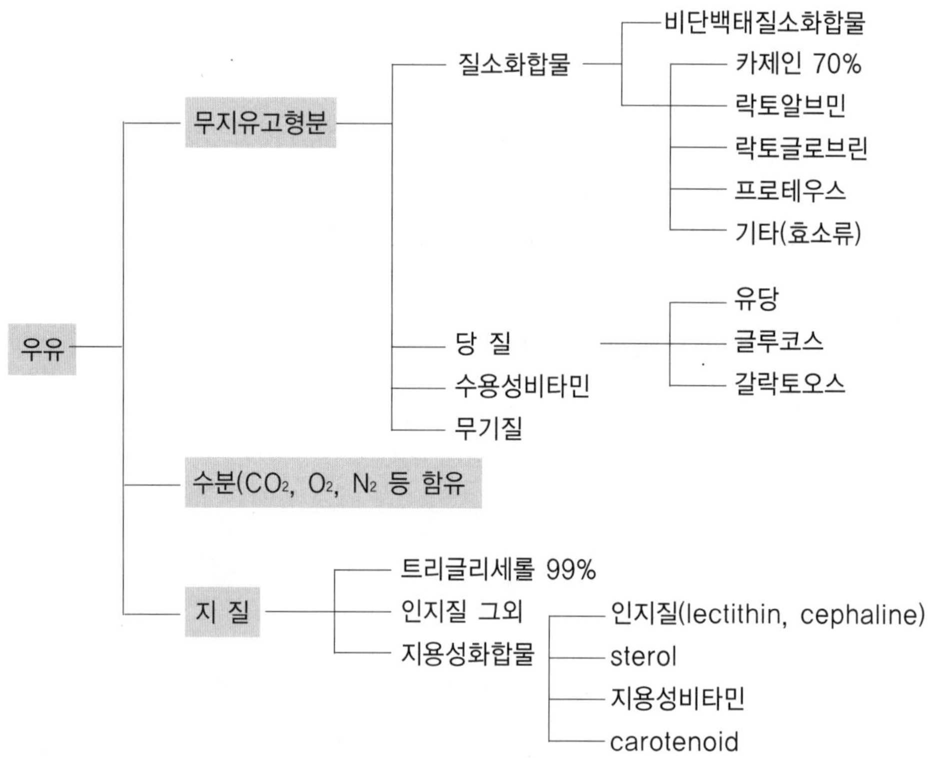

[그림 9.13] 우유 성분의 분류

우유의 성분은 동물의 종류에 따라 차이가 있으며 또 품종, 연령, 비유기, 계절 및 사료 등에 따라 다르다.

우유는 [표 9.14]와 같이 분만 직후의 알브민, 지방, 회분이 많고 이외에 비타민 등 포유동물에게 중요한 성분을 다량 함유하고 있다.

또한 우유의 조성은 시간과 함께 변화하며 1주일 정도로 일정한 조성이 된다. 분만 후 1주일 정도까지의 젖을 초유라 하며, 그 후의 젖을 보통유라 한다.

[표 9.15] 초유에서 상유로의 성분조성의 변화(%)

분만 후의 시간	총단백질	카제인	알부민 글로불린	지질	유당	회분	전체 고형분	가열응고
0	17.57	5.08	11.34	5.10	2.19	1.01	26.99	+
6	10.00	3.51	6.30	6.85	2.71	0.91	20.46	+
12	6.05	3.00	2.96	3.80	3.71	0.89	14.53	+
24	4.52	2.76	1.48	3.40	3.98	0.86	12.77	+
30	4.01	2.56	1.20	4.90	4.27	0.83	13.63	+
36	3.98	2.77	1.03	3.55	3.97	0.84	12.22	+
48	3.74	2.63	0.99	2.80	3.97	0.83	11.46	−
72	3.86	2.70	0.97	3.10	4.37	0.84	11.86	−
96	3.76	2.68	0.82	2.80	4.72	0.83	11.85	−
120	3.86	2.68	0.87	3.75	4.76	0.85	12.67	−
168	3.31	2.42	0.69	3.45	4.96	0.84	12.13	−

초유는 농도가 짙고 황색을 띠며 특히 면역과 관계있는 globulin 단백질이 많다. 그러나 가열에 의해 응고되므로 원유로써는 금지되고 있다.

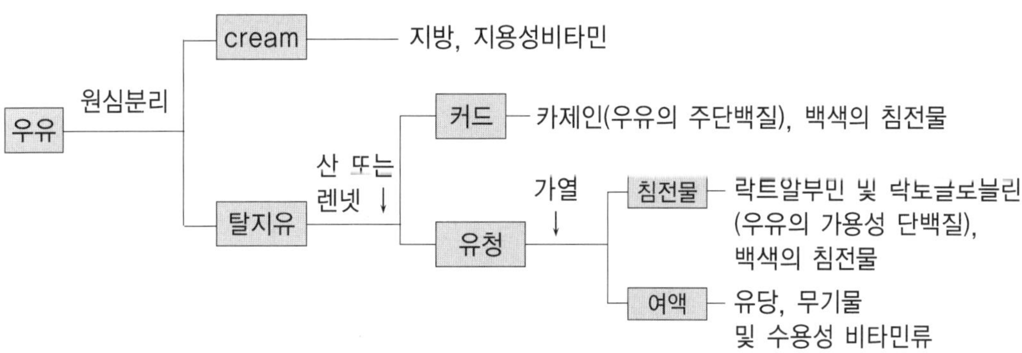

[표 9.16] 우유류의 종류와 규격

종류	종류		위생 기준		
	유지방분	무지유고형분	비 중	생균 수 (1ml당)	대장균 (1ml당)
우유	3.0 이상	8.0 이상	1.028~1.034	2만 이하	2 이하
가공유	2.7	7.2 이상	−	2만 이하	2 이하
유음료	−	−	−	2만 이하	2 이하

2) 우유 성분의 특징

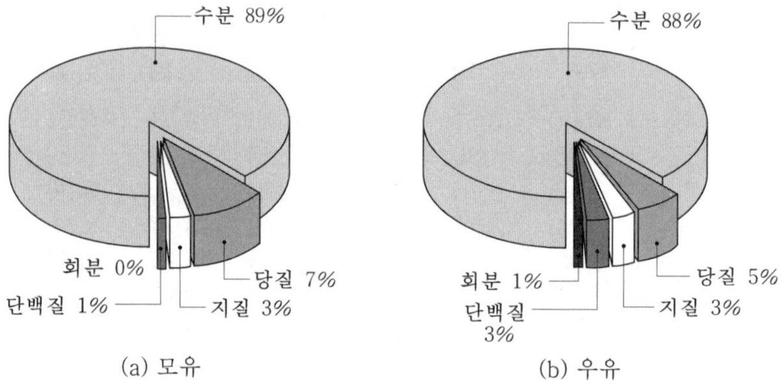

[그림 9.14] 우유와 모유의 비교

(1) 단백질

우유의 단백질은 젖소의 품종에 따라 차이가 있으나 우유에 3.0~3.9% 함유되어 있다. 우유의 단백질은 카제인과 유청단백질로 분류된다.

카제인(casein)은 우유 중 약 3% 함유되어 있으며 우유 단백질 중 80%를 차지한다. 카제인은 산을 가하며 pH를 4.6으로 등전점으로 하면 물에 녹지 않고 침전된다.

이렇게 얻어진 casein은 균일한 것이 아니라 여러 단백질(α, β, κ-casein)로 구성되었다. 카제인을 제거한 후 얻어진 것을 유청(whey)이라 하며 이것은 가열하면 표면에 피막을 형성하는 단백질이다. 유청단백질에는 락트알부민, 락토글로블린과 같은 소량의 면역글로불린이 들어 있다.

(2) 유지방

우유의 지질은 [표 9.17]과 같이 대부분이 트리글리세라이드이며 소량의 인지질과 불검화물을 함유하고 있다. 불검화물은 스테롤(0.22~0.41%)이나 지용성 비타민이다. 이들 지질은 트리글리세라이드의 표면을 인지질, 단백질, 스테롤로 이루어진 피막으로 둘러싼 지방구로써 존재하고 있으며, 지방구의 크기는 평균 3μ(0.1~22μ)이다.

[표 9.17] 우유 지질의 조성(%)

종 류	함량비율(%)
트리글리세라이드	97~98
디글리세라이드	0.25~0.48
모노글리세라이드	0.016~0.038
유리지방산	0.10~0.44
인지질	0.2~1.0
스테롤	0.22~0.41

우유의 주요 지질은 oleic, palmitic, stearic acid으로 구성되어 있고, 특히 탄소수가 적은 butyric acid, caproic acid 등의 저급지방산에 많으며 이들 지방산은 소화가 잘되나 가수분해로 butyric acid의 특유한 불쾌취를 생성한다.

[표 9.18] 우유 및 모유의 일반 조성(%)

종 류	수 분	단백질	지 방	당 질	회분
우 유	88.6	2.9	3.3	4.5	0.7
모 유	88.0	1.1	3.5	7.2	0.2

(3) 유당

젖당은 우유의 4~5% 들어 있으며 설탕감미의 1/5이며 글루코스와 갈락토스로 구성된 이당류이다. 이것은 소장 점막 표면의 lactase 효소에 의해 분해되어 흡수된다. 그러나 선천적으로 lactase를 생산하는 유전자가 적은 경우 분해를 잘못하는 경우가 있다. 이것을 유당불내증이라 한다. 우유보다 모유(5~8%)에는 유당 함량이 많다. 유당은 유산균의 증식은 왕성하게 하고 정장작용을 하므로 요구르트와 같은 제품에 이용된다.

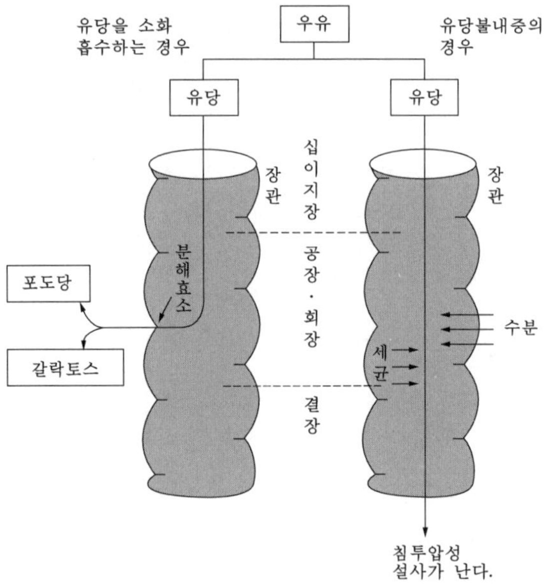

[그림 9.15] 유당불내증의 원인

3) 우유의 물리적 성질

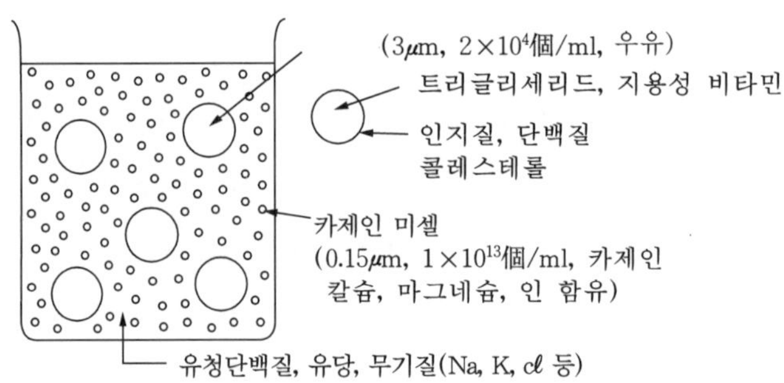

[그림 9.16] 우유 성분의 상태 모형

우유의 상태를 그림으로 나타내면 [그림 9.16]과 같이 유당, 무기질, 유청단백질, 수용성비타민 등을 함유한 수용액 중에 지방구와 카제인 미셀이 분산된 콜로이드 용액이다. 이들 지방구와 카제인 미셀이 빛을 산란하기 때문에 우유는 백색이 되며 또 유지방 중의 카로틴의 황색과 수용성의 리보플라빈의 황록색이 병행해서 약간의 황색을 띠고 있다. 유당이나 무기질이 용해되어 있기 때문에 비점이 100 · 55℃, 빙점은 -0.55℃로 되어 있다. pH는 평균 6.6(6.4~6.8)이며 인산염, 구연산염, 단백질 등에 의해 완충작용이 비교적 강하다. 보통 우유 비중은 1.028~1.034(15℃) 내외로 우유중 단백질 등 고형분이 있어 물보다 비중이 크다.

(1) 균질화

우유에 압력을 가해서 작은 구멍으로 압출하여 지방구를 파쇄하는 균질화(homogenization) 처리를 하면 [표 9.19]와 같이 지방구가 세분되어 덩어리를 만드는 성질이 없어지고 크림의 분리를 일으키지 않게 된다. 이와 같은 우유를 균질화 우유라고 한다. 시판되고 있는 우유는 균질화되어 있기 때문에 오래 방치해도 크림 분리를 일으키지 않는다.

[표 9.19] 우유의 균질화 압력과 지방구의 크기

균질화 압력(psi)	0	500	1,500	2,500	4,500
지방구의 평균 직경(㎛)	3.71	2.39	1.40	0.97	0.97

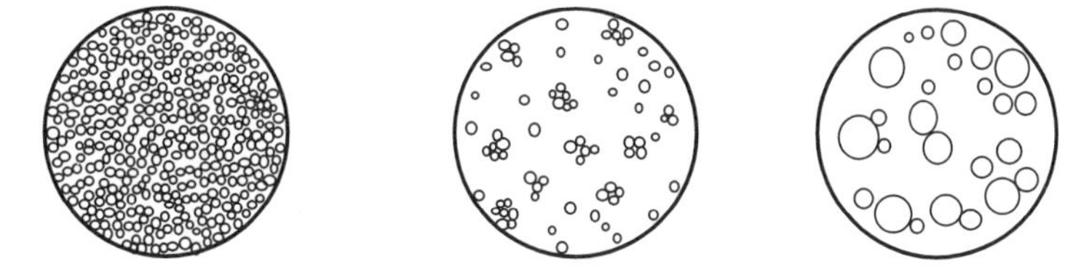

[그림 9.17] 우유 지방구에 대한 균질 효과

(2) 크림과 탈지유

지방구는 대부분이 비중이 물보다 작고(유리지방의 비중 : 0.907~0.912) 방치하면 위로 뜬다. 신선한 젖에서는 이때 지방구끼리 모여서 덩어리를 만들어 급속히 위로 뜬다.

이와 같은 현상을 크림분리 또는 크림밀크라 한다. 위로 뜬 지방이 모여진 층을 크림, 지방구가 없어진 하층을 탈지유라 한다. 크림은 저온으로 거품을 내면 지방구가 응집하기 쉽고 안정도가 높은 거품이 되며, 고온에서는 지방구의 피막이 파괴되어 거품이 생기기 어렵고 안정도가 낮다.

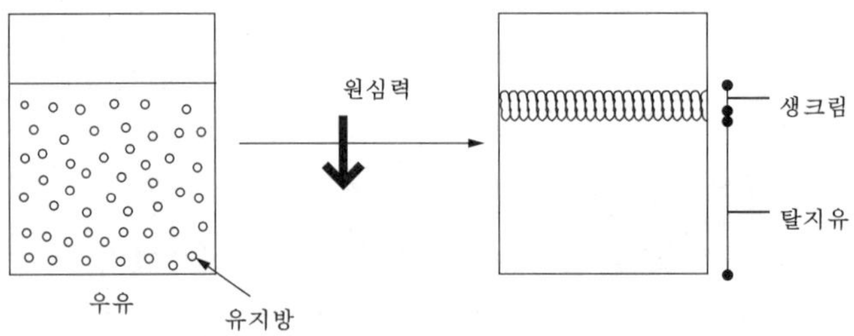

[그림 9.18] 원심분리에 의한 크림분리

(3) 우유의 살균

우유는 일정 조건의 살균과 10℃ 이하의 냉장저장을 하게 되어 있다. 살균 조건은 62~65℃, 30분을 기준으로 하는 저온 살균을 조건으로 해서 72℃, 고온단시간살균(HTST:high temperature short time), 초고온(UHT:ultra-high tempetature)법이 이용되고 있다. 초고온멸균 우유를 폴리알루미늄박 내장의 종이팩에 넣은 것을 L.L(long life) 우유라 하며 상온에서 약 6주간 보존할 수 있는데 이것도 10℃ 이하의 냉장고 내에서 보존하는 것이 좋다.

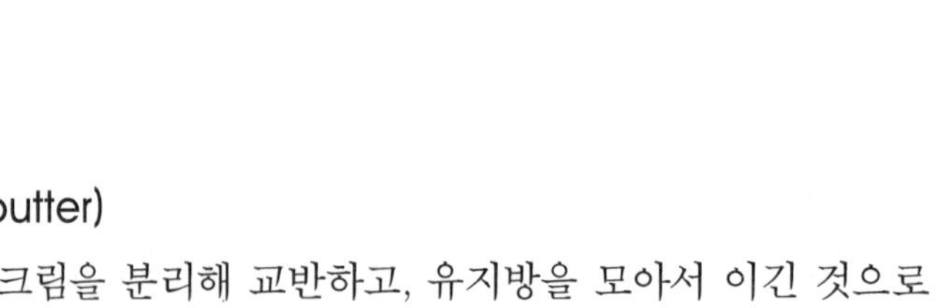

[그림 9.19] 무균 충전용 포장제

4) 유제품

(1) 버터(butter)

우유에서 크림을 분리해 교반하고, 유지방을 모아서 이긴 것으로 발효버터(fermented butter)와 비발효버터(sweet butter)가 있다. 또 식염의 첨가 유무에 따라 무염버터와 가염버터(2%)가 있다.

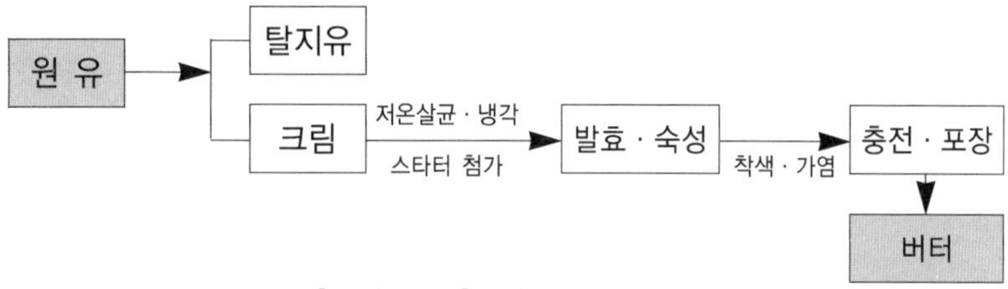

[그림 9.20] 버터의 제조공정

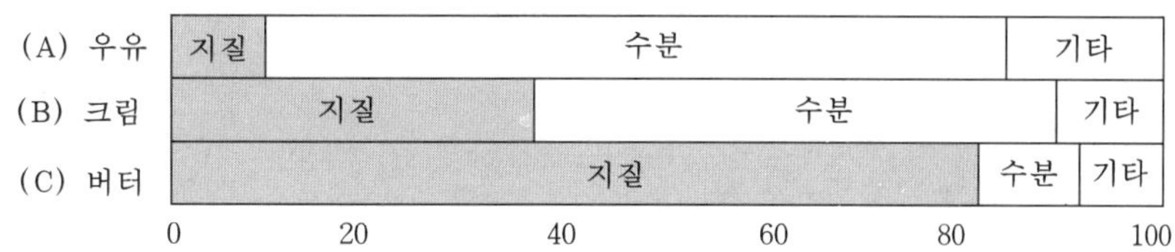

※ 기타 성분 : 단백질, 유당, 칼슘 등

[그림 9.21] 버터의 성분 비교

(2) 크림

우유에서 유지방 이외의 유고형분(milk total solids)을 제외한 유지방 18.0% 이상의 것을 크림(cream)이라 한다. 크림은 지방 함량에 따라 light와 heavy가 있는데 전자는 지방이 18~20%로써 커피용이고, 후자는 지방분이 40~50%로 whipping cream으로 사용된다.

[표 9.20] 각종 크림제품의 성분과 이용

종 류	지 방	용 도
coffee cream(table) whipping cream plastic cream(heavy)	20~25% 45% 이상 79~89%	커피 양과자, 조리용 〃

(3) 분유

우유에서 전지분유를 만들고 탈지유는 탈지분유가 만들어지며, 수분은 2.5% 정도이지만 흡습하기 쉽다. 탈지분유는 지방 섭취량을 적게 하는데는 편리한 식품이지만 냉수에 녹지 않고 온탕에서도 녹기 어려우며, 입자가 수면에 떠있는 채로 가루로 되기 쉽다. 이 때문에 인스턴트 탈지분유에서는 입자를 다공성으로 하여 용해하기 쉽게 제조하고 있다.

(4) 치즈

치즈는 소, 양, 산양 등의 젖에 젖산균과 렌넷을 가해 만든 응고물(커드)를 발효, 숙성시킨 것이다. 영양적으로 우수한 식품으로 단백질과 지방이 풍부하고 무기질, 비타민도 많다. 또 단백질은 숙성에 의해 가용성으로 되어 소화되기 쉽게 되어 있다. 치즈의 종류는 500종 정도가 되지만 크게 천연치즈와 가공치즈로 크게 구별된다. 천연치즈는 각각 특유한 풍미와 형상을 갖는데 유산균이나 효소 등의 움직임이 남아있기 때문에 발효가 진행되어 변질하기 쉽다. 가공치즈는 몇 개의 천연치즈를 혼합여 가열 처리해서 보존성을 증가시킨 것이다.

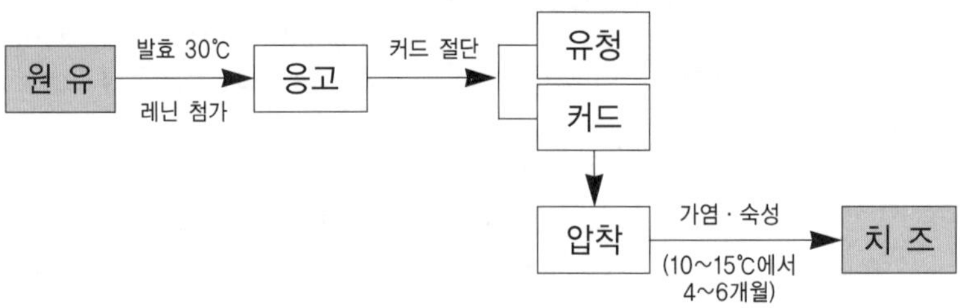

[그림 9.22] 치즈의 제조공정

(5) 강화우유(fortified milk)

우유의 섭취량이 많은 경우에는 부족되기 쉬운 영양소를 우유에 강화하는 경우가 흔히 있다. 예를 들어 비타민 D 우유(vitamin D milk)는 살균하기 전에 우유 1 *l* 당 400I.U.의 수준으로 비타민 D 농축액을 첨가하는데, 이것은 우유에 많이 들어 있는 Ca의 이용 효율을 올리기 위한 제품이다.

(6) 농축우유(concentrated milk)

원유 또는 크림을 분리한 탈지우유를 그대로 또는 설탕을 첨가한 후에 농축한 제품들로 흔히 연유라 부르며, 다음과 같이 4가지로 구분된다.

- 연유
  - 무가당 연유
    - 무가당 전지연유(evaporated whole milk)
    - 무가당 탈지연유(evaporated skim milk)
  - 가당 연유
    - 가당 전지연유(sweetened condensed whole milk)
    - 가당 탈지연유(sweetened condensed skim milk)

이중에서 무가당 연유(evaporated milk)는 가장 널리 사용되고 있는 제품으로써 원유를 청정 후 수분을 증발시켜 1/2 또는 1/3로 농축시킨 후 순간살균법에 의하여 살균하고 무균적으로 통조림으로 만든 것이다. 한편 가당연유(sweetened condensed milk)는 첨가한 당분에 의하여 미생물의 증식을 억제하여 보존력을 갖추게 한 제품으로써 빵, 아이스크림, 과자류를 제조하는 데 이용하기 편리하다.

(7) 발효유

우유, 산양유, 마유 등을 원료로 하여 유산균이나 효모 또는 이 양자를 혼합・배양하고, 발효에 의한 산미와 향미를 강화시킨 것을 발효유라고 한다. 발효유는 크게 젖산발효유와 알코올발효유로 구분할 수 있다.

① 젖산발효유 : 주로 젖산발효에 의한 것으로써 산유(sour milk)라고도 하며, 요구르트(yoghurt), 인공 버터밀크(cultured butter milk), 에시도필러스밀크(acidophilus milk) 등이 이에 속한다.

② 알코올발효유 : 유산균과 특수한 효모를 병용하여 유산발효와 알코올발효를 시킨 것으로 koumis, kefir 등이 이에 속한다.

발효유의 규정은 유고형분함량을 기준으로 설정되어 있다. 일반적으로 발효유의 유고형분함량은 8% 이상, 그리고 젖산균 음료의 유고성분함량은 3% 이하로 규정하고 있다.

[표 9.21] 발효유 · 유산균 음료의 분류 및 성분규격

구 분 / 항목	발효유		유산균음료
	농후발효유	액상발효유	
정 의	우유 또는 유제품을 유산균, 효모로 발효시킨 것		발효유를 주원료로 하고 물을 가하여 희석한 것
성상	유백색~황색의 균질한 호상, 액상 또는 동결한 것으로 이미, 이취가 없어야 한다.		고유의 향미를 가진 유백색, 황색의 액상

규격	무지유고형분	8.0% 이상	3.0 이상	3.0% 이하
	유산균수 (CFU/㎖)	1억 이상	1천만 이상	1백만 이하
	대장균군	음 성	음 성	음 성
	유통기한	10일	7일	7일

7~10% 설탕

스타터

탈지유 또는 원유 — 살균 → 냉각 → 병장 → 발효 · 응고 → 냉장 —

[그림 9.23] 요구르트 제조공정

당류 · 젖산 · 향료

탈지유 — 살균 → 냉각 → 유산발효 → 살균 → 병장 —

[그림 9.24] 유산균 음료의 제조공정

| 9-5. 난류 |

조리에는 닭, 메추리, 오리의 알 등이 많이 이용되고 있다. 그 크기와 조성을 [표 9.22]에 나타낸다.

[표 9.22] 알류의 무게와 조성

	전체중량(g)	난각(%)	난백(%)	난황(%)	비 고
달걀	50~70	10~12	45~60	26~33	난각:난백:난황의 비는 1:6:3
메추리알	10~12	7~8	55~62	30~33	영양가는 달걀과 거의 같으며 맛도 큰 차이가 없다.
오리알	60~90	11~13	45~58	28~35	피단은 석회, 목회, 식염, 홍차, 점토 등을 물로 이겨서 달걀의 표면에 바르고 껍질을 씌워 수 개월 보존해서 만든다.

오리알은 달걀에 비해 크며, 물새의 알은 특유의 맛이 있어 생식보다도 조리 가공의 재료로 이용되고 있다. 중국 요리중 피단(pidan)은 오리알을 이용한 것으로 송화단, 채단이라 부르기도 한다. 메추리알은 작아 통째로 조리에 사용되는데 껍질이 얇고 알을 나누기 어렵다. 달걀은 알류 중 가장 일반적으로 이용되며 보통 알이라 하면 달걀을 가리킨다. 단백가가 100이며 영양적으로도 우수한 식품일 뿐 아니라 가열하면 응고하여 젤(gel)로 되며, 이 액체와 고체의 성질을 잘 이용해서 다양한 조리가 만들어지고 있다. 특히 난백의 기포성, 난황의 유화성은 달걀요리에 아주 다양한 성질을 부여한다.

1) 달걀의 구조와 성분

(1) 구조

달걀은 [그림 9.25]와 같이 난각으로 둘러싸여 있으며 중앙의 난황을 난백이 둘러싸고 있다. 난백에는 정도가 큰 농후난백과 점도가 적은 수양난백이 있는데, 수양난백은 내수 양난백과 외수 양난백으로 나누고 있다. 알의 끝이 넓은 부분에 기실이 있으며 알끈(chalaza)에 의해 난황은 안정하게 지탱되고 있다.

알껍질은 94~95%의 탄산칼슘으로써 작은 기공이 있어 수분증발 CO_2 배출 및 세균 침입이 될 수 있다.

알껍질막은 달걀이 오래되면 수분이 증발되어 내용물 수축으로 기실이 커진다.

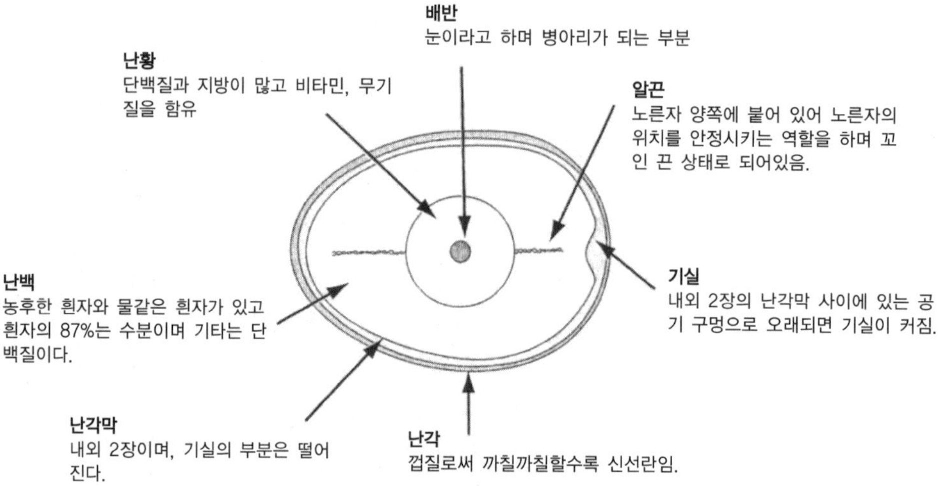

[그림 9.25] 달걀의 구조

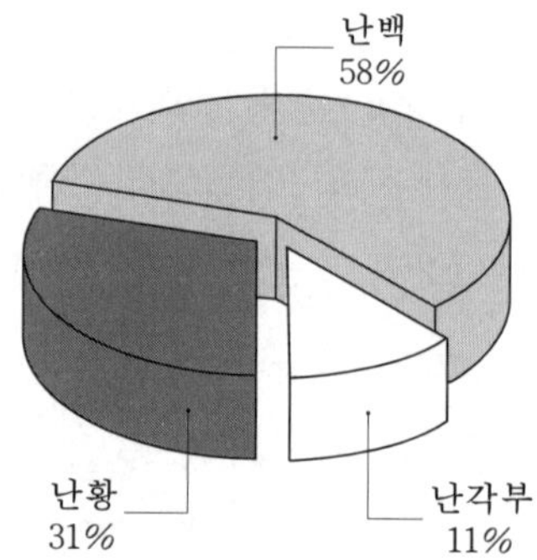

[그림 9.26] 달걀 각 부위의 중량 비율

(2) 성분

알의 성분은 [표 9.22]에 나타낸 바와 같이 난백과 난황에 확실한 차이를 볼 수 있다. 난백은 90%가 수분이고 나머지의 대부분은 단백질이다. 난황은 약 50%를 고형분이 차지하며, 단백질 외에 다량의 지질을 함유하고 회분으로 인과 철이 많다. 난백의 단백질은 [그림 9.27]과 같이 많은 종류가 있는데, 각각 등전점이나 응고 온도도 차이가 있으며 특이한 생화학적 작용을 갖고 있다. 난황의 단백질은 인지질과 결합한 리포단백질이 대부분을 차지하며 이 외에 인단백질과 수용성의 단순 단백질을 함유하고 있다. 전란의 지질 대부분은 난황에 있으며 수중유적형의 에멀젼으로 존재하고 있다. 글리세라이드 외에 인지질(주로 레시틴)이 함유되어 있다. 난황의 색소는 lutein과 zeaxanthin을 주체로 해서 소량의 카로틴과 크립토크산틴을 함유하는데 그 색소는 닭의 사료에 좌우된다.

[표 9.22] 달걀의 주성분

수분(g)	수분(g)	단백질(g)	지질(g)	회분(g)	Ca(mg)	P(mg)	Fe(mg)
전란	74.7	12.3	11.2	0.9	55	200	1.8
난백	88.0	10.4	φ	0.7	9	11	0.1
난황	51.0	15.3	31.2	1.7	140	520	4.6

[그림 9.27] 난백과 난황의 성분 비교

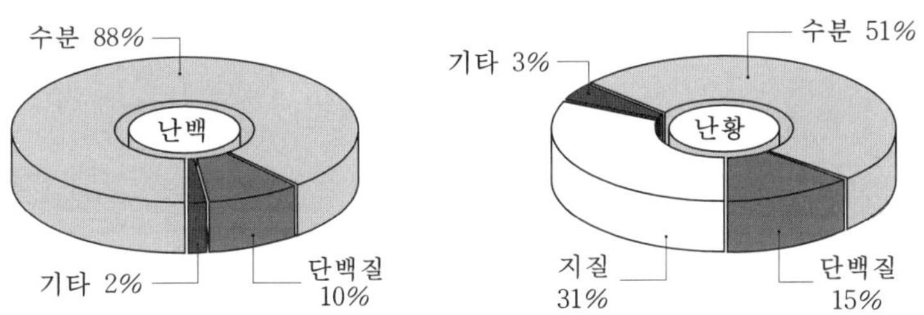

2) 달걀의 품질

달걀의 품질은 크고 균일한 것이 좋으며 난각은 알맞는 두께로 되어 있어서 너무 얇거나 두껍지 않고 치밀하여 운송 도중 파손될 염려가 적다. 기실(air cell)은 산란 후 외기 온도가 낮아서 수축할 때 난각의 수축보다 알 내부의 수축이 크기 때문에 기실의 크기는 달걀 품질검사의 척도가 된다.

난백에는 농후난백과 수양난백이 좀더 흩어져야 하며 혈점이 없어야 한다. 난황은 완전한 원형으로 알의 바로 중앙에 있어야 한다. 알을 깨뜨려 쏟아놓고 볼 때 난황이 퍼지지 않아서 높이가 큰 것, 즉 난황계수(yolk index : 난황의 높이/난황의 폭)가 큰 것이 좋다. 신선한 것은 난황계수가 0.361~0.442이나 저장 중에는 점차 감소하여 25℃에서 8일만에 0.30 이하로 낮아지며, 일반적으로 0.25 이하인 것은 난황막이 찢어지기 쉽다. 달걀의 품질을 판정하는 방법으로는 ① 난각 밖에서의 판정, ② 깨진 할란 검사 등이 있다.

[그림 9.28] 달걀의 선도 구별

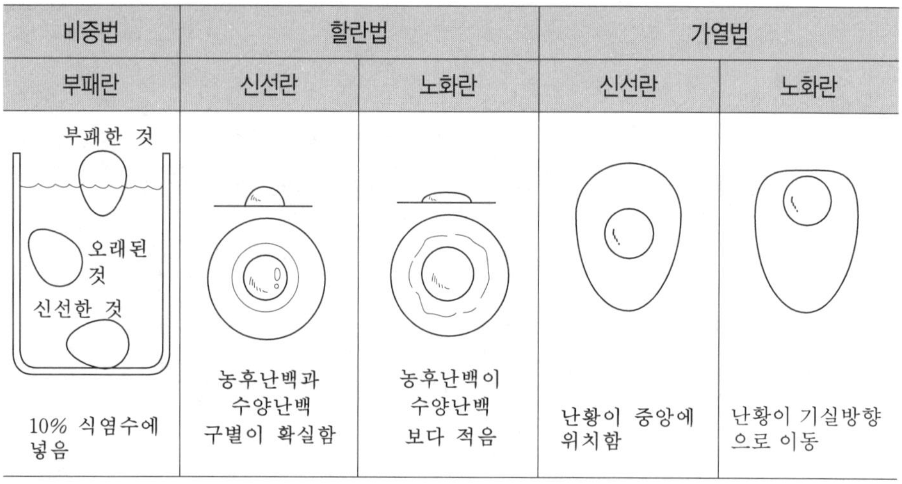

[표 9.23] 달걀의 품질판정법

분류		판정 방법	판정
외관상판정	달걀 크기	무게를 달아본다.	대란(50~60g) 중란(44~50g) 소란(44~50g)
	외관	외관 상태 관찰	난각이 깔깔하고 광택, 균열이 없는 것이 우수, 타원형
	투시법	달걀을 광선에 비추어 봄 오래된 것은 기실이 크고 난황 잘 움직임	혈란, 이물혼입 곰팡이 유무, 기형란 이중란, 기실 크기 난황 위치 검사
	비중법	식염수중에 달걀의 부침상태 경사각도 측정 10% 식염수(비중 1.074) → 가라앉음 4% 식염수(비중 1.027) → 떠오름	신선란 비중 1.08~1.09 10일 후 : 1.07 20일 후 : 1.05
활란검사판정	난황계수	난황의 높이를 그 직경으로 나눈 값 = 난백의 높이 / 난황의 직경	신선란 : 0.36~0.44 노화란 : 0.3 이하 0.25 이하면 난황 쉽게 퍼짐
	난백계수	난백의 높이를 그 직경으로 나눈 값 = 난백의 높이 / 난백의 직경	신선란 0.14~0.17

	haugh 단위	난백의 높이를 H(㎜) 달걀의 무게 Wg Haughunit= 100 log(H-1.7W+7.6)	신선란 HV=85 이상 AA=71 이상 A=59 B=29 C=29 이하

[표 9.24] 각국 달걀의 유통규격(단위 : g)

등 급 \ 국 별		EEC(g)	미국(g)	일본(g)	한국(g)
왕란(jumbo)	1등급	70 이상	69 이상	70~76	
특란(extra large)	2등급	65~70	61~68	64~70	59 이상
대란(large)	3등급	60~65	54~61	58~64	53~59
중란(medium)	4등급	55~60	47~54	52~58	47~53
소란(somall)	5등급	50~55	40~47	46~52	41~47
경란(peewee)	6등급	45~50	33~40	40~46	41 이상
왜소란	7등급	45 이상	-	-	-
등급간 평균 중량차		5	7	6	6

※ 달걀의 신선도

달걀의 겁껍질은 거칠고 광택이 나지 않는데, 이와 같이 껍질이 거친 것을 달걀을 낳을 때 껍질에 덮여있던 점액이 그대로 굳어서 오돌토돌해지기 때문이다. 이 물질은 달걀 내부를 보호하는 역할을 하며 시간이 지나면 자연스럽게 없어진다. 달걀은 낳는 즉시 노화가 시작되며 이 노화되는 과정의 속도를 느리게 할 수 있으나 천천히 멈출 수는 없다. 달걀이 부패 되기 시작하면 우선 단백질과 지방이 가수분해되기 때문에 유리수가 많이 생기고 이산화탄소와 암모니아가 생긴다. 수분과 이산화탄소는 껍데기의 구멍을 통하여 증발하므로 공기집이 차차 커진다. 아울러 암모니아가 많이 생기면 pH가 높아지고 심하면 암모니아 냄새가 난다. 또한 흰자위가 묽어지고 수분이 노른자위를 둘러싸고 있는 약을 뚫고 안으로 들어가 노른자위가 묽어지고 커지며 쉽게 터진다. 달걀을 깨뜨려서 접시에 놓았을 때 흰자위와 노른자위가 넓게 퍼지면 신선하지 못한 것이다.

[표 9.25] 유정란과 일반란의 비교

	유정란(자연란)	일반란
맛	고소하며 물을 먹으면 약간 비릿한 맛이 난다.	물을 먹지 않아도 비릿한 맛이 난다.
껍질	단단하고 윤이나며 매끄럽다.	윤기가 없고 꺼칠꺼칠하다.
흰자위	점도가 좋고 투명하며 맑다. (흰자위의 점도가 좋은 계란은 -1℃에서도 잘 얼지 않고 30℃에서도 30일 이상 변질되지 않는다.)	황색빛이 나고 이물질이 많다.
노른자위	동그랗고 샛노랗고 금방 풀어지지 않으며 난황이 봉곳이 솟아 있다.	동그랗지 않고 퍼져 있다.
탄력성	노른자위를 10cm 들어올려 떨어뜨려도 잘 안 터진다(노른자위를 싸고 있는 섬유질막 때문)	약해서 금방 터진다.

*자연란 : 암, 수탉은 함께 방사해 자연 상태에서 길러 계란을 상품화한 것으로 현재 업체에 따라 '유정란', '자연란'이란 명칭으로 제품화되고 있다.

3) 특수란

소비자들은 과거의 가격 위주의 식품 선택에서 벗어나 건강을 중시하는 위생적이고 신선하며, 영양가가 높을 뿐 아니라 기호성이 뛰어난 식품 선택으로의 변화가 강하게 나타나고 있으며 계란도 일반란에 특수한 기능이나 기호성을 부여한 특수란이 유통되고 있다. 달걀은 기능과 가공 상태에 따라 일반란, 영양란, 기능성란, 가공란 등 4종류로 나뉜다. 그중에 위 보호기능, 콜레스테롤을 낮추는 기능 등 특정 기능이 강화된 달걀을 기능성란이라고 한다. 이에 비해 비타민, 요오드, 셀레늄 등 특정 영양소가 강화된 달걀을 '영양란'이라 하고 맥반석 구이, 훈제란 등 가공을 통해 즉시 먹을 수 있는 달걀을 '가공란'이라고 부른다.

(1) 특수란의 종류

① 요드란 : 요드 함량이 일반란의 약 20배가 함유되어 있으며 이들 활성 요드는 소화흡수가 쉽고 효율성이 좋으며 콜레스테롤 및 중성지방과 혈당의 분해를 촉진하며 알레르기, 천식환자의 개선 효과가 있다고 한다.
② 영양란 : 비타민 D, E, B_{12} 등이 일반란에 비해 20% 이상 함유시켰고 난각이 단단하고 난각색이 균일, 윤이 나는 특징이 있다.
③ 자연란 : 항생제나 성장제를 섞지 않고 만든 톱밥발효 사료나 주문생산한 사료에 청초를 급여해서 사육한 닭들로부터 생산된 계란을 말한다.
④ 인삼약초란 : 약초와 인삼 잎이 첨가된 사료를 급여해 생산한 계란
⑤ 해초란 등

(2) 달걀의 보관

달걀은 3~5주 이내, 완전히 익힌 달걀은 1주일 정도 보관할 수 있다. 달걀은 가급적 씻지 않는다.

간혹 조리하기 전에 달걀을 깨끗하게 씻어 보관하는 경우가 있다. 달걀은 얇은 막이 형성되어 있어 미세한 구멍으로 세균이 침투하는 것을 막아주는데 씻을 경우 이 막이 파괴되어 세균이 들어가 상하기 쉽다. 달걀은 껍질이 까칠까칠한 난각층으로 이뤄져 여기에 난 작은 구멍으로 호흡하는데 껍질이 얇은 것일수록 세균이 침입하기 쉽고 주변의 냄새도 베어들게 되므로 달걀을 보관할 때는 씻지 않고 그대로 보관하는 것이 좋다.

또 달걀 껍질에 금이 발생하면 달걀 속의 지방성분이 산화되어 품질 변화가 발생하게 된다. 신선도를 유지하기 위해서는 계속 호흡할 수 있도록 뾰족한 부분이 밑으로 향하게 하여 보관한다. 계란은 충격을 받으면 노른자가 풀어지는 등 신선도가 떨어지므로 충격을 가하거나 흔들리지 않게 해야 한다. 특히 냉장고 문쪽 보다는 안쪽에 보관하는 것이 좋다. 달걀의 껍질에는 일만 개 내외의 기공이 열려있어 이곳으로 호흡을 하기 때문에 냄새가 강한 식품과 함께 두지 말아야 한다.

4) 달걀 제품

(1) 마요네즈

① 마요네즈의 유래

현재 전 세계적으로 인기가 있는 조미료는 마요네즈(mayonnaise)이다. 이 마요네즈는 드레싱(dressing)의 한 종류로써 조화있는 맛을 줄 뿐 아니라 영양가가 뛰어나 어린이나 노인에 이르기까지 사랑을 받고 있다.

마요네즈라고 하는 말은 18세기 프랑스의 루이 15세 시대 영국과 전쟁시 프랑스군이 지중해의 Menorca섬의 수도 Port Mahon을 점령 했을 때 그 지방 사람들이 식탁에 사용하던 특유한 조미료를 보고 'Mahonnaise' 라고 부르게 되었으며, 그 후에 Mayonnaise가 되었다. 이것이 현재 최대 생산량을 보이고 있는 미국에서 상업적 규모로 생산되게 된 것은 1912년 이후였다.

우리나라에서 마요네즈가 공업적으로 생산 판매되기 시작한 것은 불과 1972년이지만 국민소득의 증가와 식생활의 서구화에 따라 최근 그 수요가 크게 신장되고 있다.

식품위생법에서 마요네즈라 함은 난황, 전란, 식용유 등을 주원료로 하여 이에 식초, 식염, 당류 등을 가하여 유화시킨 것을 말한다(식물성 식용유지 60% 이상).

② 마요네즈 제조

손으로 만든 마요네즈는 우선 반량의 식초와 난황을 잘 혼합하고 여기에 샐러드유를 교반하면서 혼합하여 점성이 나타난 곳에서 분산 상태를 확인하면서 나머지 초, 기름을 가해가는 것이 보통이다. 그러나 기계의 힘을 빌리는 경우는 처음부터 전체를 한 번에 가해 강하게 교반해도 충분히 분산한다.

초가 많은 마요네즈는 무르고 기름이 많은 것은 단단하다. 또 처음부터 초를 가해서 만들면 무른 에멀전이 되기 때문에 기름을 일찍 넣을 수가 있는데 난황과 기름만을 혼합해서 만든 것은 시간이 걸려 크고 불균일하기 때문에 조건에 따라서 유지의 입자가 연결 분리를 일으키는 수가 있다. 이때는 난황 등을 추가해서 다시 교반하면 재생이 가능하다.

식품공장에서 콜로이드밀 등에 의해 강하게 분산시킨 것은 꽤 장시간 방치해도 분리하는 염려는 없다.

이렇게 만들어진 마요네즈는 산 때문에 pH가 약 4.2로 낮아 그대로 저장해도 비교적 부패의 염려도 적다. 그리고 대형 용기에는 유지의 산화에 의한 풍미의 저하가 문제가 될 수 있다.

레시틴에 의한 유화작용은 16~18℃가 좋으며 아주 차가운 달걀을 갑자기 사용하는 것은 좋지 않다.

또 30℃ 이상에서는 유지의 입자가 하나로 굳어지는 경향이 강하기 때문에 여름에는 다소 차게 해서 만드는 것이 좋다.

[표 9.26] 마요네즈 제조

재료	작용	비율	비율예
기 름	특유한 냄새나 빛깔이 없고 동유처리한 기름으로 정제도가 높은 것이 좋다(옥수수, 면실유, 낙화생유, 대두유).	71.2%	90~100cc
난 황	난황 중의 lecithin은 단백질과 결합하여 lecithoprotein을 만들어 유화제의 역할을 하여 표면장력이 낮아지는 것을 방지해 주고 기름방울 주위를 피막으로 둘러싼다.	12.4%	15~18g (1개)
식 초	산미와 방부성(PH 4.2)을 부여하고 유화를 도와줌. 보통 3~3.5% 초산을 사용(과실초, 레몬즙)	13.1%	15~20cc (13.1)
식 염	짠맛을 주고 유화액의 안정화(적당량)	0.02%	2g
겨자 · 후추	맛을 돕고 겨자는 난황이 유화력을 증가시키고 방부 효과가 있다.		겨자(0.5g) 후추(0.5g) 설탕(1.5g)

난황 또는 전란
식초
조미료 · 향신료 → (혼합) → 믹서 (← 정제 사라다유) → 유화기 → (충전 · 포장) → 제품

[그림 9-29] 마요네즈의 제조과정

(2) 피단(pidan)

피단은 중국에서 오리알을 이용한 난가공품으로 송화단, 채단이라고도 하며 제법으로는 생석회, 소금, 나무재, 홍차, 탄산소다 등을 섞어 풀 모양으로 만든 후 알껍질에 고르게 바른 후 왕겨에 굴려 이것을 항아리 또는 나무통에 넣고 공기가 통하지 않도록 기름종이로 밀봉하고 3~6개월간 15~20℃에서 발효·숙성시킨다. 그동안 난백과 난황 성분은 알칼리에 의해 응고되고 난백의 색은 흑갈색, 난황은 녹황색으로 변한다. 먹을 때는 내용물을 얇게 썰어 잠시 방치하여 암모니아 냄새를 발산시킨다.

chapter 10. 식용유지

식품 성분으로써의 유지(oils and fats)는 탄수화물, 단백질과 함께 3대 영양소의 하나로써 효율적인 에너지원인 동시에 필수지방산과 지용성 비타민을 공급하며 식후에 포만감을 주는 매우 중요한 영양성분이다. 인체가 유지류를 섭취하는 형태는 두 가지로 나눌 수 있는데, 하나는 식품 그 자체에 들어 있는 지질성분류이고, 다른 하나는 식품에 식용유지를 첨가하거나 유지를 이용하여 조리한 식품을 섭취함으로써 얻는 형태이다.

최근 국민소득 수준이 크게 향상됨에 따른 식품 소비 양식의 변화는 후자의 방식, 즉 유지를 식품의 일부로써 섭취하는 경향이 높아졌으며 식용유지의 수요도 금속한 증가 추세를 나타내고 있다.

이와 같은 식용유지(edible fat and oil)는 화학적으로 중성유지, 즉 글리세롤과 지방산이 ester결합을 한 트리글리세리드(triglyceride)로써 실온도에서 대두유, 유채유와 같은 액체 기름과 유지 등의 고체 성분으로 나눌 수 있다. 일반적으로 실온에서 액체인 것을 기름(oil)이라 하고 고체인 것은 지방(fat)이라 하는데, 이는 구성 지방산의 종류에 따라 성상이 달라진다. 식용유지의 분류방법은 여러 가지가 있으나 일반적으로 원료에 따라 [표 10.1]과 같이 분류한다.

즉 식물성 기름은 주로 식물종자에서 압출법(壓出法) 또는 추출법(抽出法)에 의해 분리된 참기름, 들기름, 대두유, 면실유, 미강유, 옥수수기름, 해바라기기름, 땅콩기름, 올리브유 등이며 동물성지방은 동물의 피하조직, 간장, 복강(腹腔), 결체조직, 내장 등에서 용융법(熔融法)에 의해 분리된 쇠기름, 돼지기름, 양기름 등이고 동식물성 기름을 가공하여 고체화시킨 쇼트닝과 마가린 등이 있다. 이때 동식물체로부터 분리된 원유(原油, crude oil)는 유리지방산이나 단백질, gum질 등 여러 종류의 불순물 또는 불쾌한 냄새를 함유하고 있는 매우 낮은 품질이기 때문에 식용으로는 적합하지 않다.

[표 10.1] 식용유지의 분류

- 식용유지
  - 액체기름
    - 식물성기름
      - 건성유(아마인유, 호두기름)
      - 반건성(대두유, 참기름, 면실유, 미강유, 옥수수기름)
      - 불건성유(땅콩기름, 올리브유)
    - 동물성기름
      - 해산동물유(해수유, 고래기름 등)
      - 어유(정어리기름, 청어기름)
      - 간유(대구 간유, 상어 간유 등)
  - 고체지방
    - 식물성지방(팜유, 야자유 등)
    - 고체지방 동물성지방(우지, 돈지, 양지 등)
    - 가공지방(경화유, 마가린, 쇼트닝 등)

그러므로 이것은 정제공정을 거쳐 식용으로 하는데 일반적으로 정제과정을 탈산, 이물질과 색소를 제거하는 탈색, 탈취 공정을 거치고 불포화 지방산을 많이 함유한 유지는 경화(硬化, 수소첨가) 공정을 거치기도 한다. 우리나라 식용유지의 총공급량은 1976년에는 10만 톤에 불과하였으나 2001년에 와서는 약 863, 400톤으로 급속한 증가를 보이고 있다.

[표 10.2] 식용유지의 총공급량 추세 (단위: 100톤)

구분 \ 년도	1990	1995	1998	2000	2001
유지류	644.3	672.7	663.6	803.7	863.4
식물성	534.0	601.5	637.4	776.0	835.4
동물성	110.3	71.2	26.1	27.7	28.1

(자료: 식품수급표, 한국 농촌경제 연구원 2001)

그러나 국내의 식용유지 생산량은 답보 상태인 반면 수입량은 수요의 증가로 인하여 매년 급속히 증가 추세가 계속될 것으로 전망되므로 국내 유지자원의 활용을 극대화시켜 막대한 외화지출을 억제하는 방안이 시급한 과제이다.

우리나라에서 가장 많이 소비되는 대표적인 식용유지는 대두유, 미강유, 유채유, 옥수수기름 등으로 이들의 약 80%는 조리용과 튀김용으로 쓰이고 나머지 20%는 마가린, 쇼트닝, 샐러드 등과 같은 2차 가공유지 제조에 쓰이고 있다. 일반적으로 튀김유는 색깔이 없으며, 냄새가 적고 발연점이 높아 가열 후 연기가 쉽게 발생하지 않으며 기름이 튀거나 거품이 일지 않는 식용유가 좋은 품질이다.

| 10-1 식물성유지 |

1) 대두유(大豆油, 콩기름)

대두유(soybean oil)는 우리나라에서 가장 많이 사용되는 식용유지의 하나로써 대두에서 주로 n-hexane 이란 유기용매에 의해 추출법으로 채유하고 정제공정을 거친 담황색의 반건성유이다. 대두의 주산지는 미국이며 브라질, 중국, 러시아 등이 그 다음을 차지하고 우리나라는 대부분 수입에 의존하고 있다. 대두에는 18~20%의 유지성분이 함유되어 있으며 구성 지방산의 약 80%가 linoleic acid, oleic acid이고 특히 linoleic acid는 7~10%가 함유되어 있다. 인지질이 비교적 많아 1.5% 정도에 달하며 대부분은 lecithin으로 유화제로 이용되며 체내에서 지방질과 cholesterol을 녹여 에너지로 전환시키는 역할을 한다. 이외에 불검화물도 1% 정도 들어 있다. tocopherol 함량은 0.1~0.2%로 다른 식용유지에 비하면 많은 편이다. 대두유는 조리유 또는 튀김기름으로 많이 사용되며 샐러드, 마요네즈, 마가린, 쇼트닝의 원료로써 널리 사용된다. 유지추출 후 생기는 탈지 대두박은 단백질 자원으로 사료에 이용되고 있다.

2) 미강유(米糠油, 쌀겨기름)

미강유(rice bran oil)는 현미를 도정할 때 부산물로 얻어지는 쌀겨로부터 생산되는 기름으로 잘 정제하면 품질이 우수한 고급 식용유가 된다. 유저작물이 크게 부족한 우리나라에서 생산되는 유지자원 중 가장 높은 비중을 차지하고 있다. 쌀겨에는 약 20%의 기름이 들어 있는데 특히 lipase라는 유지분해효소의 활성이 강하므로 과거에는 정제하는데 어려움이 많았으나 최근 정제기술의 발달로 우수한 품질이 유지되고 있다. 지방산의 조성은 oleic acid, linoleic acid가 70~80%를 차지하고 있으며 나머지는 포화지방산으로 그 대부분이 palmitic acid이다. 조리유, 튀김유, 마가린, 쇼트닝, 마요네즈 등의 원료로 널리 이용되고 있다.

[표 10.3] 주요 식용유의 식품규격 기준(식품위생법)

항목 \ 종류	콩기름	미강유	채종유	옥수수기름
비중(25°/25°)	0.916~0.992	0.911~0.922	0.906~0.920	0.915~0.921
굴절율(25℃)	1.471~1.475	1.470~1.473	1.470~1.474	1.470~1.474
비비누화율(%)	1.0 이하	4.5 이하	1.5 이하	2.0 이하
산 가	0.2 이하	0.5 이하	0.2 이하	0.6 이하
요오드가	123~142	92~115	95~127	103~130

3) 유채유(油菜油, 채종유)

유채유(rape seed oil)는 겨자과에 속하는 1년 또는 2년생 초본인 유채(rape, Brassica campestris, L, B. napus L.)의 종실에서 압착, 용매추출하고 정제하여 얻는다. 유채는 평지라고도 부르는데 인도, 중국, 캐나다가 주산지이며 우리나라는 제주도를 중심으로 한 남부지방에서 많이 생산되고 있다. 유지함량은 39~45%로써 응고점이 낮은 반건성유이다. 주요 지방산은 불포화지방산인 erucic acid가 45%나 들어 있는 것이 특징이며, oleic acid 17%, linoleic acid 16% 정도 들어 있다.

erucic acid는 인체에 유해할 수도 있으므로 식용유로써는 다소 문제가 있다. 탈지박에는 함황배당체인 glicosinolate가 함유되어 있는데, 이것은 효소작용에 의해 분해되는 독성물질을 생성하므로 가축사료로도 이용되지 못하고 유기질 비료로 사용되고 있다. 최근 농촌진흥청에서 erucic acid 함량이 낮은 품종육종에 성공하여 농가에 보급 중이므로 앞으로 양질의 유채유 생산이 기대된다. 유채유는 조리용, 샐러드용, 튀김용으로 많이 이용되며 마가린 등에도 사용된다.

4) 들기름(들깨기름)

들기름(perilla oil)은 우리나라 전역에서 재배되는 꿀풀과에 속하는 1년생 초본인 들깨의 종실에서 압착법으로 채유한 것으로 특이한 냄새가 난다. 들기름은 참기름의 대용으로 조리용 등에 쓰인다. 기름뿐 아니라 들깻잎에는 식물성 정유인 *l* -perillaldehyde, *l* -limonen, penillaketone 등이 0.3~0.8% 나 들어 있어서 특이한 향취를 낸다. 각종 비타민도 풍부하며 유리 아미노산이 12종가량 들어 있다. 들깨의 종실 중에는 40~45%의 지질이 함유되어 있고, 이 지질은 linolenic acid(20%), linoleic acid(50%), oleic acid(11%)로 구성되어 있으며 건성유에 속한다. 아미노산 중에 arginine과 lysine이 다량으로 함유되어 있으며 lysine이 부족한 참깨와는 좋은 대조가 된다.

5) 참기름(참깨기름)

참깨(sesame)는 참깨과에 속하는 일년생 초본이다. 과실은 원통형으로 짧은 자루를 가지며 그 속에 수많은 씨를 갖는다. 종자는 흑색, 백색, 갈색의 3종이 있다. 백색, 갈색의 것은 지방 함유량이 높아서(45~55%) 착유하여 조미 식용유로 많이 쓰이고 흑색인 것은 볶아서 깨소금으로 많이 이용한다. 주요 지방산은 oleic 45%, linoleic acid 40%, palmitic acid 9% 정도로 반건성유에 속한다. 또한 기름의 산화를 막아주는 항산화제로써 비타민 E와 sesamol이 들어 있다. 특유의 향기를 갖고 있어 조미유로서 많이 쓰이며 깻묵은 가축사료 및 유기질 비료로 이용된다. 단백질 함량도 13~32% 정도로 포함되어 있고 함황아미노산도 풍부히 함유하나 lysine, isoleucine이 부족하다. 참깨 껍질에는 oxalate 함량이 많고 phytic acid는 인체의 무기질 이용을 방해하는 독작용을 보이므로 참기름 제조시 탈피하여야 할 필요가 있다. 시판 참기름의 규격은 비중(25°/25°)0.914~0.921, 산가 4.0 이하, 요오드가 103~118이다.

6) 옥수수기름(옥배유)

옥수수의 배아에는 33~40%의 유지성분이 함유되어 있으므로 압착법과 용매추출법에 의하여 얻는다. 담황색 또는 황색의 액체로써 비교적 많은 인지질(1~3%)과 불검화물을 1% 정도 함유하고 있다. oleic acid와 linoleic acid가 80% 이상을 차지하고 palmitic acid는 10% 정도 들어 있다. 또한 비타민 E가 0.1%나 들어 있고, 납질(wax)은 미량 들어 있어 우수한 식용유의 하나이다. 옥수수기름은 튀김유 및 조리유로 대부분 사용하고 그 외에 샐러드유, 마요네즈, 마가린 제조에 많이 쓰인다.

7) 올리브유

올리브(olive)는 아열대지역의 상록교목으로 성숙 전의 녹색 과실을 소금절임 같은 것으로 이용한다. 숙과는 15~20%의 유지를 함유하고 있으며 건조 과육에는 40~70% 정도의 유지를 함유하고 있어 압착 또는 추출법으로 올리브유를 짜낸다. 올리브유는 샐러드유, 통조림용, 약용, 화장품용 등에 많이 이용된다. 올리브유는 담황색 또는 녹황색의 불건성유로 약간 특징있는 향기가 있고 뒷맛도 약간 자극성이 있다. 10~18℃에서 혼탁되고 0℃에서는 굳어진다. 구성 지방산은 oleic acid이 73%로 대부분을 차지하고 나머지는 palmitic acid와 linoleic acid이다. 시판 올리브유(압착)의 규격은 비중(25°/25°) 0.908~0.914, 비비누화율 1.5% 이하, 산가 2.0 이하이다. 올리브를 1차로 압착하여 얻은 기름은 virgin olive oil이라 하고 pure oil은 좀 더 정제된 기름이며 최고품질의 기름은 extra virgin 으로 가장 산화력이 낮다.

8) 면실유

면화(cotton)를 채취하고 남은 종자는 16~25% 정도의 유지를 함유하고 있으며 이를 분쇄하고 가열하고 압착하여 면실유를 얻는다. 면실유(cotton seed oil)는 오래 전부터 식용하여 왔으나 기름 중에는 유독물질인 gossypol을 함유하고 있어 정제 방법에 주의가 필요하다. 주요 지방산은 linoleic acid가 47~50%, palmitic acid가 26%, oleic acid 18%가 함유되어 있다. winterizing 처리를 거쳐서 샐러드 기름의 주원료로서 사용되고 그외에도 쇼트닝, 마가린, 마요네즈 제조에 널리 쓰인다. 시판 면실유의 규격은 비중(25°/25°) 0.9196~0.922, 비비누화율 1.5% 이하, 산가 0.2 이하, 요오드가 102~120 등이다.

9) 야자유

야자(coconut)는 열대지방에서 자생하는 상록교목으로 높이 20~30m, 직경 30㎝이며 가지가 없다. 과실은 핵과로 달걀형이고 길이 25~30㎝, 직경 12~15㎝ 정도의 녹색인데 성숙하면 갈색이 된다. 그 안에 두꺼운 갈색 섬유질의 중과피가 있고 이것에 싸여서 구형이고 단단한 흑생의 두께가 3~5㎝의 핵, 즉 내과피가 있다. 핵 속에는 처음에 약간 탁한 물이 있는데 성숙하면 핵내육(백색

내육)이 증식하며 물은 점점 맑아지고 감소한다. 이 생과육을 짜서 얻은 것이 식물지방인 야자유(coconut oil)이다. 또 배유를 말린 것을 코프라(copra)라 하고 코프라를 짜서 마가린, 제과용 유지의 원료로 사용한다. 과장은 음료로 쓰이고 꽃대를 잘라서 나오는 액을 모아 발효시키면 야자술이 된다.

코프라에는 약 50~70%의 지질이 들어 있으며 이것을 압착, 착유한 것이 상온에서 고체의 식물지이다. 주요 지방산은 lauric acid 45%, myristic acid 18%, palmitic acid 9.5%, oleic acid 8.2%, caprylic acid 7.8% 등으로 저급 지방산이 많아 비누화되기 쉬운 것이 특징이다.

10) 카카오지

카카오(cacao)는 열대산 상록교목으로 코코아나무 혹은 초콜릿나무라고도 부른다. 과실은 타원형 또는 방추형으로 길이 10~20㎝, 폭 5~10㎝이며 성숙하면 황색 또는 적색이 된다. 종자는 코코아콩이라고 부르며 종자를 3일 정도 발효시키면 종피는 적갈색으로 되고 쓴맛이 없어지고 특유한 향기가 난다. 종자는 약 55%의 지방이 들어 볶은 것을 분말로 하여 기름을 짜는데, 이것이 카카오버터이고 탈지한 것이 코코아이다. 탈지 전에 가루로 aksemes 것을 카카오풀(cacao paste)이라 하고 여기에 설탕, 바닐라, 계피, 우유, 카카오버터 등을 가해 만든 것이 초콜릿이다. 종자에는 theobromine, caffeine 등을 함유하고 있어서 흥분성이 있다. 구성 지방산은 oleic acid 38%, stearic acid 31%, palmitic acid 25% 등이다.

11) 팜유(oil palm)

팜유는 야자과에 속하는 다년생 식물인 팜나무의 과실에서 얻어진다. 과실은 직경 3~6cm 내외의 달걀 모양으로, 과육에는 45~50%의 유지성분이 함유되어 있는데 주로 압착법에 의해 체유되어 정제된다. 종자에는 체취되는 팜핵유(palm kernell oil)는 팜유에 비해 포화지방산의 함량이 높다.

팜유의 구성 지방산은 palmitic acid와 oleic acid이 80% 이상을 차지하며 팜핵유는 lauric acid 51%, myristic acid 17%, oleic acid 12% 정도가 함유되어 있다. 최근에는 라면을 제조할 때 튀김기름으로 많이 사용되며 마가린, 제과용으로도 많이 쓰이는데 앞으로 다른 식용유와 혼합하여 가정용으로 소비가 크게 증가될 것으로 전망된다.

12) 해바라기 기름

해바라기 기름은 국화과의 1년생 초본인 해바라기(sun flower, Helianthus annuus L.) 의 종자를 압착, 용매추출하고 정제하여 얻는다. 샐러드유로 사용되고 과자, 쇼트닝, 마가린 제조에도 이용되며 종자는 볶아서 간식으로 이용된다. 종실은 지방이 24~40%들어 있으며 70% 이상의 linoleic acid 가 있는 것이 특징으로 비교적 산패되기 쉽다. 요오드가 124~135인 건성유이다.

| 10-2 동물성 유지 |

1) 쇠기름

쇠기름(beef tallow)의 주산지는 오스트레일리아, 미국, 뉴질랜드 등이며 우리나라는 전량 수입에 의존하고 있다. 쇠기름은 소의 지방조직에서 용출법으로 분리한 백색, 황색, 다색 또는 회색의 고체지방으로 콩팥에서 분리한 지방이 가장 품질이 우수한데 이를 premier jub라 한다(미국에서는 oleo stock라고도 함). 용출법(rendering)이란 지방조직에 열을 가하여 비지방 물질로부터 지방이 용해되어 분리되도록 하는 방법이다. 쇠기름의 융점은 45~55℃이며 구성 지방산은 oleic acid 40%, palmitic acid 30% 및 stearic acid 20~48% 등이며 요오드가는 30~60이다.

2) 라드

라드(lard)는 돼지의 지방조직으로부터 용출법으로 분리한 고체지방으로 널리 사용되고 있다. 품질이 좋은 라드는 색깔이 희고 냄새가 나지 않으나 지방조직의 부위, 용출 처리과정에 따라 여러 종류와 라드가 생산된다.

라드의 융점은 30~50℃ 정도이고 요오드가는 쇠기름보다 조금 높아 50~90 사이로 보통 65 정도이다. 구성 지방산은 oleic acid 50~60%, palmitic acid 25~30%, 및 stearic acid 10~15% 등이며 비타민의 함량은 극히 미량이다. 라드는 특유의 풍미가 있어서 중국요리에는 없어서는 안 되는 식용유지이다. 라드는 creaming 하는 힘이 약하여 제과용으로 쓸 때는 쇼트닝, 마가린 등과 혼합하여 사용하는 것이 좋다.

3) 어유

어유(fish oil)는 생선류를 열탕중에 넣고 가열하여 분리하는 기름은 정치하거나 원심분리하여 얻는다. 주로 정어리, 꽁치, 고등어, 명태, 오징어 등에서 채유한다. 일반적으로 어유는 다른 유지에 비하여 clupanodonic acid, thynnic acid 등의 고도불포화 지방산을 많이 함유하여 강한 어취가 있으며 산화 변질되기 쉽다. 그러므로 어유는 정제만 거쳐서 사용하는 것이 아니고 수소를 첨가하여 안정한 포화지방산으로 변화시킨 경화유로 만들어 마가린, 쇼트닝 등의 원료로 사용한다.

4) 닭기름

닭기름은 담황색으로 부드러우며 융점은 30℃ 정도이다. 요오드가는 70 정도이며 구성 지방산은 주로 oleic acid이며 다름 palmitic acid이다.

| 10-3 가공유지 |

1) 마가린

마가린은 미국에서 1875년부터 버터의 대용품으로 대량 제조하기 시작하였다. 따라서 마가린은 버터와 유사한 유지성분이 80% 이상이며 맛, 향기, 점성 등도 비슷하다. 우리나라 보건복지부 규격에서 마가린이란 정제한 식용 동식물성 유지, 식용경화유 또는 이들의 혼합물에 물을 가하여 유화, 급냉, 연합하여 버터와 비슷하게 만든 것으로 정의한다.

마가린의 제조는 먼저 주원료인 대두유, 유채유, 옥수수기름, 면실유, 라드, 쇠기름 등 동식물성 유지를 잘 정제하고 일부는 수소첨가한 후 적당량 배합하여 융점 25~35℃ 정도의 고체지방으로 만든다.

마가린은 실온에서 고체라야 하나 먹을 때는 입속에서 잘 녹아야 하므로 융점이 높은 고체지방과 낮은 액체유지를 적당히 배합하여 조정해야 한다. 이와 같은 원료 유지방을 저온살균하고 발효한 탈지유와 안정제, 색소, 향료 등을 혼합하여 유화액(milk-in-oil 기름 속에 우유방울이 떠있는 유화액)이 될 때까지 급격히 교반한다. 즉시 냉각하여 굳히고 소량의 소금을 넣고 과량의 수분을 제거한 후 포장한다. 마가린은 발효시킨 우유를 첨가했기 때문에 버터와 비슷한 향기가 난다. 미국에서는 비타민 A의 영양가를 버터와 같게 하기 위하여 15.000 usp/1b의 비타민 A를 첨가하고 있다.

최근에는 고급 불포화지방산의 linoleic acid, arachidonic 등의 필수지방산을 첨가한 고급 soft manarine의 제조가 많아지고 있다.

2) 쇼트닝

라드의 대용품으로 미국에서 1900년대부터 생산되기 시작하였고 우리나라에는 최근에 많이 보급되고 있다. 쇼트닝은 동물성 지방처럼 융점이 높은 지방과 낮은 식물성유를 섞어서 만드는 혼합 쇼트닝(compound shortening)과 최근에는 많이 볼 수 있는 대두유, 유채유 등 한 가지 또는 여러 가지 식물유를 혼합하고 수소를 첨가하여 제조하는 쇼트닝이 있다. 몇가지 식물성유를 섞는 이유는 같은 수소첨가 과정을 거쳐도 유지의 종류에 따라 굳는 정도가 달라서 알맞은 점성을 갖는 고체 지방을 만들 수 있기 때문이다.

또한 쇼트닝은 magarine처럼 수분을 함유하지 않고 100% 정제유지만으로 제조되며 그 원료인 배합유지와 다른 점은 급냉으로 반죽하여 가소성(plasticity)을 부여한 점이다. 쇼트닝의 특징은 무색, 무미, 무취이고 비스킷이나 쿠키 등에 연하게 또는 부스러지기 쉽게 하는 shorting성과 creaming성을 갖는 점이다. 즉 creaming성은 유지를 교반할 때 공기를 품는 성질인데, 예를 들면 밀가루를 반죽할 때 쇼트닝의 첨가는 설탕이나 밀가루와 잘 섞여지고 이때 공기를 품는 성질이 있어서 제품의 팽창을 돕고 품질을 높여주므로 제과제빵용으로 널리 사용된다. 또한 순수한 동식물성 유지에 수소를 첨가한 것은 발연점이 대단히 높아서 튀김용으로 이용되나 유화제를 첨가한 쇼트닝은 발연점이 낮아져서 튀김용으로 적당하지 않다. 일반적으로 튀김용 기름에는 발연점이 높으며 유화제를 첨가하지 않은 것이 좋다.

3) 경화유

경화유는 액상기름에 수소를 첨가(hydrogenation)하여 고체 지방으로 만든 것으로 원료로는 불포화지방산이 많이 들어있는 어유, 고래기름, 식물유 등이 많이 이용된다. 경화(hardening)는 원료 유지를 150~180℃ 15개압에서 촉매로 Ni를 첨가한 다음 가열하면서 수소가스(H_2gas)를 통과시키면 불포화지방산의 이중결합 부분에 H가 결합하여 고체 상태의 포화지방산으로 된다. 특히 불포화지방산이 많은 어유를 경화 처리하면 고체화되면서 어취도 상당히 약해지므로 마가린, 쇼트닝 등의 원료로 많이 이용된다.

chapter 11. 조미료 및 향신료

| 11-1 조미료(seasoning) |

1) 조미료(화학조미료)

조미료란 식품을 조리가공, 섭취할 때 맛을 내는 조미료는 크게 발효조미료와 종합조미료, 천연조미료로 대분류할 수 있다.

조미료의 변천 과정을 보면 초기에 소금, 장류 등의 기본 조미료에서 M · S · G, 핵산 등의 발효조미료 시기를 거쳐 현재는 천연소재를 포함하는 종합조미료가 주류를 이루고 있으며, 점점 천연 추출물 등 천연소재 함량이 높거나 가공도가 높은 조미료 사용이 증가하는 추세이다.

구수한 맛을 내는 조미료를 분류하면 MSG, IMP, GMP 등과 같이 구수한 맛을 내는 성분이 단일 물질로 되어 있는 단순 조미료, 몇 개의 정미 성분이 2가지 이상 혼합된 복합 조미료, 그리고 맛을 내는 천연의 물질을 가공처리하여 만든 풍미 조미료로 나눌 수 있다.

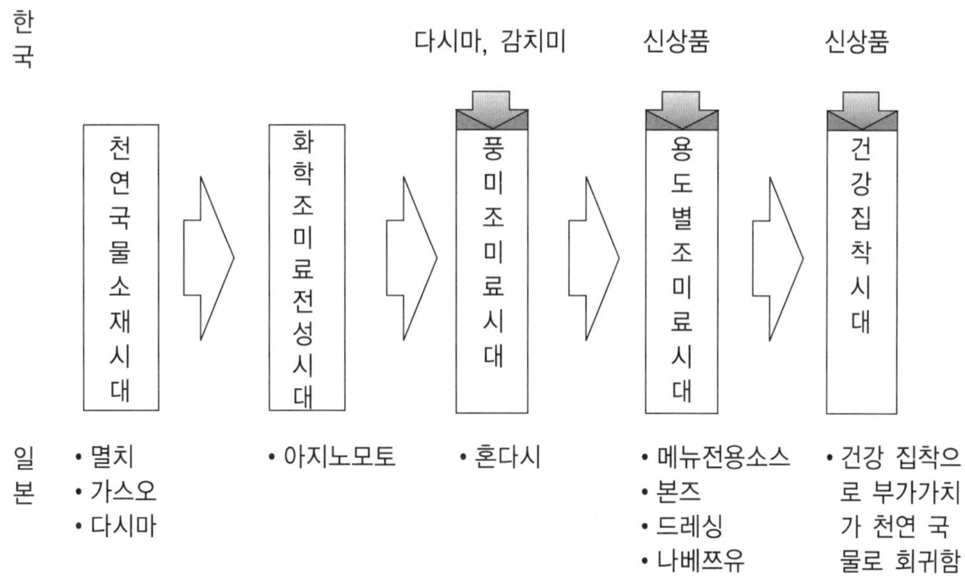

[그림 11.1] 조미료 공업의 발달

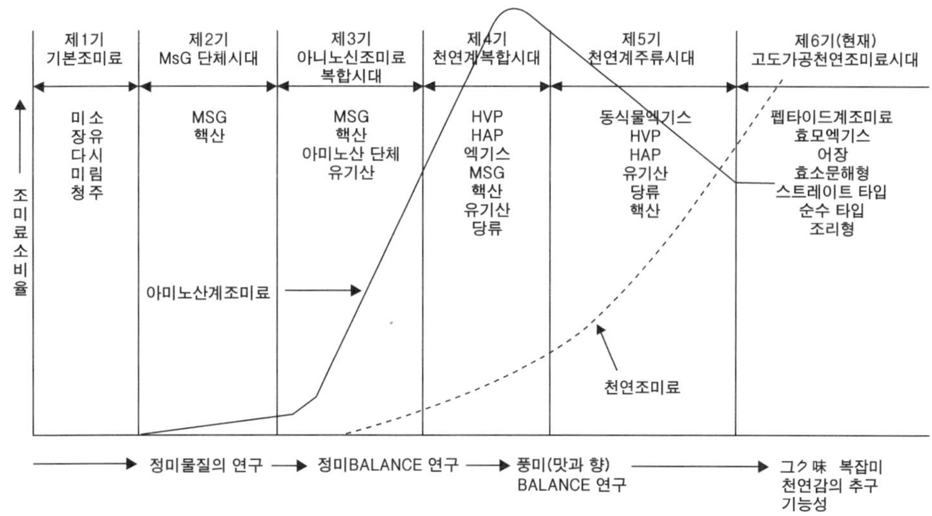

[그림 11.2] 조미료 가공업의 발달사

(1) M.S.G(Mono Sodium Glutamate) 조미료

우리나라에서 조미료라는 말이 본격적으로 사용된 것은 1950년대 후반의 일로, 그 이전에는 보통 가정에서 음식의 맛을 내기 위해 사용하는 각종 양념을 뜻하였다.

MSG 조미료는 1908년 일본 동경대학 이께다 박사가 다시마의 맛을 내는 성분을 연구하다가 글루타민산 나트륨(MSG)이 그 맛의 본체라는 사실을 발견함으로써 비로소 세상에 알려진 것이며, 1909년 일본의 아지노모도사에서 기업화에 처음 성공하였다. 당시의 생산 방식은 소맥단백질인 글루텐을 염산으로 가수분해하여 MSG를 얻는 분해법으로 60년대 초까지 우리나라의 모든 조미료 생산업체들이 이 방법을 사용하였다.

공정의 자동화가 어렵고 원료의 가격이 비싼 편이며 공정 중에 대량이 산처리를 해야 하므로 이와 같은 결정을 보완하기 위해 1956년 일본의 협화발효공업주식회사에서 발효법을 개발하여 대량생산의 길을 터 놓았다

현재 국내를 포함하여 대부분의 기업이 발효법을 채택하고 있다.

(2) 핵산(I.M.P, G.M.P) 조미료

제3의 맛으로 일컬어지는 핵산 조미료는 MSG보다 훨씬 강한 구수한 맛을 낸다. 1974년 Libig가 우육 엑기스에서 IMP를 발견하였고, 1913년 일본의 학자가 다랭이 추출액의 지미 정체가 IMP라는 것을 알았으나 그 제조는 이노신산의 구조가 복잡하고 자연계에 분포하며, 분량이 대단히 적기 때문에 시도하지 않았다가 1960년에야 비로소 일본에서 어육을 열수로 추출하여 원시적인 방법으로 생산하였으나 원료원의 조달 문제로 소량 생산에 그쳤다.

1961년에는 효모 중의 RNA(Ribo Nucleic Acid)를 분리, 이것을 분해하여 IMP, GMP를 생산할 있는 기술을 개발하여 이 방법으로 해산조미료를 대량 생산할 수 있었다.

(3) 복합 조미료

MSG를 주성분으로 하여 여기에 I.M.P, G.M.P 등의 핵산 조미료 성분을 배합하여 맛의 상승 효과를 발휘시킨 제품이 등장한 것은 일본에서는 1962년 우리나라는 1977년 제일제당의 아이미가 최초로서 그 후 다른 회사에서 생산하였다. 핵산계 조미료는 다 감칠맛을 내는 것이 아니고 Na-5' -nucleotide이어야만 된다. 시중에서 흔히 판매되는 조미료는 핵산계 조미료 단독으로 사용되

는 경우는 없고, 대부분 복합조미료 형태로 핵산계 물질이 적게는 1~2%, 많게는 5~12% 정도 포함된 MSG조미료를 말한다.

[표 11.1] 시중에 판매되고 있는 복합 조미료의 구성

조미료 종류	소금	MSG(%)	Na-5'-IMP(%)	Na-5'-GMP(%)	Na-5'-nucleotide
A	-	98	2	-	-
B	-	96	4	-	-
C	-	95	5	5	-
D	-	88	12	-	-
E	-	88	-	4	8
F	90	10	-	-	-
G	85	14.7	0.3	-	-
H	90	9.8	-	-	0.2
I	88	11.8	-	-	0.2

[표 11.2] MSG 조미료 제조법

공법	공정	원료	비고
가수분해법	glutamic acid가 다량 함유된 원료를 염산으로 가수분해하여 이것을 회수정제하여 MSG를 만드는 방법	소맥 gluten 옥수수 gluten 대두	초창기에 공업화되었던 공법으로 원료의 원가가 높음
발효법	미생물을 이용하여 탄수화물에서 직접 glutamic acid를 만들고 이것을 소수, 정제하는 방법	포도당원	현재 거의 대부분의 업체가 활용하고 있으며 원가상 가장 유리하다.

| 11-2 향신료(spices) |

향신료는 종류가 대단히 많고 용도가 넓으며 독특한 향신미를 가진 식물의

뿌리, 열매, 꽃, 종자, 잎, 껍질 등을 말한다. 이러한 향신료는 영양적 가치는 없으나 다양한 풍미(flavor)를 부여하여 식욕을 증진시킬 뿐만 아니라 소화액의 분비를 도와서 소화흡수를 향상시키고 방부 효과 등도 갖고 있다.

우리나라에서는 전통적으로 겨자, 생강, 고추 등을 많이 이용하여 왔으나 최근에는 육식의 기호가 높아짐에 따라 후추, 월계수, 마늘 등의 강열하며 개성적인 풍미를 지닌 향신료의 수요가 점차 증가하고 있다.

1) 분류

향신료를 사용 형태에 따라 분류하면 향신성 식물을 그대로 사용하는 천연향신료와 천연 향신료를 건조, 분쇄, 분말 또는 수증기 증류에 의해 향기 성분인 정유를 분리하거나 추출하고 이를.원료로 하여 흡착형 스파이스, 유화 스파이스 또는 액화 스파이스 등으로 가공한 가공 향신료로 나눌 수 있다.

또한 향신료의 향기, 맛, 색소 등의 이용성에 따라 분류하면 표와 같다.

[표 11.3] 향신료의 분류

분류	향신료의 종류
매운 향미의 향신료	후추, 고추, 겨자, 고추냉이
향기, 향미를 겸비한 향신료	생강, 계피, 산초, anise, fennel, 마늘, cloves, allspice, nurtneg, mace, caraway, fenugreek sage, euin celery
향기가 강한 향신료	laurel, coriander, thyme, caradamon, basil, oregano, rosemary, savory, vanilla, tarragon
색소를 이용하는 향신료	paprika, tumeric, saffron
조합 향신료	curry powder, chilipowder, italian seasoning

[표 11.4] 향신료의 작용

효과	용도	향신료
교취작용	고기, 생선의 냄새를 없앤다.	마늘, 생강, 월계수 등

무향작용	식욕을 돋아주는 향을 만든다.	모든 향신료(allspice), 계피 너트메그 등
식욕증진작용	신맛과 향으로 식욕을 증진시킨다.	후추, 겨자, 고추(red pepper) 등
착색작용		파프리카의 적등색, 고추의 적색, 카레가루의 황색 등

2) 중요한 향신료

(1) 후추(pepper)

미숙한 것은 채취하여 천일 건조한 흑후추(black pepper)와 성숙한 과실을 수침 건조한 후 외과피를 제거한 백후추의 2가지가 있다. 후추 향미의 주성분은 piperine과 chavicine의 alkaloid이다. 가장 널리 이용되고 있는 향신료이며 특히 고기요리, 고기제품에 없어서는 안 되는 기본적인 향신료로써 식육, 어패류를 비롯하여 마요네즈, 소스, 햄, 소시지, 커리가루 등의 조미에 사용된다. 흑후추는 풍미가 백후추에 비하여 강하지만 분말로 하면 검은 색깔을 나타내는 부분이 섞이므로 마요네즈나 샐러드드레싱 등에는 백후추가 사용된다.

백후추의 향신미를 흑후추의 1/4 정도이다. 후추는 고기요리나 수프, 샐러드, 고기국 등의 맛을 돋구고 비린냄새를 없애는데 사용된다.

(2) 고추(red pepper)

고추는 대표적인 향신료로써 과실을 생것으로 이용하기도 하고 말려서 빻은 것을 사용하기도 한다. 매운맛 성분은 capsaicine과 dehydrocapsaicine으로 약 0.2%를 차지하며 그밖에 carotene, capsanthine 등이 함유되어 있어서 착색의 목적을 겸하여 치즈 등에 사용하기도 한다. 마른 고추의 성분은 단백질 11.0%, 당질 28.6%, 지질 11.0%, Ca 58mg%, P 230mg%, Fe 6.8% 비타민 A 4623 R.E. B1 0.3mg% B2 1.10mg% C 26mg%를 함유한다.

특히 비타민 A, C 의 함량이 높고 생고추에도 비타민 C는 100mg% 이상 들어있다. 고추씨에는 30% 정도의 지방이 들어 있는데 주로 triglyceride가 대부분이며 자극성의 향기와 맛을 갖고 있다. 식용유 원료로도 이용된다. 고추는 매운맛 성분으로 생선 비린내의 제거, 발효촉진, 식욕촉진 등의 효과로 널리 사용되고 있는 우리나라의 대표적 향신료이다.

(3) 생강(ginger)

생것 또는 건조 분말로 하여 생선과 고기의 비린내를 없애고 향미를 높이기 위하여 사용한다. 매운 성분은 zingerrone, zingerol과 shogaol이고 향기 성분은 zingiberrol, cineole, citronellol 등인데 zingerol과 shagaol에는 항산화성이 있다.

(4) 겨자(mustard)

겨자는 백겨자(Sinapsisalba L.)와 흑겨자(Brassica Rigra Koch)가 있다. 겨자의 매운맛과 방향 성분은 겨자유로써 0.7~1.0% 함유되어 있다. 식품 중에서 sinigrine(흑겨자), sinalbine(백겨자)이란 배당체로써 방향도 향미도 없지만, 겨자 중에 공존하는 효소인 myrosinase가 온탕으로 겨자 가루를 갤 때 작용하여 휘발성 겨자유로 분해되어 방향과 향미를 나타낸다.

겨자유의 성분은 isothiocyanate인데 흑겨자유에서는 대부분 휘발성이 크고 코를 톡 쏘는 매운맛인 allyl isothiocyanate이고 백겨자유의 성분은 휘발성이 없고 입속에서 묵직한 매운맛을 느끼게 하는 P-hydroxybenzyl isothiocyanate이다. 이들 겨자는 주로 가루로 하여 요리, 절임류, 커리가루, 소스, 마요네즈 등에 사용한다.

(5) 산초(japanese pepper)

잎과 과실을 이용하며 과실에는 3%의 정유가 함유되어 있다. 정유의 향기 성분은 1-β- phellandrene, geraniol, citronellal이고 매운맛 성분은 sanschool이다. 어린 생잎은 일본요리에 사용되어 특유한 향미를 주어 우리나라에서도 추어탕 등의 각종 요리에 사용된다.

(6) 고추냉이(wasabi)

고추냉이는 초밥에 향신료로 이용하며 매운맛 성분은 겨자와 마찬가지로 배당체인 sinigrine이 효소 myrosinase의 작용을 받아 분해하여 생긴 allylisothilcyanate이다. 서양고추냉이는 뿌리가 굵고 매운맛이 고추냉이보다 떨어지며 분말 고추냉이의 원료로 쓰인다. 시판되는 고추냉이 가루는 고추냉이 뿌리의 건조 분말과 겨자 가루를 혼합한 것이 많다.

(7) 백미후추(allspice)

백미후추는 향미는 계피, clove, nutmeg의 혼합 향미를 나타내고 외관이 진한 갈색을 띠어 후추와 흡사하다는 점 때문에 백미후추라 한다. 정유는 3~5% 들어 있으며 그중 60~80%가 ougenol이다. curry, 식육가공, 케이크, 쿠키, 수프 등에 열매를 그대로 또는 가루로 만들어 사용한다.

(8) Nutmeg와 mace(육두관)

동인제도 및 모로코제도가 원산지로서 상록수의 열매인데 종피를 제거하고 핵을 건조한 것이 nutmeg이고 nutmeg를 들러싸고 있는 가종피를 mace라고 한다.

성숙한 핵과는 복숭아와 비슷하고 황색 달걀 형태이며 익으면 터지고 단단한 핵을 한 개 갖고 있다. 이와같은 핵을 석회유에 침지한 다음 건조하여 nutmeg를 만든다. 쓴맛과 독특한 방향을 갖고 있어 소스, 피클류, 푸딩, 식육제품, eggnog, 도넛 등 서양요리에 많이 쓰인다. 정유성분은 nutmeg에 2~9% mace에 4~15% 함유하고 있으며 향기 성분은 α, β-pinene이고 myristin도 많이 들어 있다.

(9) 계피(cinnamon)

실론(ceylon), 인도, 중국 등지에서 많이 생산되는데 녹나무과(Lauraeae)에 속하는 상록수인 계피나무의 껍질이다. Ceylon에서 생산되는 Cinnamomum Zeylanicum Ness로부터 얻어지는 것을 Cinnamon(Ceylon 계피)이라 하고 중국의 cinnamomum Cassia Blume으로부터 얻어지는 것을 육계(cassia)라고 한다. cinnamon은 실론, 인도산의 계피나무 껍질을 24시간 발표시킨 후 속껍질을 분리하여 건조한 것으로 어린나무의 얇은 안쪽 껍질이 가장 좋다. cinnamon의 주성분은 cinnamic aldehyde로써 상쾌한 방향과 매운맛, 단맛 등이 있으며 과자류, 음료, 소스류, curry, 햄, 소시지 등에 많이 쓰인다. cassia계피는 중국남부가 주산지로써 향기는 cinnamon보다 떨어지고 단맛도 부족하다.

(10) 월계수 잎(Laurel)

지중해 연안이 원산지로 녹나무과에 속하는 상록수의 잎을 날것 그대로 도는 건조한 것으로 bay-leaf라고도 한다. 건조한 잎은 강한 단맛과 쓴맛이 나는 향기를 갖고 있어서 고기요리에 냄새 제거제로 쓰이는 외에 피클, 소스, 수프 등에서 많이 사용된다. 정유는 1~3%이고 주성분은 cineole, ougenol이다.

(11) 정향(Cloves)

상록수의 꽃봉오리를 건조한 것으로 주로 미숙한 꽃봉오리는 자연건조하여 사용하는데 자극적인 향기는 바닐라와 비슷한 단맛을 지닌다. 정유는 16~19%로 주성분은 ougenol이다. 소스, 햄요리, 과자, 주류 등에 쓰인다.

(12) Coriander

지중해 동부지방이 원산지로 미나리과(Umberiferae)에 속하는 열매를 건조한 것으로 겉모양이 후추와 비슷하며 건조 또는 보존기간이 오래되면 풍미가 증가한다. 정유는 약 0.5~1%이며 주성분은 α-linalool인데 방향과 단맛을 갖고 있다. curry 분, 피클, 육류, 달걀, 콩 요리에 많이 쓰인다.

(13) Caraway

유럽 동부, 아시아 서부지역이 원산지로 미나리과에 속하는 파슬리와 비슷한 2년생 초본의 열매를 건조한 것이다. 정유는 3~7% 정도이며 주성분은 carvone이다. 과자, 치즈에도 사용되며 국수, cabbage 요리에도 쓰인다.

(14) Sage

유럽, 지중해 연안을 원산지로 하는 다년생 초본으로 그의 잎을 건조한 것으로 소스, 육제품으로 향미로서 사용되고 항산화성과 보존 특성이 있음이 밝혀졌으며 약용으로도 쓰인다. 정유는 1.5~2.5%로써 α,β-pinene과 borneol이 주성분이다. 방향성분은 일종의 케톤인 thujane이 주성분으로 들어있다. 육류와 지방과 잘 조화되므로 어육류, sausage 등 식육가공품에 많이 쓰인다.

(15) 입사향초

지중해 연안을 원산지로 하는 자조기관(labitatace)에 속하는 다년초인데, 그 잎을 건조한 것으로써 특유의 방향과 매운맛을 가진다. 현재 기후가 온난한 지방에서 재배되며 대표적인 herb로 소스, curry, 케첩, 육제품 등의 향료로써 사용된다. thyme의 정유에는 약 3%로서 개화기 중에 채집하여 수증기 증류하여 얻는다. thymol 또는 carvacrol이 많이 들어있다.

(16) 아니스

아시아 서부에서 유럽 서부 지방이 원산지이고 이집트, 말타, 스페인, 시리아 등지에서 재배되고 있는 미나리과에 속하는 식물의 종자이다. 잎, 줄기에는 아네톨(anethole)이 함유되어 있고 방향과 감미를 내며 그 유도체인 나이스알데히드와 아니솔은 제빵, 주정, 캔디 및 향료로 쓰인다. 정유제품은 종자로부터 얻으며, 2~3% 정도 함유되어 있고, 구충제 및 거담제로도 사용된다.

(17) 심황(turmeric)

열대 아시아 또는 인도차이나 반도 원산으로 다년생 식물의 구근을 분말화한 것으로 향신 및 착색재료로 이용된다. 착색 성분은 curcumin(황색)으로 산성에서 황색 알칼리성에서 적색을 띤다. 카레분, 단무지 착색, 겨자조제품에 쓰인다. 정유는 1~5% 정도이며 curcumene이 주성분이다.

chapter 12. 기호 음료

음료산업은 청량음료, 과실채소 음료, 커피, 차, 우유, 유음료, 알코올 주류 음료, 인삼차, 의약품 드링크, 곡주 음료 등을 모두 포함한 산업이지만 좁은 의미에서는 청량음료와 과실음료를 말한다.

| 12-1 청량음료 |

12-1-1. 청량음료의 역사

지구상에 탄산음료가 등장한 것은 2세기 전의 일이다. 1772년 영국의 화학자 조셉프리스틀 리가 효모 발효조에서 탄산가스를 발견하고 이것을 이용해 탄산수 제조에 성공했다.

1776년 스웨덴에서 탄산음료가 상업적으로 생산된 이래, 유럽 각지에서 다투어 음료공장이 설립되었으며, 1886년 미국 애틀랜타주의 약품 도매업자인 존팸버튼이 카페인 원료로 쓰여지던 콜린 나뭇잎을 달여 음료수를 제조한 것이 '펩시콜라' 의 시조였다.

1896년 노스캐롤라이나주의 약사인 칼렙 브래드햄은 콜라나무 열매를 달여 '펩시콜라' 를 제조했고, 1970년에는 실리만이 처음으로 소다수(soda water)라는 이름의 청량음료를 만들었다.

우리나라의 경우 고려시대 유학자 목은 이색의《목은집》에서 청량음료에 대해 기록을 찾아볼 수 있으며, 조선 초기 세종대왕이 지금의 충북 청원군 옥천면 초정리 약수터에서 목욕을 하고 그 물을 마셨다고 한다.

그러나 인공적으로 제조된 탄산음료는 대한제국 말기, 일본인들에 의해 처음으로 우리나라에 전해졌다. 콜라류가 시중에 나돌기 시작한 것은 해방 직후 미군이 이 땅에 주둔하기 시작하면서였다.

이처럼 청량음료는 유럽에서 발전하여 일본을 거쳐 우리나라로 수입되는 과정을 거쳐 오늘에 이르렀다.

11-2-2. 청량음료

청량음료란 '정제된 물에 유리탄산 또는 유기산을 함유, 마실 때 청량감을 주는 음료' 를 말한다. 일반적으로는 알코올을 함유하지 않은 음료를 뜻한다.

종류는 그 분류 방법에 따라 약간의 차이가 있겠으나, 보건복지부의 식품공전에 의하면 과실 및 채소류 음료, 탄산음료, 두유류, 유산균음료(살균유산균음료를 포함한다), 혼합음료, 분말청량음로 등 마시는 것을 목적으로 하는 식품(다만 주류, 액상다류, 인삼제품, 무지유 고형분이 4% 이상은 음료는 제외한다)을 말한다.

1) 탄산음료

탄산음료라 함은 음용수 또는 이에 당류, 과실 및 과채류, 곡류, 첨가물 등을 가한 후 탄산가스를 주입한 음료를 말한다.

즉 감미료, 산미료, 착향료, 착색료와 유리탄산을 함유하고 있으며, 마실 때 이산화탄소와 향기 성분이 상호작용을 일으켜 청량감을 느끼게 한다. 콜라, 사이다, 후레이버(착향탄산, 과즙삽입탄산음료)음료, 탄산음료, 탄산수, 우유탄산음료 등이 여기에 속한다.

[표 12.1] 탄산음료의 정의(식품위생법)

종류	정의	성분배합 기준
탄산음료	음용수에 당류, 과실, 과채류, 곡류, 첨가물(착향료 제외) 등을 가한 것에 탄산가스 주입	탄산가스압 (kg/㎠) 0.5 이상
착향탄산음료	탄산음료에 첨가물(착향료)을 주입	
탄산수	지하수를 정제한 것으로 천연적으로 탄산가스를 함유하거나 먹는 물에 탄산가스 주입	탄산가스압 (kg/㎠) 1.0 이상

(1) 사이다

사이다(cider)는 1853년 영국 해군에 의해 동양 최초로 일본에 레오네이드(청량음료)가 전래된 것으로 사과를 발효시켜 만든 '사과술'을 뜻한다.

이에 요즘 우리나라에서 생산되는 사이다 제품과는 성질이 전혀 다르지만, 일본에서 샴페인, 사이다라는 복합향료를 사용하여 '사이다'라는 이름의 제품을 처음 개발할 때 붙인 이름이 유래가 되어, 우리나라에 들어와서 그대로 굳어져 사용하게 된 제품으로, 현재 미국 등 외국에서는 레몬라임 음료라고 불리는 음료이다. 사이다는 물, 산, 당, 탄산가스, 향료, 색소 등을 사용하기 때문에 거의 영양가가 없으므로 이런 종류의 식품을 empty calory food라 한다. 실제 소다수 성분은 영양적으로 중요하지 않지만 탄산가스의 청량감, 위 자극 등을 통한 식욕증진과 기분전환의 계기가 되므로 많이 이용되고 있다.

(2) 콜라

콜라는 미국을 대표할 수 있을 정도로 미국으로부터 세계 각지의 대중음료로 보급되고 있다.

콜라의 주원료는 서아프리카, 서인도제도, 브라질, 세일론 및 말레이시아 등의 열대지방에서 재배되고 있는 콜라열매이다. 콜라열매 속에 있는 콜라두를 가공처리하여 콜라 엑기스를 만들어 내어 여기에 물을 타고 각종 향신료를 넣고 탄산가스를 함유시킨 것이다. 콜라가 처음 우리나라에 상륙할 때는 매우 생소하여 1956년에 세계적인 유명 브랜드인 펩시콜라와 코카콜라가 일시 상륙하였으나 정착하지 못하고 철수하였다가, 다시 1967년 양대 브랜드가 지역 보틀

러와 제휴, '펩시콜라' 는 서울의 한미식품과 부산에 동남식품, 콜라는 서울의 두산식품, 기타 지역의 우성식품(부산), 범양식품(대구), 호남식품(전주) 등 코카 4사를 설립, 정통 미국식 콜라 맛을 사이다에 익숙한 소비자에게 파고 들어 10대 청소년층에서부터 인기를 얻기 시작, 그 음용층을 서서히 확대하여 1981년도에는 드디어 우리나라 전통 탄산음료인 사이다 소비를 능가하기 시작했다. 1987년도에는 해태음료에서도 '해태콜라' 를 내놓아 3파전을 전개하기 시작했다.

(3) 보리음료

보리음료는 한국 음료시장에 두유음료에 이어 두 번째로 등장한 세계 최초의 한국 국적을 가진 음료로, 1980년대 초 농어촌개발공사에서 개발한 것을 일화에서 제조기술을 인수, 개선 보강하여 1984년에 '맥콜' 이라고 하는 상품명으로 탄산음료 시장에 첫선을 보였으나 초기에는 소비자로부터 별로 좋은 반응을 얻지 못했다.

그후 30~40대층에서 조금씩 붐을 일으키기 시작하더니, 1987년에는 롯데칠성에서 '비비콜' , 해태는 '보리텐' , 코카에서는 '보리보리' 로 동업종에 신규참여하여 치열한 광고전 및 판촉전을 펼침에 따라 보리음료 붐을 일으켰다.

1989년 유성탄산음료의 본격적인 출현부터는 판매량이 급격히 퇴조하는 경향을 보였다.

| 12-2 과실 · 채소음료 |

과실 · 채소음료라 함은 과실 또는 채소류를 주원료로 하여 가공한 것으로써 직접 음용하거나, 또는 희석하여 음용하는 시럽 및 농축액을 말한다.

12-2-1. 과즙음료

과즙음료(Fruit Juice)는 과실을 압착하여 착즙한 것으로 생과일에 가까운 향미와 영양가를 가지고 있어 생산되지 않는 시기에 이용할 수 있다. 과실주스의 종류는 각종 과일의 원료가 이용되고 최근에는 채소와 혼합음료 등이 생산되고 있다.

12-2-2. 과실음료의 분류

과실음료(Fruit Juice)는 과실 성분을 10% 이상 함유한 상품으로 내용물 함량에 따라 과즙음료 · 과육음료 · 과립음료로 분류하고 있는 비알코올성음료를 말한다. 과즙음료는 불용성 고형물을 가급적 제거한 음료이며 과즙을 희석하지 않고 바로 마시는 천연과즙, 이것을 농축한 농축과즙, 당액으로 적당하게 희석한 희석과즙으로 구분하는데, 어느 정도 농도를 가진 것을 과즙음료이며 농도에 따라 다르다. 과육음료는 과육을 파쇄하여 불고형물을 다소 함유한 것이고 전과음료는 씨만 제거하고 과실 전체를 파쇄하여 음료를 만든 것이다.

과실퓨레(Puree)란 과실을 분쇄하여 거칠게 거른 것으로 넥타(Nectar)는 퓨레를 20~50%넣고 물 · 산 · 당 등을 가해서 조미한 것이다. 과즙음료와 다르므로 과육음료라 한다.

[그림 12.1] 과즙음료 기준

[표 12.2] 과즙음료의 종류

<table>
<tr><th>종류</th><th>성분배합 기준</th><th>용어 정의</th></tr>
<tr><td>천연과즙음료</td><td>과즙 95% 이상</td><td rowspan="5">① 과실퓨레 과실을 마쇄하여 껍질, 씨 등을 걸러낸 것
② 천연과즙 : 과실의 착즙액
③ 과실음료 : 과실류를 착즙 또는 마쇄한 것이나 이를 농축·희석 또는 혼합한 것</td></tr>
<tr><td>과즙음료</td><td>과즙 50% 이상 95% 미만</td></tr>
<tr><td>희석과즙음료</td><td>과즙 10% 이상 50% 미만</td></tr>
<tr><td>과육음료</td><td>과실퓨레 20% 이상</td></tr>
<tr><td>과립과즙음료</td><td>과즙 및 과실퓨레 15% 이상
(과립함유율은 5% 이상 30% 이하)</td></tr>
<tr><td>천연채소음료</td><td>채소착즙 95% 이상</td><td rowspan="3">채소음료 : 채소류를 착즙·마쇄한 것으로 이를 농축·희석 또는 혼합한 것 (토마토 제외)</td></tr>
<tr><td>채소음료</td><td>채소착즙 50% 이상 95% 미만</td></tr>
<tr><td>희석채소음료</td><td>채소착즙 10% 이상 50% 미만</td></tr>
<tr><td>토마토주스</td><td>토마토착즙 95% 이상</td><td rowspan="3">① 토마토주스 : 토마토착즙 또는 농축토마토를 희석한 것이나 이에 식염을 가한 것
② 토마토음료 : 토마토 착즙이나 농축토마토 희석에 당류, 산미료 천연착삭료 비타민 C, 소금, 향신료 가한 것</td></tr>
<tr><td>토마토혼합음료</td><td>토마토착즙 50% 이상</td></tr>
<tr><td>토마토음료</td><td>토마토착즙 50% 이상 95% 미만</td></tr>
<tr><td>천연과실,
채소류 혼합음료</td><td>과즙 및 채소과즙 95% 이상</td><td rowspan="3">① 과실퓨레 과실을 마쇄하여 껍질, 씨 등을 걸러낸 것
② 천연과즙 : 과실의 착즙액
③ 과실음료 : 과실류를 착즙 또는 마쇄한 것이나 이를 농축·희석 또는 혼합한 것</td></tr>
<tr><td>과실,
채소류 혼합음료</td><td>과실 및 채소착즙 50% 이상
95% 미만</td></tr>
<tr><td>희석과일,
채소류 혼합음료</td><td>과즙 및 채소착즙 10% 이상
50% 미만</td></tr>
</table>

| 12-3 커피 (Coffee) |

커피나무는 아가네과에 속하는 상록수이며 적도를 중심으로 남북 25도쯤까지 열대 및 아열대 지방의 1000~3000m 높이에서 양질의 커피가 재배되며, 종류는 약 40여 종에 이르고 있다.

형태로 본 커피의 종류로는 원두커피(원두를 즉석에서 분쇄하여 끓인 커피), 레귤러커피(커피원두를 분쇄해서 포장한 커피), 인스턴트커피(끓는 물에 그대로 타서 마실 수 있는 가루 커피로 원래는 미국에서 야외용, 야전용 식품으로 개발된 것임)로 분류할 수 있다.

또한 커피원두에는 독특한 개성이 있다. 즉 지역적인 기후 조건과 토질이 다르기 때문에 원두마다 특성과 4대 풍미(쓴맛, 신맛, 단맛, 떫은맛)를 가지고 있다. 이때 가장 이상적인 맛은 이 네 가지가 잘 조화되었을 때이다.

커피는 아라비카, 로부스타, 리베리카의 3대 원종으로 분류된다. 그러나 리베리카는 거의 생산되지 않고 일반적으로 아라비카에서 분류된 마일드와 브라질, 그리고 로부스타가 세계 커피의 3대 원종으로구별되고있다.

[표 12.3] 커피의 분류 및 정의

분류	정의
볶은커피	커피원두를 볶은 것 또는 이를 분쇄한 것
인스턴트커피	볶은 커피의 가용성 추출액을 건조한 것
조제커피	볶은 커피 또는 인스턴트 커피에 식품 또는 식품첨가물을 혼합한 것
액상커피	볶은 커피의 추출액 또는 농축액이나 인스턴트커피를 물에 용해한 것 또는 이에 당류, 유성분, 비유크림 등을 혼합한 것

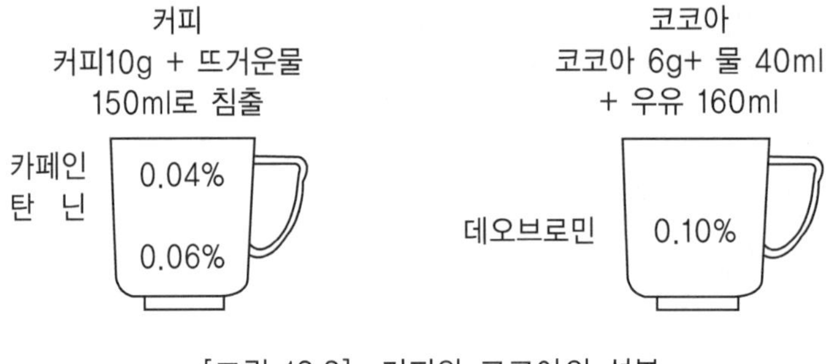

[그림 12.2] 커피와 코코아의 성분

12-3-1. 커피의 종류

1) 마일드(Mild)

에티오피아의 고산지대로 맛과 향이 뛰어나고 산출량도 많다. 모카를 비롯하여 콜롬비아, 코스타리카, 멕시코, 과테말라, 엘살바도르, 에콰도르, 에티오피아, 베네주엘라 등에서 재배되고 있다.

[표 12.4] 커피의 종류와 특징

종 류	특 징
모카	아라비아라고 부르는데 예멘 지방에서 생산되며 원두는 황록색이다. 신맛과 단맛이 좋으며 뛰어난 향기를 지니고 있어 '커피의 귀족'이라고 불린다.
콜롬비아	브라질 다음으로 산출량이 많으며, 청록색 원두로써 알맹이가 크고 일정하다. 풍미와 신맛, 단맛 등이 뛰어나며 향기와 맛이 진하고 추출량도 브라질보다 20% 이상 더 나온다.
과테말라	긴 타원형 또는 둥근 모양의 청록색 원두로 신맛과 단맛이 있고 향과 맛이 진하다.
에티오피아	아라비카 종을 탄생시킨 커피의 발상지로 원두의 모양이 길고 색깔은 청록, 황록으로 모카와 비슷한 맛을 내며, 특히 신맛이 강하다
엘살바도르	대체로 원두의 크기가 굵고 고르며 아름다운 녹색을 띠고 맛과 향이 진하다. 산지의 고도에 따라 등급을 나눈다.
멕시코	중미의 대표적인 커피로써 신맛이 강한 편이다. 좋은 제품으로는 코르도바, 베라쿠르스, 오리자바 등이 있으며, 배합용으로 많이 사용되고 있다.

2) 브라질

세계 제일의 산출량(세계 총 생산량의 약 1/3)을 자랑하는 품종으로, 원두의 양은 원형 또는 타원형으로 부드럽고 신맛이 강하다. 주로 배합의 기초로 많이 사용되고 있으며, 특히 브라질 산토스는 브라질에서 생산되는 커피 가운데 가장 좋은 품질로 평가되고 있다.

3) 로부스타

중앙 아프리카 콩고 지방이 원산지로써 아프리카와 동부의 인도나 인도네시아, 자바 등지에서 재배되고 있으며 쓴맛이 강한 것이 특징이다.

[표 12.5] 커피의 종류와 특징

종 류	특 징
블루마운틴	서인도제도의 카리브 연안에 위치한 자메이카 섬 동부의 2,500m 고지대에서 산출되는 커피로써 생산량은 극히 적으나 세계에서 맛이 가장 좋으며 향기가 뛰어나서 세계 제1급 커피로 알려져 있다.
탄자니아	쓴맛과 단맛이 잘 조화되어 있는 커피이며, 특히 탄자니아의 킬리만자로 산록에서 생산되는 킬리만자로는 신맛이 대단히 강하다. 향기가 높은 커피로써 모카와 콜롬비아를 배합한 것 같은 맛을 지니고 있어 스트레이트용으로 많이 사용된다.

[표 12.6] 커피의 종류와 특징

종 류	특 징
아이보리코스트	아프리카에서 가장 많이 생산되는 품종이며 맛은 중성으로 특히 인스턴트커피의 로부스타용으로 널리 쓰이고 있다.
우 간 다	동부 아프리카의 우간다에서 생산되며 원두는 둥글고 작다. 맛은 약간 단조롭고 쓴맛이 강하여 일반적으로 아이스커피용으로 배합용이 많이 쓰인다.
앙 골 라	우간다에 비해 이식해 온 로부스타 종이 개발되고 있으며 신맛과 단맛이 있으나 쓴맛이 강하다. 품종으로는 WIB와 EXI가 있다. 그러나 수마트라섬에서 재배되는 커피는 품질면에서 대단히 우수하며 만델링이라고 불리우고 있다. 이는 신맛과 쓴맛이 고르게 조화되어 있다.

12-3-2. 커피의 성분

커피는 쓴맛, 떫은맛, 신맛, 구수한 맛 등이 조화되어 만들어지는 미묘한 쾌감을 주는 기호음료이다. 커피가 익으면 앵두같이 진한 붉은색을 띠는데 이 종자를 볶으면 향기롭고 강한 향이 나와 그 유출액은 특유의 좋은 향기와 맛이 나온다. 커피는 피로감을 줄여 주고 머리를 깨끗하게 하며 혈액순환을 원활하게 하므로 커피 애호가들에 의해 애용되어 오고 있다.

커피의 성분은 주로 카페인(쓴맛, 생두 중 1~1.5%), 탄닌(떫은맛, 4~9%)에 의하며 색깔은 탄닌, 캐러멜, 멜라노이드에 의한 것이다.

[표 12.7] 커피의 성분과 생리작용

성분	생리작용	맛
카페인	더운물에 용해되며 신경자극하여 흥분작용, 이뇨작용	쓴맛1.0~1.5%
탄닌	과다 추출되면 쓴맛(바람직하지 않음)	떫은맛 4~9%
탄산가스	커피 볶았을 때 생성(기공에 모임, 같은 커피 물에 뜸)	약간 쏘는 맛
유기산	페놀물질(Caffeic 산, Chlorgenic 산)	시고 쓴맛
향기성분	주로 휘발성 유기산(Acetic Acid)외 Aldehyde와 Ketone	향기

12-3-3. 커피가 인체에 미치는 영향

카페인은 차뿐만 아니라 커피, 코코아, 콜라, 음료 등의 기호음료에 포함되어 있는 알칼로이드이므로 다음과 같은 작용을 인체에 주고 있다.

[표 12.8] 인체에 미치는 영향

생리작용	특 성
① 흥분작용	카페인은 중추신경계를 자극함으로써 정신을 맑게 함
② 강심작용	심장의 기능을 촉진하여 혈액순환을 좋게 한다. 과량 섭취하면 심장의 박동수를 높여서 유해하다.

③ 이뇨작용	이뇨제 역할을 하여 소변의 양이 증가
④ 위에 대한 작용	위를 자극하여 위액분비를 촉진시키므로 궤양 환자는 카페인이 함유된 커피나 콜라를 마시지 않는 것이 좋음
⑤ 기타	소화기관이나 혈관과 같은 평활근을 이완시키고, 근육에 힘이 가해져 육체적으로 왕성하게 일할 수 있게 함

카페인이 인체의 여러 기관에 미치는 영향은 위의 표와 같이 다양한데 일반적으로 1g 정도의 카페인은 인체에 유해한 것으로 보며 불면, 불안, 홍분, 떨림, 심박수의 증가 등이 오게 된다. 그러나 휴식과 마음의 여유를 갖기 위해 하루에 한두 잔의 커피를 마시는 것은 너무 심각하게 받아들일 필요는 없다.

카페인은 커피와 차뿐만 아니라 초콜릿과 코코아, 그리고 감기약, 알레르기약, 두통약, 잠 쫓는 약 등의 약제에도 들어 있다. 사람마다 카페인에 대한 내성이 다양하긴 하나 하루에 200mg 이하의 양이 바람직한 양이다.

[표 12.9] 음료 및 약제 내의 카페인 함량

음료 · 약재	용　량	카페인(mg)
인스턴트커피	잔	100~150
카페인 제거 커피	잔	2~ 5
홍차	컵	50~100
홍차	컵	30~50
코코아	잔	5
탄산음료	캔(355㎖)	26~34
밀크초콜릿캔디	57g	12
초콜릿	57g	40
잠 쫓는 약	알약	100~200
두통약	알약	32~65
감기 · 알레르기 약	알약	15~32

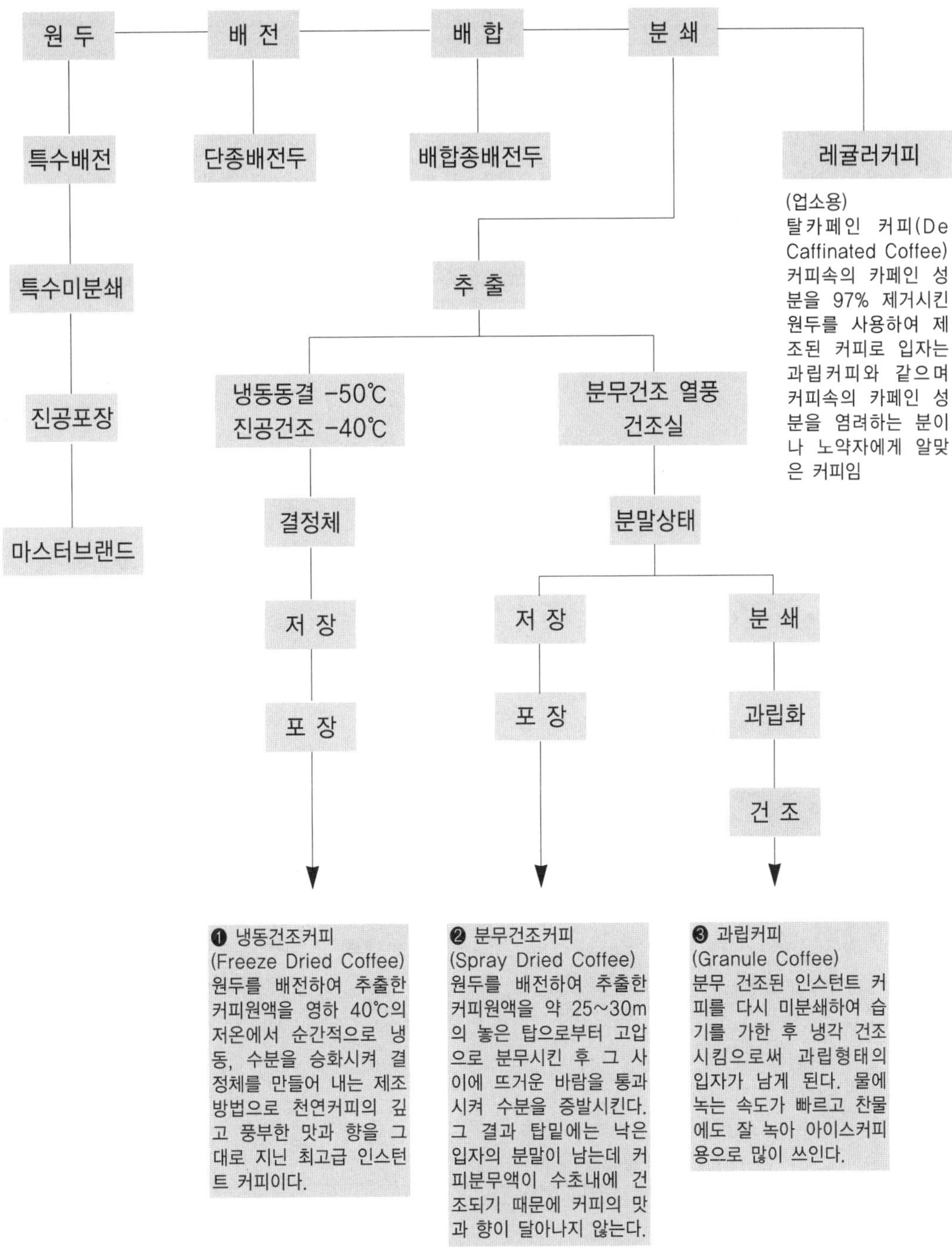

[그림 12.3] 커피의 제조과정

| 12-4 차류(Tea) |

차는 후피향목과에 속하는 상록활엽수의 잎을 재료로 한 음료로써 원산지는 중국과 일본이다. 세계적인 차의 생산지는 인도, 스리랑카, 중국, 대만, 일본, 실론, 자바, 수마트라 등이며 세계 차 생산량의 1/2이 중국에서 생산된다.

차의 품질은 찻잎 따는 시기, 찻잎의 위치와 크기에 따라 정해진다. 즉 봄부터 초여름까지 딴 것이 늦여름부터 가을에 딴 것보다 좋으며 가지의 끝에 달린 열리지 않은 새순과 먼저 나온 2~3개의 작은 잎이 최상품이다.

12-4-1. 차의 성분과 효능

성분은 산지, 계절, 기후 채엽 부위에 따라 다르며 비타민 C는 녹차에 많으나 홍차에는 발효 중 파괴되어 거의 없다. 차의 맛은 caffeine(쓴맛), tannin(떫은맛), theanine(구수한 맛)에 의한다.

[표 12.10] 차의 성분과 특징

성분	특징	맛
카페인	커피보다 많음(추출에 따라 차이). 그 외 카페인과 비슷한 테오브로마인, 테오피린	온도
폴리페놀화합물	카테친류(catechin)로 색과 떫은맛, 카페인과 결합하여 불용성, 카페인 흡수 저해 및 생리활성 억제로 차는 커피 카페인 같은 부작용 없음	쓴맛과 떫은맛 홍차는 발효로 갈색
방향물질	쉽게 휘발되며 녹차보다 홍차에 많음	

[표 12.11] 여러 가지 찻잎의 추출물(5분간)의 카페인, 탄닌, 수용성 고형분함량 %는 건조 중량에 대한 백분율

종류	카페인(%)	탄닌(%)	수용성 고형물(%)
자바 홍차	2.7 ~ 4.4	6 ~ 20	16 ~ 26
일본 녹차	2.0 ~ 3.3	4 ~ 12	16 ~ 26
중국 홍차	2.0 ~ 3.7	5 ~ 10	16 ~ 22
Formosa 우롱차	3.2 ~ 3.7	12 ~ 23	23 ~ 25
인도 홍차	2.0 ~ 3.0	6 ~ 10	22 ~ 25

[표 12.12] 차의 효능과 생리작용

종류	생리작용	성분
각성작용	차의 카페인은 대뇌피질의 감각중추를 흥분시키는 작용으로 정신을 맑게 해 기억력, 판단력, 지구력을 증강	카페인
감심작용	적당량의 카페인은 혈액순환을 도와 심장 운동 활발	카페인
해독작용	녹차의 탄닌은 알칼로이드와 결합해 체내의 흡수를 막고 유해물질 배출 작용, 담배 속의 니코틴이 알칼로이드이고, 탄닌은 중금속과 결합해 체외로 배출	탄닌
이뇨작용	차의 카페인은 신장의 혈관을 확장시켜 배설을 촉진	카페인
살균작용	탄닌에는 단백질을 응축시키는 성질이 있어 원형질 분리현상이 나타나 세균이 죽게 됨	탄닌
항괴혈성	차의 비타민 C가 괴혈병 예방과 항산화 암 예방 효과	비타민 C
항산화작용	항산화 작용과 암 예방 항불임 치료에 이용	비타민 C

12-4-2. 차의 종류

차는 발효 정도에 따라 나누며 [표 12.13]과 같이 크게 비발효차(녹차, green tea), 반발효차(우롱차, oolong tea), 발효차(홍차, black tea)로 분류된다.

발효란 찻잎 세포조직 중의 액포 속에 들어있는 폴리페놀 성분이 폴리페놀 옥시다아제에 의해 산화되어 황색의 테아플라빈이나 적색의 테아루비진 등으로 변하면서 복잡한 화학성분의 변화를 일으켜 독특한 색과 향미를 나타내는 작용을 말한다.

[표 12.13] 발효 정도에 따른 차의 종류

차	비발효차 (0%)	증제녹차(전차, 옥로)
		덖음녹차
		배차
	반발효차	경발표차 : 백차, 청차, 재스민차(10~20%)
		중발효차 : 동정우롱차, 철관음차, 무이, 수선(20~40%)
		중발표차 : 우롱차(50~60%)
	발효차 (85% 이상)	오서독스 : 홍차(leaf type)
		언오서독스 : 홍차(broken type)
	후발효차	보이차

자료 : 원융희, 음료/주장관리, 형설출판사. 1998.

[표 12.14] 녹차의 종류

명칭	잎 따는 시기	명칭	특징
첫물차	4월 중순 ~ 5월 초순	우전차	곡우(양력 4월 20일) 전에 아주 어린 잎의 순만 따서 만든 차
두물차	6월 중순 ~ 6월 하순	세작	곡우~입하(양력 4월 20일~5월 5일) 사이에 고운 찻잎 순과 펴진 잎을 따서 만든 차

세물차	8월 초순 ~ 8월 중순	중작	입하 이후(양력 5월 5일~6월 중순)에 잎이 좀 더 자란 후 펴진 잎을 따서 만든 차
네물차	9월 하순 ~ 10월 초순	대작	한여름인 양력 6월 하순 이후에 제일 큰 잎을 따서 만든 차

[표 12.15] 녹차의 성분과 함량

종류	함량	성분	함량
섬유소	26	카페인	2~4
폴리페놀	13~30	유리 아미노산	1.6~5
단백질	15	색소	2
탄수화물	7	유기산	0.5
지질	7	향기성분	극미량
무기질	5	-	-

1) 녹차의 종류

녹차는 잎을 가열하여 산화효소의 활성을 파괴하고 수분을 증발시킨 후 시들은 잎을 돌돌 말아 다시 가열하여 건조시킨다.

덖음차는 350℃ 이상의 건열로 처리하기 때문에 수증기로 찌는 증제차와 달리 불을 잘 조절해야 하는 고도의 기술이 필요하다.

가마솥에서 덖어서 만든 덖음차는 가열이 필요하고 증제차에 비해 색은 조금 떨어지나 구수한 맛과 산뜻한 향이 우리의 기호에 맞는다. 또 증제차는 찻잎을 100℃ 정도의 수증기로 30~40초 가열해서 푸른색을 그대로 유지하고 찻잎은 침상형으로 된다. 배차는 1차 가공한 증제차를 고온으로 처리하여 피라진 등의 가열향이 나오게 한 것이다.

녹차의 등급은 잎을 따는 시기와 그 때의 잎의 크기에 따라 2가지 방법으로 분류할 수 있으며, 일반적으로 품질과 가격의 순서는 첫물차 〉 두물차 〉 세물차 〉 네물차 또는 우전차 〉 세작 〉 중작 〉 대작이 된다.

2) 홍차(紅茶)

찻잎을 따서 22~27℃ 온도에서 16~20시간 동안 방치하여 시들게 하고 잎을 말아 조직을 파괴하여 20~26℃, 습도 95% 이상의 실내에서 2.5~4시간 발효시킨다. 약 85% 발효되면 잎의 색은 녹색에서 적동색이 되고, 이 과정에서 독특한 향미가 많이 생겨 녹차의 쓴맛과 떫은맛이 약해진다. 이것을 100℃ 전후의 열풍으로 건조시켜 수분함량을 5% 이하로 만든다

홍차의 종류는 다음의 [그림 12.4]와 같다.

구분	전차	번차	우롱차	홍차
	차10g+90도 물 430ml 1분 침출	차15g+90도 물 650ml 1/2분 침출	차15g+90도 물 650ml 1/2분 침출	차2.5g+90도 물 100ml 2분 침출
카페인	0.02%	0.01%	0.02%	0.05%
탄닌	0.07%	0.03%	0.03%	0.10%
비타민 C	0.004%	0.002%	0%	0%

[그림 12.4] 차의 침출액의 성분

12-4-3. 전차와 홍차의 제조과정

찻잎 → 위조*1 → 유념 → 발효*2 → 건조 → 홍차

*1. 위조: 찻잎을 생건조시켜 유연하게 만드는 조작

*2. 발효: 찻잎의 산화효소로 카테킨을 홍차의 색소 테아 플라빈과 테아루빈이 생성된다. 차의 발효에는 미생물은 관여 않는다.

[그림 12.5] 홍차의 제조공정

찻잎 → 증열 → 유념*건조 → 전차 →

*유념 : 찻잎을 문지름으로써 조직을 파괴시키는 조작
유념처리에는 조유, 유념, 증유, 정유 등이 있다.
유념을 하는 것은 건조가 잘되고 또 찻잎 성분이 추출이 잘되도록 함

[그림 12.6] 전차의 제조공정

쉬어가는 페이지

※ 콜라 · 사이다의 기원

콜라와 사이다는 대표적인 탄산음료이다. 콜라와 사이다는 물에 탄산을 녹여 만든 음료라는 점에서는 같지만 탄산과 함께 넣는 성분은 완전히 다르다.

콜라는 콜라나무의 잎이나 열매에서 추출한 물질이 주원료이나 사이다는 콜라나무 추출물 대신 레몬라임향을 첨가해 만든다. 콜라와 사이다의 뿌리는 어느 음료 제품에 비해 오래됐다. 콜라가 처음 등장한 것은 100여년 전, 1886년 미국 애틀랜타주의 약사 출신인 존 펩버튼이 카페인 음료로 쓰여지던 콜라나뭇잎을 달여 음료수를 제조한 것이 코카콜라의 시초이다. 이어 1896년 노스캐롤라이나주의 칼랩 브래드 햄은 콜라나무의 잎이 아닌 열매를 달여 펩시콜라를 제조했다. 재미있는 것은 코카콜라의 성분 중 1%는 아직 정확히 무엇인지 밝혀지지 않았다는 사실이다. 이 성분을 밝힌 문서는 미국 조지아 신탁은행의 비밀금고 속에 보관되어 있으며 금고를 열기 전에는 은행이 사회의 허가를 받아야 한다는 것이다. 그러나 아직까지 한번도 이 허가는 나온 적이 없다는 것.

사이다(cider)는 1853년 영국 해군에 의해 일본에 전래된 것으로 처음에는 사과를 발표시켜 만든 사과술을 뜻했다. 그후 일본에서 복합향료를 사용한 샴페인 사이다라는 이름의 제품이 개발됐으며 이때 붙인 이름이 우리나라에 들어와서 그대로 굳어져 탄산음료를 사이다로 부르게 된 것이다.

미국 등 외국에서 사이다는 레몬라임 음료를 의미한다.

우리나라 탄산음료의 기원은 충북 청원군 초청리에서 나온 천연 광천수라고 할 수 있다. 조선 세종대왕이 지금의 초정리 약수터에서 목욕을 하고 그 물을 마셨다는 기록도 있다. 국내 탄산음료 제품이 만들어지기 시작한 것은 일제시대인 1930년대이다.

이때까지는 일본의 사이다가 수입 시판됐다. 그러나 수입제품으로는 불어나는 수요를 감당할 수 없게 되자 평양과 인천에 각각 공장이 세워졌다. 해방 후에는 1950년에 서울 남영동에서 동방청량음료가 칠성사이다를 생산해 판매하기 시작했다. 이후 이 제품은 반세기를 이어오는 장수식품으로 인기를 누리고 있다.

콜라는 1968년을 전후해 미국 코카콜라와 펩시콜라가 국내 시장에 진출해 제품을 선보였다.

※도움말 = 한국식품개발연구원 윤석후 박사

chapter 13. 인스턴트 식품

| 13-1 인스턴트 식품 |

우리나라에서 인스턴트 식품이라고 하면 극히 짧은 역사를 갖고 있다. 지금까지 우리의 식생활은 주식, 부식을 자가 조리하는 전통적이고 보수적인 식습관을 계속하여 왔기 때문이다. 그러나 최근에 와서 급격한 경제성장과 소득향상을 배경으로 하여 건강과 영양증진, 식품안정성에 관한 관심이 높아지고 있을 뿐만 아니라 조리시간을 단축시키고 독특한 풍미로써 기소성을 갖고 있는 간편한 가공식품을 위주로 하는 서구식 식생활 양상으로 점차 변화되고 있는 추세에 따라 식품 구성 및 형태에 더 커다란 변화를 일으키고 있다. 이와같은 현상은 다음과 같은 사회환경의 변화에 의하여 더욱 가속화되고 있는 실정이다.

13-1-1. 인스턴트 식품의 소비 요인

① 가족의 핵가족화 또는 가족 구성원의 소수화에 따라서 식품 소비의 단위가 감소하고 있다.

② 24시간의 도시 활동, 즉 현대 사회에서 가족은 사회 활동, 직장, 여행, 학

업 등 서로 다른 외부 활동 때문에 적은 수의 가족 구성원이라도 한 자리에 모여 식사할 기회가 적으며 또한 활동 시간대가 낮에만 한정되어 있는 것이 아니라 밤에도 활동해야 하는 요인 등이 점차 많아지고 있어 24시간 도시 활동이 계속된다.

③ 여성의 지위 향상 및 산업의 급속한 발전에 따른 노동력 수요의 증대 필요성으로 여성 인구의 사회 진출이 급증함에 따라 가사 노동시간이 단축되어 취사 위주로 부엌살림이 냉장고와 전자 조리기구 등으로 줄어들고 있다.

④ 도시로의 인구 집중화는 주택 구조에 아파트 단지로 변천시키고 있으므로 단지 생활에 적합한 인스턴트 식품에의 소비 욕구가 높아지고 있다.

⑤ 경제적이다. 한 가족이 사용하는 모든 식품을 그 원료로 구입하여 가정에서 조리하였을 때 드는 비용과 가공식품을 이용하였을 때 드는 비용에는 큰 차이가 있다. 반면에 가공식품을 이용하였을 경우 많은 부엌일을 절감할수 있으므로 그 시간에 다른 수익을 얻거나 여가를 즐길 수 있다. 주부의 노력과 시간을 금전으로 평가 환산한다면 오히려 인스턴트 식품 사용에 경제성이 있다.

⑥ 인구의 연령별 구성 비율의 변화, TV 등 매스컴의 영향력 증대, 여가시간의 확대 등도 인스턴트 식품의 소비를 유발시키는 요인들이다. 이와 같이 사회 여건 및 식생활 양상의 변천과 추세에 따라 인스턴트 라면을 비롯한 레토르트 파우치식품, 조리냉동식품 등 많은 종류의 가공식품들이 출현하고 있다. 특히 식탁에서 간단한 조리과정만 거치면 즉시 이용할 수 있으며 저장성과 수성성도 높은 가공식품의 생산, 소비가 크게 증가하고 있고 이와 같은 가공식품을 인스턴트 식품(instant food) 또는 편리 식품(convenience food)이라고 한다. 그러나 인스턴트 또는 편리 식품이란 병, 통조림 식품, 냉동식품, 건조식품 등과 같이 확실하게 고정된 식품의 이름이 아니라 다만 다음과 같은 특성을 갖고 있는 경우 막연한 뜻에서 인스턴트 식품이라고 한다.

그러므로 인스턴트 식품이란 이름은 과도적 단계에 있다는 뜻이 포함되어 있다고 볼수 있다. 따라서 인스턴트 식품은 Instant Food, Convenience Food 이외에도 Ready to Eat Food, Quickley Prepared Food, Quickly Cooked Food이라고도 부른다.

[표 13.1] 인스턴트 식품의 분류(간편성)

<table>
<tr><th>분류</th><th>가공내용</th><th>품명</th></tr>
<tr><td rowspan="2">물이나 우유 또는 열탕을 가하는 것만으로 먹을 수 있는 것</td><td>수용성의 것 또는 수용성 성분을 추출한 것을 복원성이 크도록 탈수하거나 건조한 것</td><td>인스턴트 커피, 인스턴트 차, 인스턴트 밀크, 인스턴트 주스</td></tr>
<tr><td>곡류나 감자류의 전분을 α화 한것</td><td>콘플레이크, 감자칩, 즉석밥</td></tr>
<tr><td rowspan="2">그대로 가열하거나 열탕을 가하여 끓인 후 먹을 수 있는 것</td><td>조리, 가공되어 식탁 직전까지의 조리가 끝난 것</td><td>인스턴트 라면, 인스턴트 커피, 조리냉동식품</td></tr>
<tr><td>각종의 건조 원료를 만들어 이것을 조미 가공한 것</td><td>인스턴트 수프, 인스턴트 된장, 인스턴트 간장</td></tr>
</table>

[표 13.2] 인스턴트 식품의 분류(가공성)

분류	품명
통, 병조림, 파우치 포장	인스턴트 볶음밥, 인스턴트 커리라이스 등 각종 조미식품
반건조 또는 농축식품	메밀국수, 가락국수용 액체 수프, 농축스프 등
건조식품	인스턴트 라면, 인스턴트 커피, 인스턴트 분말 주스, 인스턴트 분말 스프, 인스턴트 된장
냉동식품	고록케익류, 햄버거, 만두

13-1-2. 인스턴트 식품의 특성

① 조리하는데 필요한 일손을 덜기 위하여 만들어진 가공 식품으로써 조리적인 수단을 전혀 필요로 하지 않는 식품을 뜻하는 것은 아니다.

② 어느 곳에서나 또는 어느 때 식품에 제공할 경우에 간단한 조리과정을 거

치는 것 만으로 먹을 수 있다.

③ 전처리로써 진보된 식품가공의 공정을 통하여 제조된다.

④ 수시로 이용할 수 있도록 보존성이 있고 수송이나 휴대하기에 편리하다.

⑤ 기호성이 높고 비교적 가격도 저렴하므로 대중성을 갖고 있다.

13-1-3. 병 · 통조림

병 · 통조림 등의 가공식품은 제품의 다양성, 간편성, 경제성, 보존성 등으로 볼때 넓은 의미에서 인스턴트 식품이라 할 수 있으나 일반적으로 조리냉동 식품과 같이 조리 형태의 것을 인스턴트 식품이라 한다. 즉 병 · 통조림을 그대로 끓는 물속에서 넣었다가 개관하면 즉석에서 서양요리 또는 중국요리로써 이용할 수 있다. 레토르트 식품은 포장용기만을 통조림관에서 유연한 파우치(flexible pouch)로 바꾸어 통조림과 같은 방법으로 가공한 것이므로 가공적인 면에서 병 · 통조림에 포함시키고 있다.

[표 13.3] 통조림의 분류

종류	정의	장점	단점
통조림	식품을 공관에 넣어 탈기, 밀봉한 다음 가열 살균한 것	① 운반 중 외력에 충분한 강도 ② 가볍다 ③ 기체, 수분 통과 불능	① 용기 내용물을 볼 수 없음 ② 용기 재사용 불가 ③ 내용물과 Can의 화학반응
병조림	유리병에 식품을 넣고 금속으로 된 뚜껑으로 밀봉한 다음 통조림과 같이 살균처리한 것	① 내용물을 볼 수 있음 ② 재사용 가능 ③ 기체투과성, 투습성 불능 ④ 화학반응 안정	① 살균시 열전도가 나쁘다. ② 내용물의 변색, 퇴색 ③ 무거워 수송경비 과다 ④ 급냉에 약함
레토르트 식품	플라스틱 필름에 라미네이트한 용기에 식품을 밀봉하고 가압살균한 것	① 사용, 폐기 편리함 ② 얇고 평편하여 살균간가 단축 ③ 가벼워 휴대 편리	① 병 · 통조림보다 충전속도 느림 ② 밀봉 후 불량품 검출 불편

1) 통조림의 정의

통조림은 양철관이나 기타 금속용기에 전처리한 식품을 채우고 탈기, 밀봉, 살균 및 냉각하여 상온에서 장기 저장이 가능한 제품을 말한다.

2) 통조림의 기본 제조공정

통조림 식품은 상온에서 장기저장을 목적으로 원료하여 종류에 관계없이 전처리 공정을 거친 다음 반드시 탈기, 밀봉, 살균 및 냉각을 거치므로, 이들 공정을 기본 4대 공정이라 하며, 이들의 처리 목적은 [표 13.4]와 같다.

[표 13.4] 통조림 식품의 기본 제조공정 및 처리 목적

기본 공정	처리 목적
탈기	- 가열 살균 시 기체 팽창에 의한 밀봉부의 파손 방지 - 관내면의 부식 억제 - 호기성 미생물의 발육 억제 - 변패관과의 식별 용이 - 내용물의 산화 방지
밀봉	- 기체 유통 차단 -미생물의 침입 차단
살균	- 밀봉한 관내에 잔존하는 미생물에 의한 변패 억제
냉각	- 고온에 의한 내용물의 연화 및 황화수소 발생 억제 - struvite의 성장 억제 - 호열성 세균의 발육 억제

(3) 통조림의 종류

통조림은 원료에 따라 농산통조림, 축산통조림, 수산통조림 및 기타 통조림 등으로 분유할 수 있고, 그 중에서도 가장 많은 부분이 수산 통조림이다. 통조림을 분류하면 [표 13.5]와 같다.

[표 13.5] 통조림 식품의 분류

원료	통조림의 종류	
농산물	보일드 통조림	- 양송이 통조림, 죽준 통조림, 아스파라거스 통조림 등과 같은 채소류 통조림
	가미 통조림	- 밀감 통조림, 복숭아 통조림 등과 같은 과실 통조림
	기타 통조림	- 과일 주스 통조림 - 잼, 젤리, 마말레이드 등의 통조림 - 식혜, 대추, 보리 등의 전통 음료
축산물	보일드 통조림	- 소고기 보일드 통조림, 닭고기 보일드 통조림 등
	가미 통조림	- 소고기 가미 통조림, 닭고기 가미 통조림 등
	기타 통조림	- 햄 통조림, 소시지 통조림 등
축산물	보일드 통조림	- 고등어 보일드 통조림, 꽁치 보일드 통조림, 게 보일드 통조림, 바지락 보일드 통조림, 굴 보일드 통조림
	가미 통조림	- 고등어 가미 통조림, 꽁치 가미 통조림 등
	기름당근 통조림	- 참치기름 당근 통조림, 굴훈제 기름 당근 통조림 등
	기타 통조림	- 어육 햄 통조림, 어단 통조림 등
기타		- 콜라, 사이다 등의 음료 통조림 등

13-1-4. 레토르트 식품

레토르트 식품은 조리시간이 짧고 간편하며 안전하다는 등 현대 식품이 추구하는 모든 것을 갖춘 팔방미인이다. 특히 사용의 간편성이나 안전성 면에서 레토르트 식품은 과히 21세기형 식품이라 할 수 있다.

흔히 레토르트라 하면 파우치 스타일의 카레나 짜장만을 떠올리기 쉬운데, 사실 레토르트 식품의 종류는 훨씬 다양한다. 레토르트 파우치나 성형용기와 같이 특별히 만든 용기에 식품을 충전한 후, 레토르트(retort, 고압살균솥)에서 가열, 가압, 살균을 하는 것은 모두 레토르트 식품에 속한다고 정의할 수 있다.

따라서 단층 플라스틱 필름이나 금속박 또는 이를 여러 층으로 접착해 파우치와 기타 모양으로 성형한 용기에 제조, 가공 또는 조리한 카레류, 하이스류,

자장류, 죽, 국, 탕, 찌개, 전골, 스프, 육 · 어육조리 가공품 등이 레토르트 식품군이다. 종래의 통 · 병조림의 발전된 형태인 레토르트 식품은 직접 또는 간단한 조리방법으로 식용이 가능하며 보존성이 높고 휴대와 운반이 용이한 인스턴트 식품이다. 레토르트(retort)는 고압살균기의 뜻이고 파우치(pouch)는 주머니, 작은 자루의 뜻으로 주머니 모양, 상자 모양의 포장 용기를 뜻한다.

1) 레토르트 식품의 포장재료

몇 겹으로 밀착시키는 재료로는 바깥쪽에는 폴리에스터 · 폴리프로필렌 등을 사용하고, 중간층에는 기체나 액체를 차단하기 위해서 알루미늄 포일 등을 이용한다. 또 식품과 접촉하는 내부 소재로는 특수고밀도 폴리에틸렌, 폴리프로필렌 등을 사용한다. 레토르트 식품은 열전도가 빨라 살균시간을 통조림에 비해서 2의 1 또는 3분의 1로 단축할 수 있다.

또 포장재료는 투명형과 불투명형이 있다.

2) 레토르트 식품의 장단점

레토르트 식품의 장점은 다음과 같다.

① 상온에서 저장이 가능하므로 냉장식품, 냉동식품에 비해 유통 비용이 절감되고 장기 보존이 가능하다.
② 통조림 · 병조림에 비해서 가볍고, 떨어뜨려도 파손 · 변형되지 않는다.
③ 모양 · 용량 · 포장재료의 선택을 식품에 따라 자유로이 할 수 있다.
④ 포장재료가 얇고 표면적인 넓어서 열전도가 빠르며, 살균 시간이 짧으므로 식품의 영양 성분 · 맛 · 향기 · 색깔의 변화가 적다.
⑤ 포장된 채로 데워서 먹을 수 있다.
⑥ 포장을 폐기하기 쉽다.

단점으로는

① 작업 공정상 식품을 주머니에 담는데 시간이 많이 걸리는 점

② 식품을 밀봉한 후에는 불량품의 검출이 어렵긴 하지만, 단점보다는 장점이 많아 그 생산이 날로 늘어나고 있다.

한편 금박지를 이용한 레토르트 식품은 통조림과 같은 보존성을 갖고 있으며, 또 투명한 레토르트 식품은 광선을 통과시키는 동시에 근소하거나 질소도 통과시키므로 식품의 종류에 따라 차이가 있으나 대개 3개월~1년간 보존할 수 있다.

13-1-5. 건조 식품

1) 인스턴트 라면

1963년 우리나라에서 인스턴트 식품 시대의 막을 연 라면은 시판된지 얼마 되지 않아 '가열 조리에 3분간이면 먹을 수 있다' 는 조리의 간편성과 저렴한 가격이 소비자의 눈길을 끌기 시작하면서부터 대량 소비를 일으킨 대표적인 대중 식품이다. 라면은 중국식의 국수를 삶아서 맛을 들인 후 기름에 튀겨서 탈수 건조한 것인데, 경우에 따라선 맛을 내지 않고 탈수 건조하기도 한다. 이와같은 라면에는 별도로 포장한 분말 스프가 포함된다. 국수는 기름에 튀김으로써 전분이 호화되는 동시에 탈수되며 α 전분이 고정되기 때문에 더운 물을 가하거나 잠시 동안 끓임으로써 바로 식용할 수 있다.

2) 인스턴트 커피

현재와 같은 인스턴트 커피(instant coffee)는 네슬레(Nestle)사가 미국에서 1910년에 처음 판매하기 시작하였으나 본격적인 제조는 제2차 세계대전 중 군수품용으로 생산되었으며 1950년경에는 미국의 제너럴푸드(general foods)사가 분무건조법에 의하여 요즘과 같은 100% 순수한 제품을 생산하기 시작하여 폭발적인 수요를 일으켰다. 일반적인 제조 방법을 보면 우선 커피원두를 200~220℃에서 10~20분간 배소하여 냉각하고 10~20mesh 정도로 분쇄한다. 이것을 추출관에 넣고 상압 또는 기압하에서 열탕 추출하여 추출액을 얻는다.

추출액은 원심분리기에 의하여 혼입된 커피의 미세입자를 제거한다. 이것을 분무건조기의 노즐(nozzel)에서 분무하는데 보통 150~180℃의 열풍 중에서 낙하시키면서 순간적으로 건조하여 수분함량이 3% 이하로 물에 가용성이 다공질의 커피 분말을 얻는다. 분무건조된 커피는 건조탑 출구에서 집적기(collector)로 모아지고 습도 35~40%, 온도 24℃ 이하의 포장실에서 병에 충진, 제품으로 한다. 최근에는 동결건조에 의하여 품질이 고급화된 제품이 대량 시판되고 있다.

3) 인스턴트 커리(카레)

커리(curry)는 옛날부터 많이 이용되어 온 향신료인데 인스턴트 커리는 alls pice, cumin 등 20여 종류의 향신료와 배소시킨 밀가루, 그리고 버터, Lard 등의 유지를 혼합하여 고형 또는 과립상으로 만들어 조리하기에 간편하도록 만든 것을 말한다.

일반적인 제조방법은 100~140℃ 정도에서 가열하여 배소시킨 밀가루(박력분)을 제품 중량의 35~45% 정도와 유지 20~40%(융점 42~45℃)을 잘 혼합하고 이것에 커리가루 5~10%와 소금 10%, 설탕 5~10%, 조미료 및 유기산 2% 등을 가하여 혼합한다. 기타 양파, 토마토, 당근, 치즈, 분유 등의 건조분말을 첨가하여 제품으로 한다.

4) 인스턴트 밀크

현재 시판되고 있는 분유에는 전지분유, 탈지분유, 조제분유 등이 있는데 이들은 우유를 그대로 분무건조하거나 지방을 제거한 것 또는 우유에 부족되는 영양소를 첨가하여 분무건조시킨 것들이다.

분무건조된 분유는 입자의 직경이 50~100μ정도의 미세입자로써 서로 부착력이 강하여 용해할 때 덩어리 모양의 죽 상태로 되므로 용해성이 떨어지고 분유입자의 성질이 변화한다. 따라서 물을 가하면 곧 침강용해 하도록 분유에 적당한 습도를 주면서 젖당(lactose)의 점착성과 우유단백의 보조적 점착성을 이용하여 200~1.000 μ의 잡단입자로 만들 필요가 있다.

5) 인스턴트 수프

인스턴트 수프(instant soup)는 고형, 분말, 호(paste)상, 통조림 등의 형태가 있으나 현재 시판되고 있는 인스턴트 수프의 대부분은 분말 수프이며 포타즈(potage)형, 콩소메(consome)형, 라면 수프로 크게 나눌 수 있으나 포타즈형이 많다.

제조방법은 쇠고기 엑기스(extract)분을 주원료로 기타 어육, 간장 extract 등을 혼합하고 아미노산을 가하여 2중솥에서 가열 농축한다. 여기에 건조 채소 분말, 설탕, 캐러멜 등을 가하여 균일하게 잘 혼합한 다음 분말 유지, 각종 향신료, 화학조미료, 소금의 순으로 가하여 잘 혼합하고 건조기에서 수분함량의 3% 정도가 되게 건조하여 분말로 하여 포장하고 제품으로 한다.

6) 스낵식품

국내 식품공전의 분류에 따르면 견과류에서 오븐에 굽는 것은 비스킷이고 그 이외에 스낵(oil frying, 열풍, 염튀김 등)으로 분류한다.

스낵이란 가벼운 시사(light or casual or hurried meal), 도시락, 간식 등을 뜻하는데 snap(잽싸게 물다)이라는 용어에 그 어원이 있다. 이 어원은 중세 네덜란드 말인 snacien(깨물다)에서 나왔다고 알려지고 있는데, 그것이 snac으로, 영어로 snack(한번 깨물기)로 발전하였다.

이 용어는 하루 세끼 주식 이외 가볍게 먹을 수 있는 것으로 모든 간편 과자를 의미한다. 좁은 의미에서 스낵은 과자의 일부분으로 비중이 가볍고 싸고 부담없이 먹을 수 있는 것을 말한다. 스낵은 미국에서부터 시작하여 유럽, 일본을 거쳐 우리나라에 들어왔는데 대표적인 것이 감자칩, 콘칩 등 서구적 과자의 일종이고 우리나라 제품을 억지로 예를 들면 간식용 및 손님 접대용, 제래용 등의 목적으로 이용되는 강정, 다식, 박상, 양과, 강정, 산자 등이 여기에 속한다.

일반적으로 사용되는 스낵의 개념은 위에 부담을 주지않고, 조직성을 가지는 동시에 코팅(coating)이나 시즈닝(seasoning)등을 통해 다양하고 복합적인 맛과 풍미를 가진 것을 의미한다.

(7) 냉동식품

조리 냉동식품이란 농수축산물을 원료로 하여 선별, 세정, 불가식 부위의 제거, 정형 등의 전처리 및 조미, 성형, 가열 등의 공정을 거쳐 동결, 포장되어 냉동보관 또는 콜드체인에 의해 유통, 소비되는 식품으로 간편하게 조리하거나 또는 조리하지 않고도 먹을 수 있도록 제공되는 것을 말한다. 여기서 동결이란 식품의 최대 빙결점 생성대를 급속히 통과시켜 품온, 즉 중심온도가 -18℃ 에 이르는 방법이어야 한다. 다시 말하면 조리 냉동식품이란 전처리를 하여 조리, 가공한 다음 금속 동결시켜 -18℃ 이하의 동결 상태로 저장 · 유통하는 포장된 식품으로 정의할 수 있다.

[표 13.6] 냉동식품의 일반적 분류

구분	냉동식품
소재류	날것 : 어류, 육류, 과제류 등 자숙 : 문어, 낙지, 게, 야채류 등
조리가공품	반조리 제품 : 튀김류, 크로켓, 햄버거 등 완전조리 제품 : 슈-마이, 파이, 만두 등
동결선어패류	생식용 냉동선어패류, 비생식용 냉동선어패류
조리냉동식품	무가열 섭취 냉동식품, 가열 섭취 냉동식품

Index 찾아보기

ㅅ

ㅇ

참고 문헌

남궁 석(2005), 『도해식품학』, 광문각
배영희 외 5인(2003), 『식품과 조리 과학 교문사』, 교문사
조신호 외 4인(2005), 『식품학』, 교문사
남궁석(2005), 『식품상품실무』, 서울보건대학
김상우 편저(1993), 『비타민을 이용한 건강관리』, 효성
중앙일보 2005. 1. 10. (E15)
식품학총론 : 남궁 석 외 4인, 진로출판사, 1998
식품학 및 조리원리 : 문수재, 손경희, 수학사, 1998
조리학 : 문수미, 이혜수, 현기순, 교문사, 1997
식품 및 조리원리 : 박일화, 수학사
최신 식품학 : 송재철, 박현정, 신완철, 교문사, 1998
식품가공학 : 송재철, 박현정, 유림문화사, 1997
계란의 지식 : 세농(주)
기본생화학 : 이갑랑, 이갑득, 학문사, 1993
도해 기초 생화학 : 이길상, 소상섭, 안강문, 청아출판사, 1984
식품과 조리원리 : 안명수, 신광출판사, 1995
식품학개론 : 장현기, 남궁 석, 유림문화사, 1998
제과제빵재료학 : 주현규 외 3인, 광문각, 1994
식품과 현대인의 건강 : 전희정, 전세열, 심영자, 지구문화사, 1995
최신 식품학 : 한명규, 형설출판사, 1996
생물이야기(화청소) : 권오길, 조선일보
조선일보(구루병) : 이규태
삶속의 과학(배추절이기) : 이덕환, 신문
생활속의 화학이야기(홍어) : 전정일
한국일보(비타민) : 황상익

주) 대상 사보(삼투압) : 한원복
실용비타민영양학 : 제임스 스카라, 명지출판사, 1989
荒川信彦 畑江敬子 : 食品學, 調理榮養教育公私, 1994
高岡研 : 食品學과 食生活, 化學同人, 1981
山口弘子 : 食物概說, 黎明書房, 1986
高宮和彦 : 食品材料, 培風館, 1998
豊澤功福田滿能岡浄 : 食品學과 食生活, さんえい出版, 1975
西山隆造 : 食品化學讀本, オ?ム社, 1975
林淳三 : 營養學, 建帛社, 1975
北岡正三郎 : 入門榮養學, 培風館, 1985
倉田忠男, 下村道子 : 新食物 教育圖書株式會社, 1998
伊藤央子외 6인 : 食物, 教育圖書, 1988
William.Scheider : NUTRITION, McGraw-Hill, 1983
Whitney & Hamilton : Understanding NUTRITION, West publishing co., 1987
S.R.DUDLEY : MASTERING. GATERING SCIENCE. MACMILLAN EDUCATION. 1988

기초 식품학

2011년 3월 15일 1판 1쇄 발행
2013년 3월 8일 1판 2쇄 발행

지은이: 남궁석 · 염걸 · 김소미 · 강옥주 · 이주백
펴낸이: 박정태

펴낸곳: 광 문 각

413-756
경기도 파주시 문발동 파주출판문화도시
500-8번지 광문각빌딩 4층
등 록: 1991. 5. 31 제12-484호
전화(代): 031)955-8787
팩 스: 031)955-3730
E-mail: kwangmk7@hanmail.net
홈페이지: www.kwangmoonkag.co.kr

ISBN : 978-89-7093-619-2

정가 : 19,000원

KSPA 한국과학기술출판협회회원